KB118019

염증 없는 식사

t

염증 없는 식사

내 몸에 맞는
음식을
찾아가는 법

THE
INFLAMMATION
SPECTRUM

닥터 윌 콜

정연주 옮김

taste BOOKS

감사의 말

앰버, 솔로몬, 실로: 우리 가족. 사랑해 마지 않습니다. 내 마음은 언제나 내 몸에서 떠나 여러분의 주위를 맴돌고 있어요. 숨 쉬는 모든 순간마다 나는 여러분의 것입니다.

우리 팀: 안드레아, 애쉴리, 이베트, 에밀리, 그리고 재니스에게. 여러분은 내 가족이자 가장 가까운 친구입니다. 우리가 아끼는 환자에 대한 지칠 줄 모르는 헌신과 열정에 감사를 드립니다.

우리 환자들: 여러분의 웰니스를 위한 신성한 여정의 일부가 될 수 있게 해주어서 감사합니다. 그 책임을 절대 가볍게 여기지 않겠습니다. 여러분을 대할 수 있게 되어 영광입니다.

헤더, 메간, 마리안, 마이클 그리고 에버리 앤워터버리의 모든 이: 여러분은 제가 꿈꿔온 최고의 팀입니다. 저를 믿고 이 책이 결실을 맺게 해주어서 정말 감사합니다.

이브: 이 책은 사랑이 가득한 노동의 결과물이지요. 저와 함께 이 여정을 헤쳐가 주

셔서 감사합니다.

제이슨, 콜린 그리고 우리 마인드바디그린 가족들: 저를 위해 주신 모든 것에 감사를 드립니다. 수년에 걸쳐 목소리와 집을 주셨지요. 영원한 감사를 보냅니다.

엘리스, 그웨네스, 키키 그리고 우리 굽 가족들: 더 없는 감사를 전합니다. 제 마음을 세상에 나눌 수 있는 기회를 주셔서 감사합니다.

테리 웰스 박사, 알레한드로 융거 박사, 조쉬 액스 박사, 멜리사 하트위그: 웰니스와 음식의 세상에서 제 영웅이자 멘토, 친구가 돼주셔서 감사합니다.

리, 제이슨, 에드, 우리 엠플리파이 가족: 제 스승이자 친구, 공동체가 돼주어서 감사합니다.

마지막으로 기능의학과 웰니스 분야의 모든 분에게 감사를 드립니다. 여러분은 세상을 바꾸는 사람입니다.

4

《염증 없는 식사》는 우리 모두에게 필요한 책이다. 닥터 윌 콜은 《케토채식》에서 그랬듯이 염증을 새로운 방식으로 신선하게 조명하며 우리 모두를 놀래킨다. 이 책을 통해 염증이 건강에 미치는 영향을 배울 수 있을뿐더러, 내 몸이 좋아하고 싫어하는 특정 음식을 발견하여 건강 문제를 치료할 수 있다. 더 이상 넘겨짚으며 대처할 필요가 없을 것이다."
알레한드로 융거. 뉴욕타임즈 베스트셀러 《클린거트》, 《클린》의 저자이자 의학 박사

"닥터 윌 콜은 '굽Goop'에서 같이 일한 사람들 중 가장 호기심 많고 배려심 깊은 의사다. 《염증 없는 식사》는 쉽게 따라 할 수 있는 방법을 제안하며 건강의 회복과 최적화된 관리에 관한 가장 설득력 있고 강렬한 관점을 공유할 수 있는 책이다."
기네스 펠트로. 뉴욕타임즈 베스트셀러 《클린 플레이트》의 저자이자 '굽'의 창립자

《염증 없는 식사》는 유행하는 다이어트에 지친 모든 사람을 위한 책이다. 닥터 윌 콜이 수년간의 기능의학 경력을 살려서 누구나 최상의 컨디션으로 살아갈 수 있도록 훌륭한 프로그램을 만들어냈다. 우리는 마침내 내 몸에 어떤 음식이 가장 잘 맞는지, 어떻게 평생 건강하게 살 수 있을지 깨닫고, 음식의 자유를 되찾을 수 있다."
마크 하이먼. 뉴욕타임즈 베스트셀러 《푸드》의 저자이자 의학 박사, 기능의학 클리블랜드 클리닉센터 임원

"닥터 윌 콜은 가장 끈질기고 만연하게 살아남아 광범위하게 활약하는 '염증'이라는 존재를 인식하게 만드는 훌륭한 업적을 이뤘다. 만성염증과 염증 해소를 촉진하는 생활습관 조율에 초점을 맞추는 것은 건강을 회복하고 유지하는 기본 자세다. 《염증 없는 식사》를 통해 훌륭하게 건강을 회복할 수 있을 것이다."
데이비드 펄뮤터. 뉴욕타임즈 베스트셀러 《곡물의 뇌》, 《브레인 메이커》의 저자이자 의학 박사, 미국영양대학 연구원

"염증에 대한 모든 궁금증의 해답을 제시하는 책이다. 닥터 윌 콜은 염증이 어떻게 스펙트럼의 형태로 존재하는지 설명하면서 동시에 내가 스펙트럼 중 어느 위치에 있는지 알아내는 방법을 제시한다. 건강 관리가 어렵게 느껴진 적이 있는 사람이라면 맛있는 식이요법을 통해 자연스럽고 긍

정적인 변화를 끌어내기 위해서 반드시 읽어야 할 책이다."
조쉬 액스. 베스트셀러 《케토 다이어트》, 《잇 더트》의 저자이자 자연의학 박사, 공인 영양전문가

"닥터 윌 콜은 우리 환자가 겪는 모든 건강 문제에 적합한 기능의학을 제공할 수 있는 의학전문가다. 《염증 없는 식사》에서는 신체에 가장 적합한 음식을 쉽게 찾아내는 방법을 선보인다. 그는 내 몸이 좋아하는 음식을 찾아내고, 알아낸 정보를 매우 실용적으로 적용하는 도구를 제공한다. 이 책에서 최상의 은혜로운 식사법을 터득할 수 있다."
켈리 르베크. 《바디 러브》의 저자이자 유명 영양사

"염증은 건강을 위협하는 모든 악의 근원이며 많은 이가 알지도 못하는 사이에 안고 살아가는 심각한 문제다! 닥터 윌 콜의 《염증 없는 식사》는 우리가 마침내 염증을 퇴치하고 최적의 건강과 행복에 이를 수 있도록 안내하는 프로그램이자 프로토콜이다."
제이슨 와첩. 《웰스》의 저자이자 마인드바디 그린 설립자의 겸 공동CEO

"문명에 존재하는 모든 질병의 근본 원인을 요약하면 염증이라고 할 수 있다. 닥터 윌 콜은 《염증 없는 식사》에서 염증의 불길을

잡기 위해 스스로 영양을 공급하는 방법을 알려준다. 나만을 위한 맞춤 식품을 기반으로 케토제닉 식단을 짜서 살찌고 병들게 만드는 불을 끌 수 있도록 노력해보자."
지미 무어. 베스트셀러 《케토 클리어리티》의 저자이자 《금식 완전 가이드》의 공동저자

"닥터 윌 콜 같은 치료사는 예방의학의 큰 희망이자 미래다. 매우 개별적이고 직관적인 치료로 환자가 최상의 건강을 되찾을 수 있도록 이끈다. 자가면역질환이 만연하고 있는 오늘날의 스트레스성 사회에서, 만성질환이 발병하기 전에 먼저 중단시키는 것에 절실히 초점을 맞추고 있다."
엘리스 로웨넨. '굽'의 최고 콘텐츠 책임자

"드디어! 의사에게 묻고 싶었던 질문의 모든 현명한 해답을 존경하는 동료 닥터 윌 콜의 《염증 없는 식사》를 통해 올바르게 얻어낼 수 있게 되었다. 나는 위장 건강 전문가로서 만성염증의 근원이 대체로 장에 있으며 식단과 레시피, 식단 계획을 통해 건강을 위한 개별 맞춤형 처방이 어떻게 삶을 변화시킬 수 있는지 알고 있다. 이 책에는 모든 사람이 자신의 고유한 염증 및 건강 프로필을 알아낼 수 있는 기능의학에 기반한 설문지가 실려 있다."
빈센트 페드르. 베스트셀러 《행복한 위장》의 저자이자 의학 박사

"닥터 윌 콜은 《염증 없는 식사》를 통해서

건강 문제의 근본 원인을 설득력 있게 설명하며 염증을 낮추고 건강을 회복하기 위한 재미있고 혁신적인 프로그램을 제공한다."

테리 웰스. 《웰스 프로토콜》의 저자이자 의학박사, 기능의학전문의협회의

———

"닥터 윌 콜은 통제할 수 있지만 보통 무시하는 주제를 다시 한번 다뤘다. 음식을 통해 세상을 바꾸는 셰프로서 다음 장을 여는 멋진 책을 추천할 수 있어 기쁠 따름이다."

댄 처칠. 《두드푸드》의 저자

———

"닥터 윌 콜은 《염증 없는 식사》를 통해 건강에 사랑과 은혜를 더하고 있다. 식이요법을 통해 우리를 건강하고 기분 좋게 만드는 음식이 어떤 것인지 알아낼 수 있도록 가르쳐준다."

켈리 러더퍼드. 배우

———

"닥터 윌 콜은 염증이 우리 건강에 얼마나 중요한 역할을 하는지 알려주는 놀라운 일을 해냈다. 만성적인 건강 문제인 염증을 극복하고 건강을 회복해서 행복한 삶을 살 수 있도록 혁신적이고 실용적이며 희망찬 방법을 소개한다."

드루 푸로히트. 〈브로큰 브레인〉의 진행자

추천사

내게 이로운 음식은 무엇인가?

우리 몸이 살아 숨쉬는 것은 위대한 생화학 덕분이다. 무려 9,600km에 이르는 광대한 혈관이 몸 곳곳을 통과하고, 1초마다 2,500만 개의 새로운 세포가 탄생한다. 우리 두뇌에는 은하계의 별보다 복잡한 연결망이 펼쳐져 있다. 실제로 수조 개에 이르는 우리 몸의 다양한 세포는 수십억 년 전에 밝게 빛나던 별과 동일한 탄소, 질소, 산소로부터 형성된 것이다. 즉 말 그대로 우리는 별의 산물이다. 수조 개의 세포는 각기 고유한 목적을 가지고 있으며 하나의 공통점이 있다. 본체인 인간이 건강하게 살아가기 위해 존재한다는 것이다. 우리 모두는 복잡하고 심오하며 특별한 존재다. 시간과 인류가 존재한 영겁의 기간 안에 당신만의 유전자와 생화학, 아름다움이 융합된 사람은 오직 당신뿐이다.

우리가 먹는 모든 음식은 체내의 생화학을 조종한다. 우리 입에 들어온 모든 끼니는 지속적이고 역동적으로 우리의 상태에 영향을 미친다. 그러나 모든 인간이 서로 다르기 때문에 좋고 나쁜 음식을 보편적으로 구분할 수 있는 명약관화한 규칙은 존재하지 않는다. 어느 한 사람에게 잘 맞는 음식이 그 옆의 다른 사람의 독특한 생화학에도 적합할 것이라는 보장은 없다. 이 책은 오직 당신만을 위한 것이다. 자신의 몸이 좋아하고 싫어하며 기분 좋게 느끼는 음식을 찾는 과정을 돕는 안내서다.

기능의학 의사로서 나는 환자가 자신의 몸이 말하는 바를 귀 기울여 듣는 법을 익혀서, 매일 반복되는 일상에서 무심코 고유의 독특한 생화학을 돕거나 해치는 행동을 하고 있지 않은지 깨닫게 하는 일을 한다. 그간 수천 명의 환자에게 자신의 감각기관이 말해주는 지혜를 활용하는 법을 깨우쳐서 체중을 줄이고 활력을 회복하도록 도왔다.

어떤 음식이 내게 염증을 유발하는가? 어떤 음식이 내게 이로운가? 우리 몸은 이미 알고 있다. 내 식단은 나만을 위하도록 꾸려야 하는데, 무엇이 내게 잘 맞는지 어떻게 알 수 있을까? 내 몸이 건강하게 번성하기 위해 내 몸의 소리를 들으려면 어떻게 해야 할까?

염증의 시대

건강을 최적화하려면 나만의 식단을 찾아내는 것도 중요하지만, 그보다 나에게 해로운 식이요법과 생활습관을 찾아내는 것을 우선해야 한다. 폭풍이 불어오고 있기 때문이다. 저기 지평선 너머로 구름이 커지며 가까이 다가온다. 바로 염증의 폭풍이다. 이미 폭풍이 다가온다는 신호가 우리 머리 위를 맴돌고 있다. 놀랍게도 미국 성인의 60%가 만성질환을 앓고 있으며, 40%는 2가지 이상의 만성질환을 가지고 있다.[1] 현재 40초마다 누군가가 심장마비를 일으키고,[2] 암은 전 세계적으로 사망의 2번째 주요 원인이며,[3]

5,000만 명의 미국인이 자가면역질환을 앓고 있고,[4] 미국 인구의 거의 절반에 가까운 숫자가 당뇨병 전단계 및 당뇨병을 앓고 있다.[5]

두뇌 건강 문제도 증가하는 추세다. 성인의 약 20%가 진단 가능한 수준의 정신장애를 갖고 있다.[6] 우울증은 이제 전 세계에서 장애의 주요 원인을 차지한다. 3~17세 사이의 미국 어린이(약 1,500만 명) 5명 중 1명은 진단 가능한 정신적, 정서적 및 행동장애를 가지고 있다. 특히 10대들 사이에서 심각한 우울증이 악화되고 있으며 10대 소녀의 자살률은 40년의 역사 중 최고치를 찍고 있다.[7] 4,000만 명 이상의 미국인이 불안 증상으로 일상 생활에 영향을 받고 있으며 알츠하이머병은 미국의 6번째 사망 원인이다. 1979년 이후 뇌질환으로 인한 사망은 남성의 경우 66%, 여성의 경우 무려 92%나 증가했다.[8] 현재 어린이 59명 중 1명은 자폐스펙트럼에 속한다.[9]

대체 어째서 이런 일이 발생하는 것일까? 이 모든 건강 문제 사이에는 근본적인 공통점이 있다. 모든 잔혹성을 묶는 유일한 연결고리, 이들의 문제는 본질적으로 염증이다. 슬프게도 지금은 염증의 시대가 되고 말았다.

주류 의학은 이러한 만성염증 문제에 대해 어떤 대처를 가장 우선할까? 그것은 약물이다. 우리 중 81%가 매일 적어도 1가지 약물을 복용한다. 하지만 이런 약물을 통해 실제로 치료가 되고 있을까?

미국은 의료 부문에 다른 국가보다 더 많은 돈을 쓰고 있지만[10] 기대 수명은 더 짧고 비만은 더 널리 퍼져 있으며, 산모 및 영아사망률은 다른 선진국보다 높다. 실제로 처방약물은 이제 헤로인과 코카인을 합한 것보다 더 많은 사람을 죽이고 있다고 한다.[11] 물론 약물의 도움을 받고 있는 사람도 있으며, 현대 의학은 특히 응급치료 부분에서 놀라운 발전을 이룩했다. 하지만 이러한 통계 수치만 가지고 주류 의학의 만성적인 건강 문제의 접근 방식이 꼭 효과적이면서 지속 가능한 것이라는 결론을 내릴 수 있을까?

어째서 우리는 현대 의학과 건강한 삶 중 하나만 선택해야 하는 것일까? 기존 의학을 적용해서 생명을 구하는 시도를 하는 데에도 때와 장소를 구분해야 하는 법이다. 건강에 관한 결정을 내릴 때는 언제나 반드시 '부작용이 적으면서 가장 효과적인 방법은 무엇인가?'를 생각해야 한다. 때로는 약물이 이 기준에 맞아떨어지기도 하지만, 그렇지 않은 경우도 많다. 기존 의학은 마치 약물만이 유일한 선택지인 것처럼 굴 때가 많지만, 온갖 종류의 건강 문제에 언제나 약물이 가장 효과적인 방법인 것은 아니다. 대부분의 약물에는 잠재적 부작용 목록이 길게 따라붙는다(약물 설명서를 살펴보자). 이러한 현대 의료 체계를 대체 뭐라고 설명할 수 있을까? 적어도 건강과 치료를 위한 최선의 길이라고 볼 수는 없다. '질병 관리' 정도의 효과를 본다고 해야 할 것이다.

세계 곳곳에서 많은 환자들이 온갖 이유로 나를 찾아오거나 온라인으로 상담을 구하는데, 그중 가장 흔한 얘기가 바로 만성적인 건강 문제에 기존 의학은 별다른 도움이 되지 않았다는 것이다. 건강 문제는 매우 다양한 양상으로 나타나며 제일 흔한 증상은 소화불량, 자가면역질환, 호르몬 불균형, 지속적인 불안 또는 우울증, 체중 감량 실패 그리고 무자비할 정도의 피로감을 들 수 있다. 환자들은 증상을 낫게 하기는커녕 더 심한 부작용을 불러일으키는 약물로 급한 불만 끄는 대신 보다 근본적인 원인을 해결하고 싶어한다.

환자가 찾아오면 나는 우선 광범위하게 얘기를 듣는다. 증상이 어디에서 유래한 것이며 어디가 가장 염증에 취약한지 알아내기 위해 몇 가지 설문지를 작성하게 한다(이 책에도 상황에 맞춰 조정한 설문지를 실었다). 그런 다음 진단을 내리고 그에 맞는 약물을 찾아 제공하는 기존 의사와 달리, 환자와 함께 만성건강질환의 근본적인 원인을 찾아낸다. 나는 단순히 '증상을 어떻게 막을 수 있을까'를 넘어서 '증상의 근본 원인을 찾아서 스스로 해결하려면 어떻게 해야 할까'에 관심을 갖는다. 이쪽이 훨씬 합리적이고 직접적인 접근 방식이라고 생각하기 때문이다. 약물의 결함으로 인해서 궁극적으로 건강 문제를 겪는 사람은 결국 환자 본인이니까.

이 부분에서 기능의학을 실천하는 나와 기존 의학계의 숙련된 의사 간에 가장 크고 심각한 차이가 생겨난다. 아마 히포크라테스 선서에서 다음과 같은 내용을 본 적이 있을 것이다. '환자를 이롭게 하기 위해 섭생법을 쓸 것이다.' 현대 의학의 아버지가 남긴 주장이 이제는 주류 의학을 위협하는 급진적인 선언문으로 받아들여질 정도이니, 현실이 얼마나 정도에서 벗어나 있는지 알 수 있다. 기존 의학에서 음식 문제는 무조건 나중에 따지거나, 혹은 아예 고려하지 않는다.

하지만 음식은 결코 나중으로 미룰 수 없는 문제다. 음식은 강력한 의약품이다. 문제는 기존 의학에 익숙한 의사는 이러한 '처방전'에 관한 정보를 많이 얻지 못했다는 것이다. 오늘날 미국 의과대학에서는 평균 4년의 교육 기간 동안 약 19시간의 영양 교육을 제공하며,[12] 고작 29%만이 권장 시간에 맞는 25시간을 채우고 있다.[13] 국제 청소년의학 및 건강저널에 실린 연구에 따르면 소아과 실습에 참여한 의과대학 졸업생은 기본 영양 및 건강 지식에 관한 질문 18개에서 평균 52%의 정답률을 보인다. 요컨대 단순하게 말해서 의사들은 대부분 이 분야에 필요한 교육을 받지 못했기 때문에 기본 영양 시험에서 낙제점을 받는다.[14]

그러나 놀랍게도 가장 흔한 만성질환(심장병, 암, 자가면역, 당뇨병)의 80%가 생활습관을 통해 예방하거나 호전시킬 수 있는 만큼, 주류 의학에서 영양을 우선순위에 두지 않는 것은 아이러니한 일이라고 할 수 있다.[15] 오늘날 전 세계 인구가 겪는 거의 모든 만성건강질환이 자연스럽게 예방 가능하고 호전 및 개선, 극복할 수 있는 문제라면 어째서 굳이 그보다 부실한 선택지를 골라야 하는 것일까? 만성염증질환 및 처방약물 목록이 증가하는 것은 전 세계에서 볼 수 있는 현상이지만, 이것은 정상적이라 하기 힘들다.

기능의학: 건강 관리의 미래

기능의학은 기존 의학과는 완전히 다른, 새로운 건강 관리 방식이다. 기능의학 의사는 만성질환 관리를 위한 첫 번째(그리고 보통 유일한) 선택지로 약물치료보다는 식이조절 및 생활습관 변화를 건강 회복의 기본 단계로 간주한다. 덕분에 우리 기능의학 의사들은 이 분야 고유의 건강 관리 처방 을 통해 광범위한 교육을 받고 식이조절 및 생활습관 변화의 강력한 효과를 체험했다. 물론 필요하다면 약물 처치 또한 할 수 있지만, 기능의학은 환자의 인생에 있어서 더 큰 청사진을 펼치는 쪽에 초점을 맞춘다. 무엇을 먹고 어떻게 생활하는지가 건강과 웰니스에 직접적인 영향을 미친다는 사실을 알고 있기 때문이다. 기존 의사는 사람에게 생활습관을 고칠 수 있도록 안내하는 훈련을 거치지 않기 때문에, 의사의 도움을 받아야 하는 환자(특히 증상이 표준에 어긋나는 환자)가 도무지 해결되지 않는 건강 문제와 늘어만 가는 처방약과 부작용에 시달리게 되기도 한다. 이때 기능의학은 음식에 주도권을 주는 또 다른 해결책을 제시한다.

내가 환자에게 제시하는, 건강 상태를 조절하고 건강 문제의 근원을 찾아내는 가장 강력한 해결책은 바로 식사를 약처럼 활용하는 것이다. 거의 언제나 식사부터 관리하기 시작하는데 이는 우리가 먹는 모든 음식이 건강을 강화하거나 해치는 역할을 하기 때문이다. 모든 식사는 인체에 영양을 공급해주지만 건강을 해칠 가능성이 있다. 염증 스펙트럼 내에서 조금씩 상태가 좋아지거나 나빠지게 할 수 있으니, 염증을 진정시키고 증상이나 전반적인 건강을 개선하는 방향으로 곧장 나아가게 하기도 한다. 음식은 어느 쪽으로든 '작용'하기에 중립을 유지하는 음식은 없다.

하지만 여기에는 까다로운 문제가 있다. 내 건강을 개선하거나 악화시키는 음식이 다른 사람에게 동일한 영향을 미치는 음식과 완전히 다를 수 있다는 것이다. 인간은 모두 스펙트럼 내에 속하는 일정 수준의 염증을 가지고 있지만, 그중 어느 한 방향으로 발전하게 만드는 원인을 특정할 수 없다. 내가 기능의학에 종사하는 것은 개인의 특성을 최우선으로 고려하는 학문이기 때문이다. 기능의학 전문의는 어떤 증상이든 그 원인이 너무나 다양할 수 있으며, 같은 증상을 보이는 사람이라도 해당 증상이 드러나는 방식에 영향을 미치는 원인 또한 제각각일 수 있으므로 식이요법이나 처방전이 사람마다 다른 영향을 미친다는 점을 이해하고 있다.

그렇다면 어떤 음식을 선택해야 하는지는 어떻게 알 수 있을까? 내 건강을 개선하는 음식과 생활습관은 어떤 것이며, 증상을 악화시켜서 체중 감량 실패에 영향을 미치거나 활력을 저하시키고 통증을 유발하는 것이 어느 것인지 알아내려면 어떻게 해야 할까? 이를 알아낼 수 있는 입증된 유일한 최고의 방법은, 의심할 여지 없이 제거식이요법이다.

제거식이요법의 효과와 목적

현재까지는 어떤 검사 결과로도 식품 불내증과 과민증을 일관성 있게 안정적으로 파악할 수 없다. 어떤 검사도 신중하게 설계해서 실행한 제거식이요법으로 입증한 결과물에 필적하는 수준으로 당사자에게 확실하게 증상을 야기하는 원인 식품을 밝혀내지 못한다. 제거식이요법은 각 개인에게 염증을 일으키는 정확한 음식을 딱 꼬집어서 확실하게 찾아낼 수 있다. 그러나 의사 및 영양사가 수십 년에 걸쳐서 적용한 제거식이요법의 문제는 식이조절 기간이 한정적임에도 불구하고 지루하고 평이하며 지속 불가능하다는 것이다. 그리고 정확한 제거식이요법은 반드시 1주일 이상 지속해야 하는데, 그러다 보면 결국 음식 감옥에 갇힌 것처럼 느껴질 수도 있다.

하지만 반드시 이런 식이어야 하는 것은 아니다.

나는 환자에게 전혀 다른 형식의 제거식이요법을 처방한다. 수년간의 경험을 통해 모든 사람이 모든 것에 민감한 반응을 보이지 않을 가능성이 높다. 실제로 특정 증상을 가진 사람은 특정 유형의 음식을 잘 받아들이지 못하며 식이처방의 이점을 누리지 못한다는 사실을 알고 있기 때문이다. 이런 부분을 숙지하면 제거식이요법을 맞춤화하여 지속 가능하면서 재미있게 실천할 수 있다.

이 책에서 소개하는 새로운 제거식이요법은 건강하지 않은 사람에 대한 일반적인 상식보다는 개인의 특성에 맞춰서 설정할 수 있도록 설계했다. 가장 성가신 증상과 가장 큰 걱정거리를 고려하고, 자신의 고유한 증상 형태에 기초해서 맞춤형 권장사항을 추가하도록 한다. 또한 한 걸음 더 나아가서 음식은 물론, 건강을 개선할 수 있도록 제외하거나 추가해야 할 생활습관 구석구석까지 지침에 포함하고 있다. 내가 고안한 제거식이요법은 본인이 누구이고 어디에 살면서 무엇을 먹고 어떤 행동을 하는가와 상관없이 명확하게 스스로에게 집중할 수 있는 방법이다. 덕분에 훨씬 재미있고 흥미로우면서 쉽게 꾸준히 실천할 수 있는데, 사실 제거식이요법은 끝까지 완수하지 못하면 효과가 떨어지므로 계속 이어가는 것이 중요하다.

이 책은 독자 여러분을 위해 설계한 설문지와 질의응답을 통해서 자신이 돌보아야 할 부분이 어디인지 명확하게 정의한 다음, 참고사항과 팁, 전문 정보를 통해 다시 건강을 되찾는 방법을 직접 설계할 수 있도록 안내한다. 이 책에 실린 내용은 다음과 같다.

- 본인이 염증 스펙트럼에서 어느 위치에 속해 있는지 알아낸 다음 심각한 정도에 따라 2가지 제거식이요법 중 어느 방식을 따를 것인지 결정하기 위한 설문지와 질의응답.
- 본인이 가진 증상의 원인을 해결하기 위해 깔끔하게 정리된 맞춤형 식이처방, 개별화 도구상자.
- 무엇을 해야 할지 혼란스럽지 않도록 전 과정을 설명하는 단계별 안내 사항.

- 본인에게 최적의 영양을 공급하고 치유에 도움을 주는 개별화된 음식 목록을 만들 수 있는 지침.
- 무엇보다 본인의 필요와 목표, 욕망, 희망에 따라 완전히 맞춤화한 새로운 수준의 신체적 지혜 및 앞으로 어떻게 잘 살아갈 것인가에 관한 관점.

지금까지 어떤 책에서도 경험한 적 없는 정보

누구에게나 동일하게 나쁜 영향을 미치는 음식도 있지만(예를 들어 고과당 옥수수시럽 등의 첨가물이 들어간 정크푸드나 트랜스지방이 함유된 음식은 누구에게도 권장하지 않는다.), 제대로 된 본인을 위한 궁극적인 식단은 사실 본인의 생화학적 개별성, 개인적인 취향 그리고 장내 미생물군 균형에 달려 있다. 누군가에게 놀랍도록 좋은 효과를 보이는 '가장 건강한 음식'이 그 옆 사람에게는 염증을 유발하는 사례를 종종 본다. 이 책의 목적은 모두에게 개인적인 식이처방을 찾는 열쇠를 제공하는 것이다.

즉 마침내 '완벽한 식단'을 찾아 헤매는 짜증스러운 여정을 멈출 수 있다는 뜻이다. 나는 절대 모두가 건강을 위해 비건 채식이나 케토제닉을 해야 한다고 주장하지 않는다. 모두가 매일 채소만 먹어야 한다고 강요하거나 반대로 당연히 잡식 동물일 거라고 가정하고 광범위하며 포괄적인 얘기만 늘어놓지도 않을 것이다. 내 첫 저서인 《케토채식》은 비록 채식 케토제닉 식단 안내서였지만 개개인이 모두 다른 특성을 지니고 있는 만큼 당시에도 서로 다른 비건, 채식, 페스코테리언 선택지를 모두 도입했었다. 심지어 케토채식주의 내에서도 사람마다 이상적인 음식 선택지가 달라진다. 본인이 특정 방식의 식사를 하고 싶다면 그렇게 해도 좋다! 하지만 실제로 음식을 선택하려면 어느 정도 스스로의 상태에 대해 파악할 수 있어야 한다. 이 책은 그 부분을 도와준다.

이것이 바로 《염증 없는 식사》의 묘미다. 나는 모두가 자신에게 맞는 유일한 식단을 찾아낼 수 있도록 도와줄 것이다. 채식, 케토제닉, 팔레오, 지중해식 등 어떤 음식을 선호하든 본인에게 효과가 있고 마음에 쏙 들면서 영양가 넘치고 맛있으며 무엇보다 실천 가능한 식단을 파악함으로써 건강을 더욱 향상시키고 '염증'을 낮출 수 있다. 나는 음식과 건강한 삶은 반드시 재미있고 신비로워야 한다고 믿는 사람으로, 언제나 이러한 내용을 환자와 독자에게 전달하기 위해 노력한다. 《케토채식》이 채식과 케토제닉을 결합한 연금술에 대한 얘기였다면 《염증 없는 식사》는 음식으로 인한 혼란으로부터 자유로워지는 법을 담고 있다.

기능의학에 종사하는 사람은 건강이란 복합적이고 역동적인 힘이라는 점을 알고 있다. 정크푸드만 즐기는 것처럼 보이는 사람도 스트레스가 적은 생활습관 및 주변 동료와의 신뢰 관계, 운동 등으로 긍정적인 영향을 받아서 건강을 잘 유지할 수 있다. 매일 콤부차와 케일샐러드를 준비하면서 건강한 식단을 고수하지만, 외로움과 스트레스에 짓눌려서 심각한 건강 문제를 겪는 사람도 있다. 단순하게 음식만 따져봐도 한 사람에게 잘 맞는 음식이 다른 사람에게는 염증을 일으킬 수 있다. 내게는 케일이 잘 맞더라도 친구에게는 소화기 문제를 일으킬 수 있는 일이고, 옆 사람은 별 이상 없이 신나게 다크초콜릿을 먹지만 나는 편두통을 앓게 되기도 한다. 식단에 관해서 유일하고 엄격한 규칙을 들먹일 필요가 전혀 없는 이유라고 할 수 있다.

대신 기능의학 종사자는 한 사람을 둘러싼 주변 환경의 맥락을 살피면서 무엇을 먹고 어떻게 살면서 존재하는지 신체적, 정서적, 영적으로 영향을 미치는 생활습관을 통해 평가하여 그들이 얼마나 제대로 기능하는지 살핀다. 내 목표는 모두가 자신의 삶 속에서 가장 영양가 높고 필요를 충족시키는 음식과 생활습관, 기타 치료요법을 발견하여 능동적으로 건강을 돌볼 수 있도록 돕는 것이다. 이렇듯 나 자신을 큰 그림으로 파악하려면 내가 어떻게 살고 있는지를 자세하게 살펴보는 것부터 시작해야 한다.

《염증 없는 식사》는 본인의 상태를 개별적으로 파악한 다음 맞춤형 염증 원인 제거식이요법 프로그램을 실시하고, 이 프로그램이 끝난 뒤 체계적으로 제거했던 음식을 다시 먹어보면서 음식 과민증이 있는지 확인하고 본인에게 어떤 음식이 이롭고 해로운지를 발견할 수 있도록 돕는다. '내게 무엇이 필요한가?'라는 궁극적인 질문에 답함으로써 생활습관과 건강 추구라는 2가지 주제가 서로 조화를 이룰 수 있도록 한다.

PART 1

예측

내 몸에 맞는 음식은
생물학적 개체성이 결정한다

우리는 모두 비슷하게 생긴 대략적인 윤곽선 아래 동일한 외부 부속물 및 내부 기관, 기본 대사 과정을 갖추고 있다. 심장은 뛴다. 혈액은 정맥과 동맥을 통해 이동한다. 근육은 수축하고 이완한다. 뼈는 우리를 지탱한다. 그러나 각 신체의 생화학적 개별성은 사람마다 다르다.

이러한 가변성 중 일부는 유전학(DNA의 고유한 변형의 집합) 및 후성유전학(생활습관과 환경이 유전자 발현에 미치는 영향)과 관련이 있다. 그중 일부는 장내 미생물군 균형과 다양성, 면역체계의 조절, 호르몬의 변동, 해당 순간의 염증 수준과 연관돼 있다. 사실 누군가에게 염증을 일으키는 원인은 다른 이에게 염증을 일으키지 않을 수 있으며, 염증이 건강과 기능에 미치는 영향 또한 사람마다 다르다.

이 모든 요소, 그리고 그 이상의 영역이 서로 연결돼 상호 영향을 주고받으면서 복합적이고 끊임없이 변화하는 나만의 기적을 만들어낸다. 나 자신은 수천억 가지 미세한 부분에서 어느 누구와도 다른 존재다. 나에게는 고유의 강점과 문제점이 존재한다. 내 컨디션을 끌어올리거나 형편없게 만드는 일상적인 요소(음식, 활동, 생각)가 따로 있다. 편두통과 피로, 관절통, 발진, 불안 증상을 느끼는 등 나만의 증상 목록 또한 갖추고 있을 것이다. 어쩌면 소화 장애가 있거나 호르몬 균형이 맞지 않고 체중 감량이 어려울 수도 있다. 이러한 각 문제점은 개인의 건강과 관련돼 있으며, 유전학이나 미생물군뿐 아니라 내가 먹고 행동하고 살아가는 방식, 심지어 생각하는 방식 등 수많은 형태로부터 영향받을 수 있다.

우리가 하는 모든 행동은 우리의 건강을 증진시키거나 약화시킨다. 즉 우리가 하는 모든 일이 염증을 증가시키거나 감소시킨다는 뜻이다. 그러나 특정 행위가 미치는 영향은 사람마다 다르다. 나를 건강하게 또는 약하게 만드는 일이 반드시 남을 건강하게 또는 약하게 만드리라는 보장은 없다. 마치 내게 딱 맞는 단 하나의 퍼즐 조각을 찾는 일과 같다.

독특한 모양의 조각으로 이루어진 이 퍼즐을 생물학적 개체성이라고 한다. 생물학적 개체성을 인식하는 것은 기능의학의 기본 측면 중 하나로, 기능의학의사인 나는 생물학적 개체성이 환자 자신은 물론 환자의 건강에 대한 가장 강력한 단일 정보원이라는 사실을 알고 있다. 나는 항상 찾아오는 환자에게서 나타나는 생물학적 개체성을 본다. 이리저리 헤매다 내 클리닉을 찾아올 즈음의 환자 대부분은 이미 표준 서양식 식단보다 놀랍도록 훨씬 제대로 챙겨 먹고 있다. 기능의학을 발견할 즈음이면 이미 웰니스를 충분히 숙독하고 건강을 위한 여정을 한동안 지속한 후다. 어떤 식단을 고수하고 있건 다들 대체로 진짜 제대로 된 음식을 먹고 있다. 하지만 건강한 의도에도 불구하고 다들 어느 정도의 건강 기능장애를 안고 나를 찾아온다. 그 원인 중 하나는 그들이 고수하는 식단이 스스로에게 최적의 기능을 하는 것이 아니라는 점이다.

다이어트 산업은 특정 다이어트가 일부 사람에게 매우 효과적이라는 개념에 의존한다. 이것은 수많은 책과 기사, 블로그 게시글에서 마침내 도움이 되는 차세대 '기적의 다이어트'에 대한 내용을 볼 수 있는 이유다. 하지만 누군가가 효과를 봤다는 것은 우연히 그 사람에게, 그의 생물학적 개체성에 우연히 적합했던 것이다. 텔레비전 광고에서 '결과는 다를 수 있습니다'라는 작은 글씨의 경고 문구를 본 적이 있는가? 다른 사람이 같은 결과를 얻어내려고 시도하더라도 실패할 가능성이 높다. 사람마다 딱 맞는 해결책이 다르기 때문인데, 어쩌면 극적으로 다른 결과가 나타날지도 모르는 일이다. 광고하는 것과 완전히 정반대일 수도 있다. 광고 대상과 전혀 다른 모양의 퍼즐 조각을 가지고 있는 셈이다.

누군가에게 맞는 식이처방이 누군가에게는 문제의 식이요법이 될 수 있다. 그 원인은 생물학적 개체성이다. 스스로의 불내증이나 과민증을 파악하지 못하면 자신의 증상을 악화시키거나 염증을 증가시키고 체중 감량을 막는(어쩌면 이 모든 결과를 전부 야기하는) 음식을 자기도 모르게 매일같이 먹고 있을 수도 있다. 이 음식이 내 건강에 이롭다고 믿을 수 있지만, 많은 '건강식품'은 누군가에게는 부정적인 반응을 일으킨다. 생물학적 개체성이 다르기 때문이다.

음식물 알레르기와 불내증, 과민증 무엇이 다를까?

우리가 사는 세상은 비교적 짧은 기간에 걸쳐서 급격한 변화를 겪었다. 인류가 존재한 전체 기간과 비교하면 우리가 현재 먹는 식품과 마시는 물, 작물을 재배하는 고갈된 토양, 오염된 환경은 모두 비교적 새로운 것들이다. 과학 연구 결과는 만성염증성 건강 문제의 주요 원인으로 우리의 DNA와 우리를 둘러싼 환경 사이의 괴리를 짚는다. 우리 유전자의 약 99%는 약 1만 년 전, 농업이 발달하기 이전에 형성된 것이다.[1] 이러한 괴리 탓에 우리는 인류 역사상 존재하지 않았던 식품에 대한 반응을 일으키게 된 것이다.

음식물에 대한 반응은 알레르기와 불내증, 과민증이라는 주요 원인 3가지를 통해 발생한다. 이들 용어는 보통 혼동해서 사용되며 혼란과 오용을 야기하는 경향이 있으므로 여기서 차이점을 짚고 넘어가도록 하자.

음식물 알레르기_ 면역체계와 관련이 있으며 가장 즉각적이고 잠재적으로 심각한 반응을 보인다. 알레르기 반응의 증상으로는 발진과 가려움증, 두드러기, 부기 또는 심지어 치명적일 수 있는 기도 부종인 아나필락시스가 있다.

이 책에 실린 맞춤형 프로그램은 이러한 생명을 위협하는 종류의 식품성 반응을 발견하기 위한 것이 아니다. 대신 염증을 유발할 수 있는 다음 2가지 유형의 식품성 반응을 가지고 있는지 알아낼 수 있도록 돕는 것이 목표다.

음식물 불내증_ 알레르기와 달리 면역체계와 직접적인 연관은 없다. 대신 몸이 특정 음식(유제품 등)을 소화시킬 수 없거나 소화계가 이들로 인해 자극을 받을 때 발생한다. 일반적으로 효소 결핍의 결과다.

음식물 과민증_ 알레르기처럼 면역을 매개로 발생하지만 반응이 더 지연돼 나타날 수 있다. 소량의 식품을 섭취하면 별 문제없이 소화시킬 수 있기도 하지만 과도하게 섭취하거나 매일 먹으면 점차적으로 염증이 증가하면서 건강이 악화되기 시작할 수 있다.

음식물 불내증 및 과민증의 증상은 다음과 같다.

- 부종
- 편두통
- 콧물
- 브레인 포그
- 관절통 또는 근육통
- 불안 또는 우울증
- 피로
- 가려움, 발진
- 심계항진
- 독감과 유사한 증상
- 복통
- 과민성대장증후군

생물학적 개체성과 생활습관

생물학적 개체성은 식단 계획을 세울 때 중요하게 고려해야 할 사항이지만, 음식 이외에도 적용할 수 있다. 스스로 삶을 살아가는 방식에 관한 거의 모든 것에 해당되는 내용이다.

운동_ 우리 환자 중에는 격렬한 운동을 즐기는 사람도 있다. 그들에게 운동은 심혈관 건강에 이로울 뿐 아니라 기분을 북돋우고 염증을 줄이는 역할을 한다. 그러나 격렬한 운동으로 피로와 스트레스에 노출되는 사람도 있다. 이들에게 격렬한 운동은 염증을 일으킬 수 있으므로 자연 속에서 활발하게 산책을 하거나 요가, 가벼운 스트레칭 등을 하는 것이 훨씬 좋다.

사회적 활동_ 다양한 사회적 활동을 하면서 강하게 엔도르핀을 얻는 사람도 있다. 그럴 경우 사회적 활동은 그들에게 항염증제가 된다. 그러나 다른 이와 너무 많이 부대끼면 스트레스를 받아 염증으로 이어지는 사람도 있다. 그들은 어느 정도 혼자 있는 시간을 가져야 기분이 좋아진다.

스트레스에 대한 내성_ 어떤 사람은 스트레스에 내성이 강해서 정신없이 돌아가는 도전적인 하루를 즐기는 반면, 내성이 낮아 속도를 늦춰서 느긋하게 진행하고 긴장을 푸는 시간을 가져야 하거나 특히 스트레스를 받는 상황을 관리해야 하는 사람도 있다. 스트레스가 염증을 일으킨다는 것은 이미 널리 알려진 사실이므로 무엇이 본인에게 스트레스를 야기하는지 아는 것이 중요하다.

면역_ 때마다 감기에 걸리는 사람이 있는 반면, 좀처럼 약한 모습을 보이지 않는 사람도 있다. 이는 염증이 사람의 면역체계에 미치는 영향 때문일 수 있다. 염증이 많을수록 병에 걸릴 가능성이 높아진다.

환경적 내성_ 오염과 화학물질, 곰팡이, 세균과 접촉할 때마다 반응을 보이는 사람도 있지만 이미 면역을 갖추고 있는 것처럼 보이는 사람도 있다. 다시 한번 말하지만 이러한 환경적 독소는 염증 반응을 유발할 수 있으며, 이미 염증이 많은 사람은 이러한 독소에 매우 민감하게 반응할 수 있다.

성격_ 컵에 물이 반이나 차 있다고 생각하는 편인가, 아니면 반밖에 없다고 생각하는 편인가? 예술적 감성과 논리적 이성 중 어느 쪽에 가까운가? 우리 모두는 수천 가지 다른 방식으로 서로 다른 성격을 갖고 있고, 그것 역시 염증과 연관된 생물학적 개체성의 또 다른 면이다.

생물학적 개체성은 기존 의학의 접근 방식이 일부 사람에게는 도움이 되지만 어떤 사람에게는 증상을 해결하거나 건강 또는 체중 문제의 원인을 찾는 데에 도움이 되지 않는 주된 이유이기도 하다. 이는 기존 의학을 따르는 의사들이 개인의 특성에 초점을 맞추기보다 집단화 및 범주화를 지향하는 교육을 받았기 때문이다.

이것이 기존 주류 의학이 질병을 진단하고 치료하는 방식이다. 많은 사람들에게 일반적으로 동일한 증상들과 검사 결과를 보이는 것이 관찰되면 해당 상태에 갑상선기능저하증, 류마티스관절염, 우울증 등의 이름을 붙인다. 이러한 명칭에는 숫자와 문자의 집합으로 이루어진 진단코드가 따라붙는다.

그런 다음 연구 결과를 통해 이들 약물이 선별한 환자군 중 일부 비율 내에서 증상을 감소시키고 검사 결과를 정상화하는 사실이 얼마나 뚜렷하게 나타나는지에 기초하여 이들 진단코드에 약물을 할당한다. 예를 들어 만일 약물 X가 갑상선기능저하증과 일치하는 증상을 가진 환자 중 52%에서 피로 증상을 완화시킨다면, 그 약물은 갑상선기능저하증에 대한 표준 처방약물이 될 수 있다.

하지만 이처럼 미리 정해져 있는 일련의 증상에 해당되지 않는 건강 상태를 보이는 사람은 어떻게 해야 할까? 권장 약물로 증상이 완화되지 않은 나머지 48%의 사람들은 어떨까? 이러한 약물 조합 게임은 확률에 좌지우지되므로 자신이 행운의 대상이 되기를 바라야 하며, 안타깝게도 그렇지 못한 사람도 많다. 많은 사람들이 증상과 관련된 약물이 없어서 아무런 도움도 받지 못한 채 다시 집으로 돌아간다. 또는 해당 약물이 효과를 보이는 사람과는 다른 원인으로 증상이 발생하기 때문에 지정된 약물이 도움이 되지 않는 사람도 있다. 약물로 증상이 완화되기는 하지만 참을 수 없는 부작용이, 때로는 원래 증상보다 더 심한 부작용이 나타나기도 한다. 그리고 뭐든지 간에 꼭 약물을 복용해야 하는지 의문을 품는 사람도 있다. 그런 이들은 자신의 증상을 다루는 더 자연스러운 방법이 있는지, 그리고 질병의 진행을 멈추거나 되돌릴 수 있는 더욱 효과적인 방법이 있는지 알고 싶어한다.

만일 내 증상이 모호해서 검사 결과 '정상'이 뜬다면 어떨까? 나타난 증상이 깔끔하게 올바른 범주에 속해서 표준 약물로 건강을 관리하는 데에 문제가 없다면 더할 나위 없다. 그러나 비전형적인 증상 또는 약물에 부정적인 반응을 보이는 특이한 군에 속하는 사람이거나, 증상을 약물로 가리기보다 상태를 치유하는 데에 더 관심이 있다면 아마 이러한 전통적인 의학 모델을 활용하여 도움을 받는 것이 불편하게 느껴질 수 있을 것이다.

잘 알다시피 주류 의학의 범주에 속하지 않는 예외가 존재한다. 우리 클리닉에 찾아오는 환자 중에는 이러한 예외를 대표하는, 주류 의학 시스템이 자신에게 적합하지 않은 사람이 많다. 처방받은 약물이 도움이 되지 않았거나 증상이 진단범주에 속하지 않는 등 필요한 도움을 제대로 받지 못하는 그룹에 속하는 사람들이다.

하지만 여기서의 진짜 문제는 그저 환자의 증상이 미리 정해진 모델에 맞지 않는다는 것이 아니다. 이 모델이 생물학적 개체성을 고려하지 않는다는 것이다. 같은 전통의학 진단코드에 속하고 동일한 치료를 받고 있는 5명의 사람을 한방에 모아서 치료가 어떻게 진행되는 중인지 물어보면 아마 5개의 서로 다른 대답을 듣게 될 것이다. 환자들마다 유전학과 미생물군, 생화학에서 차이를 보이고 증상이 겉보기에는 유사하지만 사실 원인이 상당히 다를 수 있기 때문이다. 아주 복잡한 그림이다. 다행히 여기에는 공통분모가 있다.

염증 스펙트럼

염증을 이해하는 것은 건강 상태를 개선하기 위해서 생물학적 개체성을 어떻게 활용할 수 있을지 이해하기 위한 매우 중요한 단계 중 하나다. 불안, 우울증, 피로, 소화기 문제, 호르몬 불균형, 당뇨병, 심장병, 자가면역질환 등 오늘날 우리가 직면한 거의 모든 건강 문제는 깊이 파고들면 모두 본질적으로 염증성이거나 염증 성분을 지니고 있다.

그러나 염증은 우리가 미처 알지 못하는 사이에 진행되기 때문에, 이러한 질병이 진단 가능한 상태일 때는 말할 것도 없고, 심지어 눈에도 띄기 훨씬 전부터 몸에 생겨나기 시작한다. 공식적으로 진단할 수 있을 만큼 건강 문제가 악화되었을 즈음이면 염증은 이미 몸에 심각한 손상을 입힌 상태다. 예를 들어 자가면역부신질환(애디슨병 등) 진단을 받았을 때는 부신이 이미 90% 이상 파괴돼 있다.[2] 다른 많은 만성질환 문제도 마찬가지다. 다발성경화증과 같은 염증성 신경학적 질환, 셀리악병 등 염증성 장질환 진단을 받으면 이미 심각한 파괴가 발생한 이후다.

그러나 이러한 상태에서 발생하는 염증 공격은 하룻밤 사이에 생겨난 것이 아니다. 이는 염증의 마지막 단계다. 예를 들어 누군가가 자가면역질환 진단을 받았다면 이미 평균 약 4~10년간 자가면역염증을 경험한 상태다.[3] 당뇨병이나 심장병 등 다른 만성염증성 질환도 마찬가지다. 하룻밤 사이에 당뇨병에 걸리지는 않는다. 느닷없이 심장병이 나타나는 것도 아니다. 공복혈당이 당뇨병 진단을 받을 만큼 충분히 높아지거나 심장마비가 일어나기 직전까지 수년간 염증이 충분히 쌓여간다. 우리는 모두 염증이 아예 없는 상태에서 경증, 중증, 그리고 질병 상태를 초래하는 진단 가능한 수준의 염증까지 아우르는 염증 스펙트럼 위의 어딘가에 존재하고 있다.

그렇다면 이러한 사실을 이미 알고 있음에도 불구하고 뭔가 조치를 취하려면 어째서 질병 스펙트럼의 한쪽 끝에 도달할 때까지 기다려야 하는 것일까? 훨씬 해결하기 쉬운 초기 단계일 때 염증을 치료하는 것이 낫지 않을까?

내 기능의학 진료의 초점은 염증의 원인과 증상을 찾고 해결하는 데 있다. 왜냐하면 염증 관리는 심각한 건강 문제에 직면하기 훨씬 전부터 시작해야 하기 때문이다. 보통 염증이 진단 단계에 도달하면 환자에게 제공되는 유일한 선택지는 의약품뿐이다. 나는 우리가 그보다 훨씬 제대로 대응할 수 있다고 믿는다. 내 시도와 이 책은 염증이 더 심각한 문제로 이어지기 전에 이를 해결하기 위한 사전 조치를 취하자는 내용을 골자로 하고 있다.

만일 이미 '심각함' 단계에 들어섰다 하더라도 아직 건강을 되찾기 위해 할 수 있는 일은 많다. 과학 연구 결과는 수십 년간 기능의학에 종사하는 많은 이가 주장한 내용을 뒷받침하고 있다. 생활습관 변화와 식이조절은 건강에 중요한 영향을 미친다는 것이다. 나는 여기에 생활습관과 음식이 질병으로 이어지는 염증을 줄이는 주요한 방법이라는 말을 덧붙이고 싶다. 실제로 연구 결과에 따르면 염증 반응의 약 77%는 식단과 스트레스 수준, 오염 물질에 대한 노출 등 우리가 최소한 어느 정도는 통제할 수 있는 요인에 의해 결정되며, 나머지는 유전학에 달려 있다.[4] 이는 만성질환으로 나아가기 전에 염증 스펙트럼을 낮출 수 있도록 지금 이 시점에 할 수 있는 일이 많다는 것을 의미한다.

내 경험상 우리 대다수는 상당한 저력을 가지고 있다. 우리는 지금 당장 긍정적인 생활습관을 통해 우리의 건강을 통제할 수 있다. 이러한 변화가 삶의 질을 100% 향상시키든 또는 고작 25% 정도밖에 향상시키지 못하든, 이는 염증 스펙트럼에서 올바른 방향으로 나아가는 것이라 할 수 있다. 언제나 해왔던 똑같은 일을 반복하면서 다른 결과가 나오기를 기대하는 대신, 새로운 시도를 해야 한다. 이것이 부정적인 변화를 긍정적인 변화로 바꾸는 유일한 방법이다.

이 책을 읽는 독자라면 아마 해결하고 싶은 증상이 있거나 만성적인 건강 문제로 어려움을 겪고 있을 것이다. 내 생물학적 개체성과 염증 스펙트럼에서 내가 어느 위치에 속하는지 알아보기 위해 고려해야 할 간단한 사실은 하나뿐이다. 나에게 염증을 일으키는 대상(특정 식품, 특정 노출, 특정 종류의 스트레스)은 생물학적 개체성에 따라 다르며 나에게 일어난 염증 증상(체중 증가, 피로, 위산 역류) 또한 마찬가지라는 것이다. 염증은 많은 문제를 야기시킬 수 있지만 한편으로는 내부 및 외부 스트레스 요인에 대한 생물학적 개체성 반응을 발견하는 일종의 열쇠가 되기도 한다. 염증을 해결하면 다음과 같은 좋은 점이 있다.

1. 염증은 증상의 상류에 존재한다. 즉 많은 증상을 유발하거나 악화시키는 원인이다. 딱 맞는 치료를 통해서 여러 증상을 야기시키는 염증을 해결하면 그 증상을 줄이거나 제거할 수 있다.

2. 염증은 또한 일부 유발인자의 하류에 속한다. 식품에 대한 반응, 스트레스, 위장 문제, 감염(박테리아, 효모 또는 바이러스), 곰팡이, 중금속 오염, 유전학 등의 요인이 합쳐지면 종종 염증이 일어나곤 한다. 염증을 가라앉히면 우리 몸은 1차적 기능장애를 스스로 고칠 수 있으며 원인을 제거해 증상이 자연스럽게 해소된다. 염증이 이러한 신체의 자연치유 능력을 방해하기 때문이다. 만일 고유의 염증 유발인자(나에게 염증을 일으키는 원인)와 염증이 있는 위치를 알아낼 수 있다면 이러한 원인에 대처하는 방식을 배울 수 있다.

우리의 건강에 생긴 문제를 해결하는 방식은 다음과 같다. 내게 염증을 증가시키는 것을 제거하는 식으로 식이요법과 생활습관을 맞춤화한다. 그리고 내 염증과 싸워주는 요소를 추가하여 염증을 낮춘다. 그러면 단순히 증상을 가라앉히는 것을 넘어 만성적인 건강 문제를 직접 해결할 수 있다.

그렇다면 식이요법과 생활습관은 어떻게 맞춤화할 수 있을까? 여기서는 섬세하게 개별화할 수 있도록 구성한 제거식이요법으로 얻은 정보를 활용한다.

염증이란 정확히 무엇인가?

염증은 신체의 자연스러운 방어 반응이다. 가장 급성적인 염증으로는 찰과상이나 자상, 발목 염좌 등의 부상을 당했을 때 해당 부위가 붉게 변하거나 붓고 통증이 나타나는 것을 꼽을 수 있다. 염증은 면역체계의 산물이다. 염증반응은 면역체계가 박테리아와 바이러스, 후발적 감염을 막기 위해 부상 부위로 전염증 세포를 밀물처럼 흘려보내면서 생겨난다. 이것이 우리 몸이 치유되는 과정이다. 건강하고 균형 잡힌 염증반응이 없었다면 우리는 모두 쥐도 새도 모르게 사라졌을 것이다.

문제는 염증이 통제할 수 없는 수준으로 커지거나, 발생한 문제에 적합한 비율을 넘어서고, 부상이 치유되고 침입자를 정복한 후에도 사라지지 않거나, 실제로는 침입자가 아닌 것에 반응해서 몸이 잘못 활성화될 때 시작된다. 이러한 사태가 발생하면 염증 자체가 문제가 되면서 염증의 원인과 부위에 따라 몸의 여러 부위에 다양한 종류의 증상을 유발할 수 있다. 염증이 적절하게 가라앉지 않고 낮은 수준으로 장기간 지속되는 것을 만성염증이라고 부른다. 이 상태가 되면 면역체계는 과민성 및 과민 반응을 일으키면서 염증성 사이토카인을 지속적으로 방출하여 염증을 전신에 퍼트릴 수 있다.

간단히 말해 건강한 염증반응은 '곰 3마리' 동화에 비유할 수 있다. 염증은 너무 적어도 좋지 않지만, 너무 많아도 좋지 않다. 딱 적당한 상태여야 한다. 필요한 때는 문제에 적합한 양만큼 발생하고, 작업이 완료되면 사라지는 수준을 뜻한다.

제거식이요법은 어떤 음식과 행동이 나에게 염증을 일으키는지, 그리고 염증이 나타난 부위가 어디인지를 발견하는 데에 도움이 된다. 염증이 몸의 어느 부위에 국한돼 나타나는지는 유전학과 활동성, 과거의 부상, 생활습관, 그리고 아마도 우리가 아직 발견하지 못한 기타 요인의 영향을 받는 생물학적 개체성에 달린 문제다. 내 염증에 대한 민감도와 염증 스펙트럼에서의 위치를 알게 되면 이를 개선하는 가장 좋은 방법을 알아내는 데에 도움이 된다. 염증은 다음 8가지 주요 시스템에서 발생하는 편이다.

1. 두뇌와 신경계

2. 소화계

3. 간과 신장, 림프계(체내 해독 시스템을 구성하는 요소)

4. 혈당/인슐린 균형을 조절하는 간과 췌장, 세포 인슐린 수용체 부위

5. 내분비계(두뇌가 호르몬 시스템과 소통하는 통로: 갑상선, 부신, 난소, 고환)

6. 근육, 관절 및 결합 조직(근골격계)

7. 몸에 대항해 자가면역을 일으킬 수 있는 면역체계

8. 동시에 여러 장소에서 발생 가능. 어떤 사람은(실제로 내 환자 중 다수) 이
   들 중 1곳 이상 및 모든 부위로 뻗어 나가는 동맥을 포함하여(두뇌는 물론
   심장에까지 영향을 미칠 수 있는) 몸 전체에 염증을 가지고 있다. 비정상적
   인 민감성 또는 너무 오랫동안 염증을 무시해온 결과일 수 있다. 나는 이
   문제를 '다염증성polyinflammation'이라고 부른다.

이들 각 영역 내에서 염증은 완전히 부재한 상태에서 경증이나 중증에서
극도로 심한 상태까지 스펙트럼으로 존재한다. 각 부위는 저마다 고유한 염
증 스펙트럼에 속해 있다.

다음 페이지의 그림을 보면 한 부위의 염증이 어떻게 경증에서 극도로 심
한 상태에 이르기까지 연속체로 존재할 수 있는지 또한 염증이 영향을 미치
는 몸의 여러 상호 연관된 부위를 확인할 수 있다. 다음 파트에서 살펴볼 염
증 스펙트럼 설문지는 이렇듯 다양한 영역의 염증 상태 및 나 자신이 각각

어느 스펙트럼에 속해 있는지를 알아내 문제가 있는 영역을 타깃으로 잡고 식이요법과 생활습관 변화를 도모할 수 있도록 도움을 준다.

이 설문지를 통해 안 좋은 소식을 접할까 봐 걱정하지는 말자. 본인이 염증 스펙트럼에서 어떤 위치에 속해 있건 상황을 되돌리기에 너무 늦은 시기란 극히 드물며, 지금부터 우리가 하려는 일이 바로 건강을 개선하려는 것이기 때문이다. 개선된 맞춤형 제거식이요법을 활용하여 현재의 식단과 생활습관 내의 염증 유발요인을 찾게 되면 곧 염증 스펙트럼의 진행 방향을 바꾸기 위해 무엇을 해야 하는지 정확하게 알게 될 것이다.

<염증 스펙트럼>

염증 스펙트럼 측정 검사

다음 파트에서 살펴볼 설문지 외에도 현재 자신의 염증 수준이 어느 정도인지 측정하는 또 다른 방법은 검사를 받는 것이다. 다음은 우리 클리닉에서 환자가 속한 염증 스펙트럼의 위치를 포괄적으로 파악하기 위해 시행하는 검사 중 일부다. 염증을 다루기 위해 반드시 검사를 받아야 할 필요는 없지만, 아래 전부 또는 일부 검사를 의사에게 요청하면 치료 여정을 시작하기 전 염증에 대한 기준선을 얻을 수 있다. 추가 정보를 알게 되면 제거 단계를 유지하면서 발전하고자 하는 의욕을 고취하는 데 도움이 된다. 이 검사는 기존 의학 표준 검사보다 포괄적인 기능의학 검사기 때문에 일부 검사 결과에 최상의 도움을 주기도 한다.(우리 클리닉에서는 전 세계의 환자를 대상으로 이들 검사를 진행 및 해석하고 있다.)

hsCRP_ 염증성 단백질인 C반응성단백질을 얼마나 보유하고 있는지를 보여준다. 고감도 CRP 검사는 또 다른 전염증성 단백질인 IL-6를 측정하는 대리 지표다. 둘 다 만성염증성 건강 문제와 연관돼 있다. 최적의 범위는 1mg/L 미만이다. 수치가 높으면 심장질환의 위험 요소가 되며, 기타 여러 염증으로 인한 질병의 한 원인이 된다.

호모시스테인_ 심장질환과 혈액 내 장벽 파괴, 치매와 관련이 있는 염증성 아미노산이다. 또한 흔히 자가면역 문제로 고생하는 사람에게 증가하는 양상을 보인다. 기능의학상 최적 범위는 7μmol/L 미만이다.

페리틴_ 일반적으로 체내에 보유된 철분 수치를 확인하기 위해서 진행하는 검사지만, 이 수치가 너무 높으면 염증의 징후일 가능성이 있다. 남성의 최적 범위는 33~236ng/mL, 완경 전 여성의 최적 범위는 50~122ng/mL, 완경 후 여성의 최적 범위는 150~263ng/mL이다.

미생물군 검사_ 이것은 면역체계의 약 80%가 상주하는 장내 건강 평가에 도움이 된다. 박테리아와 효모의 과다 성장 및 칼프로텍틴calprotectin과 락토페린lactoferrin 등의 염증 지표를 살펴보면 장을 중심으로 하는 염증 상태를 평가할 수 있다.

장 투과성_ 장 내벽을 담당하는 단백질(오클루딘과 조눌린) 및 몸 전체에 염증을 일으킬 수 있는 박테리아 독소인 지질다당류에 대한 항체를 확인하는 혈액 검사다.

다중 자가면역 반응성 검사_ 면역체계가 두뇌와 갑상선, 내장, 부신 등 몸의 여러 부분에 대항하는 항체를 생성하는지 여부를 확인하는 검사다. 자가면역질환을 진단하는 것이 아니라 비정상적인 자가면역염증 활동이 일어나는지 잠재적인 증거를 확인하는 것에 가깝다.

교차반응 검사_ 글루텐프리의 깨끗한 식단을 유지하면서도 여전히 소화장애나 피로, 신경계 관련 증상을 경험하는 글루텐에 민감한 사람에게 도움이 되는 검사다. 이 경우에는 면역체계가 글루텐프리 곡물이나 달걀, 유제품, 초콜릿, 커피, 대두, 감자 등 비교적 건강한 식품의 단백질을 글루텐으로 오인해서 염증을 유발하는 상황일 가능성이 있다. 면역체계에게는 글루텐프리 식단을 전혀 따르지 않은 것이나 마찬가지인 셈이다.

메틸화 유전자 검사_ 메틸화는 면역체계와 두뇌, 호르몬, 장내 건강을 위해서 반드시 필요한 많은 기능을 조절하는 생화학적 고속도로라고 할 수 있다. 내 몸이 잘 기능하려면 체내에서 1초에 10억 번 정도 발생하는 메틸화가 잘 작동해야 한다. MTHFR과 같은 메틸화 유전자 돌연변이는 자가면역염증과 밀접한 관련이 있다. 예를 들어서 나는 MTHFR C677t 유전자에 이중 돌연변이를 가지고 있는데, 내 몸이 일부 사람에게 염증을 일으키는 호모시스테인이라는 아미노산을 제대로 관리하지 못한다는 것을 의미한다. 그리고 양쪽 집안 모두에 자가면역질환 내력이 있다면 이 또한 염증 스펙트럼상 더욱 주의를 기울여야 하는 위험 신호다. 타고난 유전자를 바꿀 수는 없지만, 유전자의 약점을 알면 신체의 특정 과정을 도와 위험 요소를 최대한 줄이도록 특별한 주의를 기울일 수 있다.

카나비노이드 유전자 CNR1 rs1049353_ 우리의 체내 카나비노이드 시스템은 수면에서 식욕, 통증, 염증, 기억, 기분, 생식에 이르기까지 모든 것을 조절한다. 카나비노이드 유전자 CNR1 rs1049353는 이 시스템에서 중요한 역할을 하는 유전자로, 여기 생기는 변이는 식품 민감성과 자가면역염증 문제와 상당한 상관 관계를 보인다. 연구에 따르면 장 신경계는 CB1 카나비노이드 수용체의 주요 부분임을 시사한다.[5]

APOE4와 APOA2_ 이 유전자의 변종은 신체가 포화지방을 대사하는 방식에 영향을 미친다. 이러한 유전자 변형은 포화지방 함량이 높은 음식을 섭취할 경우 염증성 건강 문제 및 체중 증가와 각각 관련성을 보인다. 이 유전자에 변이가 있는 사람은 유제품, 붉은 육류, 달걀, 코코넛 제품, 기타 포화지방 함량이 높은 식품을 제한하거나 피해야 한다. 대신 아보카도, 올리브, 견과류, 씨앗 등의 식물성 지방을 섭취하도록 한다.

이 프로그램은 어떤 도움을 주는가?

PART 2의 염증 스펙트럼 설문지는 본인의 염증 프로필을 확인해 신체 내에서 가장 많은 염증 반응을 보이는 부분과 어느 염증 스펙트럼에 속하는지 밝혀낸다. 일단 자신의 위치를 알고 나면 맞춤형 설문지 결과에 따라 맞춤화한 제거식이요법을 실행해 염증을 줄일 수 있다. 염증이 경미하다면 단순화된 '코어4 단계'를 수행한다. 염증이 심하거나 여러 부분에 걸쳐 있다면 더 발전된 '제거8 단계'를 수행한다. 또한 각자의 특정 염증 부위에 맞춰 모든 각도에서 염증을 표적 삼아 공격하는 특별 식이처방과 요법, 팁, 요령이 포함된 도구상자를 제공한다.

처방 받은 제거 프로그램을 따르면 염증이 눈에 띄게 줄어든다. 이 시점에서 제거한 음식을 하나씩 다시 도입해 명확하게 염증이 감소한 상태에서 어떤 반응을 보이는지 확인한다. 그러면 마침내 내가 무엇에 반응하고 어디에 반응하지 않는지 알 수 있게 된다.

앞으로 수행할 작업을 간단하게 요약하면 다음과 같다.

1. 염증 스펙트럼 설문지를 통해 내 증상에 따라 내가 염증을 겪고 있는 부위가 어디인지, 각 부위가 염증 스펙트럼의 어느 위치에 해당하는지, 어느 부위를 목표로 삼아 제거할지 계획을 세우고 코어4와 제거8 중 어느 단계를 따를지 확인한다.

2. 모두가 (한동안) 제거해야 하는 코어4 식품과 설문지 결과에 따라 더욱 강력한 개입이 필요하다고 판단될 경우 (한동안) 제거해야 할 4가지 추가

식품에 대해 알아볼 것이다. 그간 살펴본 바에 따르면 발생한 부위와 상 관없이 염증과 가장 자주 연관성을 보인 식품이다.

3. 건강을 해치므로 피해야 할 생활습관 8가지 목록을 확인하면서 이들을 인생에서 점차적으로 제거하는 방법에 대한 구체적인 정보를 얻는다(그 리고 대체할 수 있는 재미있는 일 목록도 함께!).

4. 맞춤형 설문지 결과에 따른 개인화 도구박스를 확인한다. 여기에는 특정 염증 부위를 치료하는 안전하고 치유 효과가 높은 식이처방과 개인 증 상 및 주요 염증 부위에 따라 권장하는 허브, 보충제, 운동, 생활습관 등 의 방법이 들어 있다.

5. 처음 4일 또는 8일간(본인이 기본 코어4 단계와 발전된 제거8 단계 중 어느 것 을 따르는가에 따라) 매일 본인의 목록에서 1가지 식품 항목을 제거하면 서 완전 제거식이요법 단계까지 '계단을 내려가듯이' 실천하기 시작한다.

6. 맞춤형 설문지 접수에 따라 4주 또는 8주간 내 몸의 상태를 나쁘게 만들 어온 식품이나 습관에서 벗어나 기분 좋게 염증 없는 생활을 즐긴다. 매 주 조언과 격려, 시도하기 좋은 즐거운 습관, 맛있는 식사 등 치유와 회복 과정을 통해 몸에 도움을 주는 여러 방법을 제공할 것이다. 그리고 박탈 감이 들거나 음식이 단조로울까 봐 걱정하지 말자. 해야 할 일도, 먹을 것 도 많다. 포기해야 하는 모든 음식에 간편한 대체품이 존재하고, 맛있게 즐길 수 있는 레시피가 다양하기 때문에 다시 먹고 싶어질지도 모르는 제거음식을 훨씬 기분 좋아지는 다른 음식으로 대체할 수 있다.

7. 조직적인 재도입 시스템을 통해서 제거한 음식을 다시 들여오는 재도입 단계로 들어간다. 각각의 식품을 어떤 순서와 얼마만큼의 양으로 테스트

할 것인지를 배우고, 증상 재발을 추적하는 방법을 익힌다.

8. 재도입의 결과를 이용해 즐겨도 되는 안전한 식품으로 이루어진 각자의 평생 식단 목록을 만든다. 그간 어떻게 치유하고 회복했으며 나에게 영양을 공급하는 음식과 염증을 일으키는 음식이 어떤 것인지에 관한 정보에 기초한 목록이 될 것이다. 이제 이를 통해 내게 맞지 않는 식이요법이 아니라 내게 맞는 항염증 식이요법을 얻을 수 있다. 이것은 개별화하는 과정에 따라 익히게 된 내 몸과의 소통에 기반한 결과물이다.

프로그램에 깔린 정신

❖ 일정 기간 동안 식품을 제거하는 계획을 시작할 때는 애초에 이 일을 왜 시작했는지 기억하는 것이 중요하다. 특히 상태가 좋아지고 싶을 뿐인 진짜 건강 문제를 안고 있는 사람 중에는 슬프게도 완벽한 식이요법과 건강 습관을 갖추려고 집착하는 강박적인 불안 증세인 건강식품집착증orthorexia 등의 섭식장애가 너무나도 흔하게 존재한다. 제거 프로그램은 제한이나 수치심, 자기혐오에 관한 것이 아니며, 음식을 금지해서 몸에 벌을 주려는 시도도 아니다. 그런 독단적인 다이어트 의식은 내가 하려는 일과 이 프로그램이 가진 목표와 정반대다. 내 몸을 내가 싫어한다면 치료할 수 없다. 자존감이 높아져야 건강한 선택을 하려는 욕구와 우리 몸이 튼튼해지려면 무엇이 필요한지 알아내려는 인식을 갖출 수 있다. 이 시간을 통해 어쩌면 인생에서 처음으로 자신을 어느 정도 차분하게 진정시키고 다시금 몸이 균형을 잡도록 되

돌리면서 스스로에게 품위와 온화함, 관용을 제공할 수 있을 것이다. 《염증 없는 식사》의 핵심은 맛있으면서 치유되는 음식으로 건강을 제공하는 만큼 내 몸을 사랑하는 것이다. 어떤 음식이 끔찍한 기분이 들게 만드는지를 알아내서 의식적으로 피하는 것은 처벌이 아니라 자기애적 행위다.

숫자 8은 무엇을 의미하는가?

아직 눈치채지 못한 사람도 있겠지만 이 책에는 염증 스펙트럼의 최상위에 속하는 사람을 위한 8주 프로그램인 제8 단계를 비롯해서 8가지 염증 부위, 도구박스의 8가지 항목, 책이 8개의 파트로 구성돼 있는 등 숫자 8이 쉴 새 없이 등장한다. 이상한 사람처럼 보일지도 모르지만 나는 고대의 지혜에 매료돼 있다. 고대에는 8이라는 숫자 뒤에 자연의 질서 및 그 한계보다 1단계 위를 상징하는 의미가 숨어 있다는 사실을 배웠다(7은 완성의 숫자이며 8은 그 한계를 뛰어넘었다는 의미다).

이 책의 자료를 정리하는 동안 숫자 8이 계속해서 등장했다. 처음에는 고의가 아니었다. 그러다 몸에 분명하게 드러나는 염증을 일반적으로 관찰할 수 있는 8가지 주요 방식이 있다는 사실을 깨달았다. 나는 보통 최소한 8주간 제거식이요법을 진행한다(경미한 경우 4주간). 일반적으로 환자에게 걸어내라고 조언하는 생활습관에는 8가지가 있으며, 쓰고 싶은 주제 또한 8장으로 이루어져 있다. 왠지 이 책에는 숫자 8이 거의 숭고하게 느껴질 정도로 딱 들어맞는다는 느낌이 들었다. 8은 우리의 한계를 뛰어넘는 자유에 관한 숫자이며, 제거 프로그램은 자유를 향한 나만의 독특한 길을 찾는 것이다. 스스로가 최고의 건강한 상태라고 느끼고, 그렇게 보일 때 깨닫게 되는 신선한 대기의 숨결 같은 것이다. 내 몸에 어떤 것이 효과가 있고 어떤 것이 그렇지 않은지 알아보자.

이 책은 우리의 건강을 일단, 그리고 영원히 되찾게 해주는 매뉴얼이다. 내 몸을 더 잘 이해함으로써 내 삶을 위한 음식과 몸의 평화, 자유를 얻고 다시금 정상 궤도로 돌아가게 만드는 방법을 알아볼 준비가 되었는가? 숫자 8을 가이드 삼도록 하자.

PART 2

<u>조사</u>

맞춤형 염증 프로필 찾아내기

생물학적 개체성과 염증에 대해 안내를 꼼꼼히 끝냈으니 이제 거울을 내 쪽으로 돌려서 염증이 내 시스템의 어디에 뿌리를 내리고 있으며 염증 스펙트럼의 어느 위치에 속하는지 알아낼 때다. 체중 감소 저항이나 관절통, 브레인 포그, 피부질환, 널뛰는 기분 등 불편한 증상을 가지고 있는가? 소화장애나 나를 유혹하는 음식에 대한 갈망을 느끼는가? 의사에게서 고콜레스테롤이나 고혈압, 고혈당 등 검사 결과가 비정상적이라는 말을 들은 적이 있는가? 진단 여부와 상관없이 스스로 느끼는 모든 부정적인 건강 문제에는 다 이유가 있다. 이런 증상이 생기는 이유를 이해하는 열쇠가 바로 생물학적 개체성 염증 프로필이다. 기능의학은 시스템의학이라고 불리기도 한다. 염증이 발생할 수 있는 8가지 시스템 중 어느 부위가 문제인가? 앞으로 정확하게 알아보겠지만, 일단은 가능성을 검토해보자. 다음의 항목을 읽으면서 현재 겪고 있는 증상 및 건강 문제와 관련해서 어떤 것이 연관돼 있을지 생각해보자.

두뇌 및 신경 시스템_ 특히 염증 때문에 뇌 혈관 장벽의 투과성이 높아졌거나(장누수증후군과 유사한 뇌누수증후군이라고 불린다.) 브레인 포그, 우울증, 불안, 집중장애, 기억력 감퇴, 전반적인 불쾌감 등의 문제가 발생한 경우.

소화 시스템_ '누수' 또는 장 내벽 투과성 상승 및 소화 문제를 일으켜서 전신 염증과 자가면역질환까지 이어지게 만든다. 변비, 설사, 복통, 복부팽만감, 속쓰림 등은 증상의 일부에 불과하다.

해독 시스템_ 여기에 염증이 생기면 노폐물을 효율적으로 처리할 수 없다. 즉, 염증과 통증, 팔다리와 복부가 평소보다 커 보이게 만드는 부종 등을 악화시킬 수 있다. 전반적으로 불편감이 느껴지거나 통증이 생기고 발진이 자주 일어나기도 한다.

혈당 및 인슐린 시스템_ 염증이 이곳 시스템을 직격하면 혈당 수치가 불안정해지고 인슐린 과잉이 발생하여 대사증후군이나 당뇨병 전증, 제2형당뇨병까지 이어질 수 있다. 증상으로는 통제되지 않는 허기와 갈증, 느닷없이 급격한 체중 증가 또는 감량이 있으며 병원에서 검사를 할 때 공복혈당 수치가 높게 나올 수 있다.

호르몬(내분비) 시스템_ 염증이 이 시스템의 여러 부위를 강타하면 갑상선과 부신, 생식선(난소 또는 고환) 호르몬에 영향을 미쳐 모발이 가늘어지거나 피부가 건조해지고 손톱이 약해지며, 불안감과 급격한 기분 변화, 불규칙한 월경 주기, 성욕 저하 등 넓은 범위의 다양한 증상을 유발한다. 호르몬이 웰니스의 많은 부분을 제어하기 때문이다.

근골격 시스템_ 여기 염증이 생기면 관절통과 근육통, 관절 경직, 섬유근통(주로 자가면역과 관련된 증상), 전반적인 통증 등을 야기한다.

면역 시스템_ 여기가 과도하게 반응하면 몸의 장기와 조직, 구조 등을 공격할 수 있다. 이를 자가면역이라고 부른다. 염증이 심해지면 발생한다. 자가면역은 몸의 모든 시스템, 특히 소화 시스템(셀리악병 또는 염증성 장질환 등), 두뇌 및 신경 시스템(다발성경화증 등), 관절 및 결합조직 시스템(류마티스관절염 및 루푸스 등), 갑상선(만성갑상선염 등), 피부(염증성 피부질환 등) 등에 영향을 미친다.

다염증성_ 염증이 급격하게 진행되면 흔히 발생하는 현상으로 2개 이상의 부위에 염증이 있다는 뜻이다.

아마 지금쯤 내 몸의 어떤 부위에 염증이 생겼는지 1, 2군데 정도 짐작이 가기 시작했을 수도 있지만, 객관적인 방법으로 알아보도록 하자. 지난 몇 달간 가장 크게 영향을 받은 부분이 어디인지 살펴볼 것이다. 다음 설문지는 위에서 설명한 부위에서 발생하는 각각의 증상에 관한 내용으로 이루어져 있다. 해당하는 부분에 체크를 하자. 그런 다음 설문지 점수를 매겨서 가장 많은 문제를 일으키는 염증 부위를 파악한다.

염증 스펙트럼 설문지

다음 설문지는 본인에게 가장 많은 문제를 일으키는 염증 부위를 파악하는 데에 도움을 준다. 여러분을 진단하기 위한 것이 아니라, 염증 스펙트럼에서 본인이 어느 위치에 있으며 어느 제거 단계와 도구박스가 적절한지 파악하여 어느 부위에 초점을 맞춘 제거 프로그램을 실시해야 하는지 정확하게 알아내기 위한 것이다. 섹션별로 지난 1~3개월간 질문의 증상을 경험한 빈도에 따라 답을 기록한다. 예전에는 문제가 있었지만 지금 없다면 해당 박스에는 체크를 하지 않는다. 염증은 이동할 수 있으므로 오래된 염증 패턴은 이미 해결된 것일 수 있다. 현재 활발하게 진행 중인 염증 부위를 파악하고 나면 제거식이요법 프로그램으로 해결할 것이다.

두뇌 및 신경 시스템 염증 평가

	절대 아니다 0점	거의 그렇지 않다 1점	가끔 그렇다 2점	자주 그렇다 3점	항상 그렇다 4점
물건을 잃어버리거나 약속을 깜박하거나, 어떤 행동 또는 말을 하고 있었는지 잊어버리는 등 평소보다 건망증이 심해졌는가?					
명백한 이유 없이 우울한가? 평소 즐기던 것에 대한 의욕과 관심을 잃어버렸는가?					
평소보다 불안감이 높거나 걱정이 심해졌는가? 불안감이나 공황 발작을 느끼거나 지속적으로 일반적인 불안감, 불안한 예감 등을 느끼는가?					
'브레인 포그' 증상이 있거나 집중하기 어렵거나 1가지 업무를 꾸준히 붙잡고 완료하기가 평소보다 어려운가?					
이유를 알 수 없는 기분 변화를 경험하는가?					
의도하지 않은 말을 하거나 잘못된 이름으로 사물을 칭하는가? 그런 직후 스스로 깨닫거나 혹은 타인이 지적해야 비로소 알아차리는가?					
평소와 다른 방식으로 소리와 빛, 촉감을 느끼는 등 감각 문제가 있는가?					
경미한 인지기능장애 진단을 받았는가(또는 본인에게 그런 문제가 있다는 의심이 드는가)? 그리고/또는 알츠하이머 병 등 치매 가족력이 있는가?					

두뇌 및 신경 시스템 염증 점수: _____

소화 시스템 염증 평가

	절대 아니다 0점	거의 그렇지 않다 1점	가끔 그렇다 2점	자주 그렇다 3점	항상 그렇다 4점
종종 복부팽만감과 가스가 차는 증상을 경험하는가? 그리고/또는 식사 중이나 후에 위가 팽창해서 임신한 것처럼 보이는가?					
설사를 하거나 변이 묽고 질어서 조절하기 어렵거나 갑자기 나오는가?					
변비가 있거나 24시간 이상 배변을 하지 않거나, 쉽게 나오지 않고 작은 알약처럼 단단하고 건조한 대변을 보는가?					
정상적인(단단하지만 부드럽고 쉽게 나오는) 대변보다 설사와 변비가 자주 발생하는가?					
식사 후나 공복 시, 또는 밤에 속쓰림 또는 위산 역류를 경험하는가?					
혀에 흐릿한 백태가 끼어 있는가? 구강 위생을 잘 관리하는데도 만성 구취에 시달리는가?					
특정 식품과 상관없이 식사 후에 배가 아프거나 경련을 일으키거나 메스꺼움이 느껴지는가?					
긴장, 공포, 불안 등 극도의 감정을 경험할 때 위장이 불편하거나 기타 위장 증상(가스나 팽만감, 설사 등)이 발생하는가?					

소화 시스템 염증 점수: _____

해독 시스템 염증 평가

	절대 아니다 0점	거의 그렇지 않다 1점	가끔 그렇다 2점	자주 그렇다 3점	항상 그렇다 4점
쉽게 부기가 생기거나 체중 증감과 상관없이 너무 극단적이거나 갑작스럽게 평소보다 몸이 훨씬 커 보이거나 작고 단단하게 느껴지는가? 손가락으로 다리 아래쪽을 누르면 몇 초간 자국이 그대로 남는가?					
체중이 아침부터 저녁 사이에 또는 하루 사이에 2~3kg 이상 변동하는가?					
곰팡이 독소, 라임병, 바이러스 감염 등 만성감염 진단을 받은 적이 있는가?					
특정 증상을 꼬집어 말할 수 없지만 '독성 물질에 중독된' 막연한 느낌을 받는가?					
피부 또는 눈 흰자위가 노랗게 변하는가?					
식사와 상관없이 특히 몸통 오른쪽 상단 사분면에서, 등 위쪽 또는 어깨로 퍼지기도 하는 복부 압통이 느껴지는가?					
소변이 진한 노란색을 띠거나 또는 대변이 수면에 둥둥 뜨는 경향이 있는가?					
손 또는 발에 설명할 수 없는 가려움이나 껍질이 벗겨지고 발진이 일어나는 증상이 있는가?					

해독 시스템 염증 점수: ＿＿＿＿＿

혈당 및 인슐린 시스템 염증 평가

	절대 아니다 0점	거의 그렇지 않다 1점	가끔 그렇다 2점	자주 그렇다 3점	항상 그렇다 4점
이미 충분히 먹었거나 포만감을 느낀 후에도(거한 식사 후 또는 식사 사이에 너무 빠르게) 단 음식이나 전분성 음식을 갈망하는가?					
최근에 식욕 증가나 갈증과 배뇨 증가를 느꼈는가?					
자주 시야가 흐릿해지는가?					
충분한 수면을 취해도 비정상적으로 피곤한데 무언가를 먹으면 피로가 해소되는 것을 느끼는가?					
몇 시간 동안 아무것도 먹지 않거나 식사를 거르면 머리가 어지럽거나 손이 떨리고 초조하며 짜증 및 분노(배가 고프면 분노를 느끼는 증상)가 느껴지는가?					
허리 둘레가 엉덩이 둘레보다 크거나 같은가?					
섭취 칼로리를 줄이거나 운동을 해도 체중 감량이 어려운가?					
공복혈당 검사를 받았을 때 100 dl/ml 이상이거나, 헤모글로빈 A1C 검사를 받았을 때 5.7 이상이거나, 당뇨병 전단계, 대사증후군, 제2형당뇨병 진단을 받은 적이 있는가?					

혈당 및 인슐린 시스템 염증 점수: _____

호르몬(내분비) 시스템 염증 평가

	절대 아니다 0점	거의 그렇지 않다 1점	가끔 그렇다 2점	자주 그렇다 3점	항상 그렇다 4점
종종 오후에 피로 및 두통을 겪고 저녁이 되면 다시 활력이 돌아와서 밤늦게까지 깨어 있는 편인가?					
갑자기 일어서면 눈앞이 어지러운가?					
자주 짠 음식을 갈망하는가?					
따뜻한 곳에 있어도 손발이 자주 차가워지는가?					
과도하게 잠을 자거나 하루 종일 자고 나서도 여전히 밤에 잘 수 있을 것처럼 느껴지는가?					
눈썹의 바깥쪽 ⅓ 부분이 얇아지거나 사라졌는가?					
성욕이 사라졌는가? '성관계를 하고 싶은' 기분이 들 때가 거의 없는가?					
여성의 경우: 월경 주기가 불규칙하거나 월경통이 심하고 출혈량이 비정상적으로 많은가? 남성의 경우: 최근에 새로이 발기부전을 경험한 적이 있는가?					

호르몬(내분비) 시스템 염증 점수: _____

근골격 시스템 염증 평가

	절대 아니다 0점	거의 그렇지 않다 1점	가끔 그렇다 2점	자주 그렇다 3점	항상 그렇다 4점
부상과 상관없이 주기적이고 지속적 또는 일시적으로, 관절에 불규칙하게 통증이 생겼다가 사라지는가?					
'이중 관절'처럼 관절이 과도하게 굽혀지는 편인가?					
발목이 꺾이거나 걸려 넘어지거나 낙상하거나 물건을 떨어뜨리는 등 사고를 자주 치는가? 스스로가 칠칠맞다고 생각하는가? 힘줄이나 인대를 자주 다치는가?					
관절에서 지속적으로 뚝뚝 소리가 나거나 특정 부위가 걸리는가?					
아침에 일어나면 관절이나 근육이 뻣뻣하고 또는 통증이 있지만 움직이면 뻣뻣함이 완화되었다가 활동적인 하루가 끝나고 나면 다시 뻣뻣해지는가?					
목과 등에 만성적으로 통증이나 경직, 긴장이 느껴지는가?					
손과 발에 무작위로 바늘로 찌르는 듯한 통증이나 무감각이 느껴지는가? 팔이나 다리에 쏘는 듯한 통증이 느껴지는가?					
특히 발이나 다리, 엉덩이를 마사지할 때 통증이 심한가?					

근골격 시스템 염증 점수: _____

자가면역 시스템 염증 평가

	절대 아니다 0점	거의 그렇지 않다 1점	가끔 그렇다 2점	자주 그렇다 3점	항상 그렇다 4점
특정 음식 또는 식사 후에 명백하게 극단적인 반응을 경험하는가? 구토나 설사, 통증, 피부 반응, 브레인 포그나 공황 발작 같은 신경학적 반응이 나타나는가?					
추위나 더위를 견디지 못하는가? 추울 때면 손발이 푸르스름하거나 회색빛으로 변하는가? 피부나 입, 눈이 비정상적으로 건조한가?					
류마티스관절염이나 루푸스, 다발성경화증, 셀리악병, 염증성 장질환이나 크론병, 하시모토갑상선염 등 자가면역 문제 관련 가족력이 있는가?					
관절 부위에 통증과 부기가 있는가? 무감각이나 저린 증상 등이 쌍방으로 나타나는가(양손, 양팔꿈치, 양무릎, 또는 양발 등 몸 양쪽의 동일한 위치에)?					
얼굴이나 몸에 원인 모를 발진이나 만성 여드름, 반복적인 종기 또는 낭포성 여드름이 발생하는가?					
수면, 식사 및 기타 치료법으로 완화되지 않는 극도의 지속적이고 끊임없는 피로를 느끼는가?					

원인 모를 근육 약화가 발생하거나 발을 질질 끌면서 걷거나 물건을 더 자주 떨어뜨리고 있는가?				
위 증상 중 일부가 일시적으로 갑자기 나타나거나, 때때로 극도로 강하게 나타났다가 한동안 사라진 후 며칠 또는 몇 주, 몇 달 후에 재발하고는 하는가?				

자가면역 시스템 염증 점수: _____

각 염증 평가의 모든 점수를 합해서 총 점수를 계산한다. 이후 내용에 필요하다.

총 점수: _____

다염증성 평가

다염증성은 개별 염증 시스템을 살펴보는 대신 각 시스템을 따로 선별해서 구분해야 하므로 조금 다르게 평가한다. 위 설문지 점수를 다시 살펴보고 8점 이상을 획득한 카테고리를 아래 문항에 체크한다.

☐ 두뇌 및 신경 시스템   ☐ 호르몬(내분비) 시스템

☐ 소화 시스템   ☐ 근골격 시스템

☐ 해독 시스템   ☐ 자가면역 시스템

☐ 혈당 및 인슐린 시스템

2개 이상에 체크를 했다면 다염증성 카테고리에 속한다고 간주해야 한다. 걱정하지 말자. 우리 클리닉의 많은 환자도 이 카테고리에 속한다. 염증이 시

스템에 널리 퍼져 있다는 뜻이지만 악화되기 전에 바로 조치를 취해야 한다는 의미일 뿐이다.

다음 단계는 설문지 내용을 토대로 본인의 시스템 중 염증이 가장 심각한 부위는 어디이며 심각도는 어느 정도인지, 즉 자신이 염증 스펙트럼의 어느 위치에 속하는지 확인하는 것이다. 점수에 따라 코어4 단계와 제거8 단계 중 어느 수준의 프로그램을 따를 것인지가 결정된다. 또한 자신에게 적합한 맞춤형 도구상자를 제시할 것이다.

점수는 염증이 발생하기 쉬운 시스템별로 하나씩, 총 7개다. 다염증 카테고리에 해당하는지 여부는 예 또는 아니오로 평가한다. 종합 설문지 점수는 점수 7개를 모두 합산한 것이다. 쉽게 찾아볼 수 있도록 각 영역에 옮겨 적어 보자.

두뇌 문제   다염증성   소화 문제

자가면역 문제   해독 문제

최상의 건강

근골격계 문제   혈당 문제

호르몬 문제

염증 스펙트럼 설문 점수 요약

두뇌 및 신경 시스템 염증 점수 _____

소화 시스템 염증 점수 _____

해독 시스템 염증 점수 _____

혈당 및 인슐린 시스템 염증 점수 _____

호르몬(내분비) 시스템 염증 점수 _____

근골격 시스템 염증 점수 _____

자가면역 시스템 염증 점수 _____

다염증: 점수가 8점 이상인 카테고리가 2가지 이상인가? 예 / 아니오

총 점수 _____

각 개별 시스템은 경미한 염증에서 심각한 염증에 이르는 연속적인 염증 스펙트럼 상에 존재한다. 각 개별 시스템의 점수가 의미하는 바는 다음과 같다.

• 0~2점

축하한다! 이 특별한 영역에 속하는 사람은 거의 염증이 없는 편으로 지금 당장은 여기 집중할 필요가 없다.

• 3~5점

이 부위에 염증이 약간 있을 수 있지만 증상이 아직 뚜렷하게 드러나지 않으며 삶에 크게 영향을 미치지 않을 것이다. 그러나 조심해야 한다. 여기 속하는 사람들은 컨디션이 대체로 좋은 편이라 염증 폭풍이 끓어오르는 중이라는 의심을 일절 하지 않는다. 그러나 가장 심한 부위의 염증 해결에 착수하지 않으면 건강이 저하될 수 있다.

• 6~7점

염증이 진행 중이며 신경이 쓰일 정도지만 아직 심각하지는 않다. 그러나 염증 폭풍이 확실히 발달하고 있으며 일부 증상이 드러나고 시스템이 파괴

되기 시작할 무렵이므로 주의를 기울여야 할 영역이다.

• **8점 이상**

점수가 8 이상인 곳은 염증이 현저하게 진행된 부위다. 즉각적으로 관심을
쏟아야 하는 영역이다.

단계 선택하기

따라야 할 제거 프로그램의 단계를 선택하는 데는 여러 가지 방법
이 있다. 결정하는 방법은 다음과 같다.

다음과 같은 경우 코어4 단계를 따른다.

• 점수가 8점 이상인 시스템이 1곳이다.

• 총합 설문지 점수가 15 이하다.

• 조금 더 쉽게 접근할 수 있는 단계로 시작하고 싶고, 인생의 지금 이 시점
  에서 적당하게 할 수 있는 수준을 바라는 경우.

다음과 같은 경우 제거8 단계를 따른다.

• 점수가 8점 이상인 시스템이 2곳 이상이다(즉 생물학적 개체성 염증 프로필
  이 다염증성이다).

• 총합 설문지 점수가 16 이상이다.

• 지금 당장 실천해서 최대한으로 염증을 퇴치해야 하는 경우.

이제 결과를 요약할 차례다.

- 가장 높은 점수가 나온 부위가 자신의 생물학적 개체성 염증 프로필이다. 이에 따라 필요한 도구상자가 결정된다. 아래에 결과를 기록하되 2개 이상의 시스템 점수가 동률일 경우 전부 기재한다.
- 코어4 단계 또는 제거8 단계 중 내가 실시할 프로그램의 단계를 정한다. 그에 따라 식품 목록과 식단 선택지가 결정된다. 아래에 결과를 기록한다.

내 생물학적 개체적 염증 프로필(가장 걱정되는 부위)은 다음과 같다:

_____

내 계획은 (하나를 선택하여 동그라미를 친다): 코어4 / 제거8

마지막으로 본인이 가진 가장 심한 증상 8가지를 나열해보자. 나중에 이 목록을 다시 참고하면 진행 상황을 확인할 수 있다. 증상이 8가지 이상이더라도 지금 당장 자신의 삶과 건강, 기능, 행복에 가장 심각한 영향을 미치는 8가지를 선택한다. 지금 자신의 인생에서 가장 괴로운 것은 무엇인가? 두통? 변비? 관절통? 속쓰림? 기력 부족? 불안감? 체중 감량 실패? 검사상 이상소견? 또는 그 이외의 증상? 증상이 8가지 이하라면 좋은 일이다. 가장 해결하고 싶은 문제만 적어보자.

지금 현재 가장 심각한 증상 8가지

1. _____

2. _____

3. _____

4. _____

5. _____

6. _____

7. _____

8. _____

    이제 내 염증 프로필과 상태를 알고, 증상 완화에 관한 목표를 세웠으며, 본인의 생물학적 개체성을 이해했을 것이다. 지금부터는 건강과 삶을 다시 통제하기 위해서 무엇을 해야하는지에 대해 알아보자. 가장 먼저 할 일은 맞춤형 도구박스를 통해서 어떤 조치를 취해야 하는지 파악하는 것이다.

구체화

염증 제거 계획과 도구상자

이제 코어4 단계와 제거8 단계 중 정확히 어느 제거 단계를 따를 것인지 알아보고 집중해야 할 특별한 식품, 복용할 보충제, 생활습관 등 자신의 생물학적 개체성이 반영된 염증 프로필에 맞춘 정보가 담긴 맞춤형 도구상자를 손에 넣을 차례다. 왜 이런 일을 해야 하는지에 대해서는 다음 파트에서 더 자세히 설명할 것이다. 우선은 기본 사항부터 알아보자.

코어4 단계를 따를 경우

우선 PART 2에서 실시한 설문지 결과를 바탕으로 코어4 단계를 선택할 경우 어떤 일을 해야 하는지 살펴보자.

코어4 단계 기본 계획

코어4 단계를 따르기로 결정한 경우 기본 계획은 다음과 같다.

1. 염증을 일으킬 가능성이 가장 높은 4가지 주요 식품을 제거할 것이다. 우선 새로운 식습관에 점차 적응할 수 있도록 4일에 걸쳐서 계단을 하나씩 내려가듯이 염증성 식품을 매일 하나씩 제거한다.

2. 이어서 4주간 염증 유발 식품 없이 살아가면서 새로운 음식을 시도하고 항염증성 생활방식을 영위하며 가장 문제가 있다고 생각되는 것이 무엇이냐에 따라 염증성 습관을 4가지(혹은 그 이상) 선택하여 제거한다.

3. 4주 후 앞서 제거한 4가지 식품을 구체적이고 체계적인 방식에 따라 매일 하나씩 재도입하면서 어떤 음식이 자신에게 염증을 일으키는지 알아낸다. 신체 시스템과 염증을 먼저 진정시켜야 자신이 어떤 염증성 식품에 반응하는지 제대로 인지할 수 있다.

4. 마지막으로 평생에 걸쳐 염증 없이 건강하게 살 수 있도록 제거식이요법에서 배운 내용을 바탕으로 자신에게 이로운 음식과 피해야 할 음식에 관한 맞춤형 평생 식단 목록을 작성한다.

코어4 단계 제거 식품 목록

4일간 서서히 제거한 다음 4주간의 염증 진정 단계 내내 완전히 제외해야 할 4가지 식품군을 소개한다. 대부분의 사람에게 염증을 유발할 가능성이 가장 높은 식품이다.

1. **곡물류_** 모든 곡물(글루텐이 함유되지 않은 것 포함)을 제거해야 한다. 모든 종류의 곡물에 염증성 반응을 보이는 사람이 많기 때문에 모두 제거하는 것이 내가 여기에 속하는지 알아낼 수 있는 유일한 방법이다. 즉 밀과

호밀, 보리, 쌀, 옥수수, 귀리, 스펠트, 퀴노아 및 이것들로 만든 식품은 현재 먹을 수 있는 음식 목록에서 완전히 삭제해야 한다.

2. **유당lactose과 카제인casein을 함유한 유제품류_** 동물성 우유 및 요구르트, 아이스크림, 치즈, 커피 크림 등이 여기 속한다. 역시 일반적인 염증 원인에 해당한다. 유제품에 크게 반응하지 않는 편이더라도 한동안 제거하면서 상태를 보지 않는 한 확신할 수는 없다.

3. **모든 종류의 감미료_** 특히 사탕수수설탕, 옥수수시럽, 아가베시럽은 물론 메이플시럽, 꿀, 대추야자시럽, 종려당, 스테비아, 나한과, 자일리톨 등의 당알코올 및 그 외 음식을 원래보다 달게 만드는 가공 감미료가 모두 여기 속한다. 가공도가 높을수록 많은 이에게 염증을 일으킬 가능성이 높아지므로 천연 당류 제품은 재도입 기간 중에 다시 섭취 가능한지 확인할 수 있다. 그러나 모든 감미료가 전혀 맞지 않을 가능성도 있다. 정확한 상태를 알아보려면 일단 완전히 제거해야 한다.

4. **염증성 유지류_** 옥수수오일, 대두오일, 카놀라오일, 해바라기씨오일, 포도씨오일, 식용유 및 기타 트랜스 지방('부분경화유'라는 문구가 기재된 것)이 여기 속한다. 가공도가 높아서 염증을 일으킬 가능성이 큰 식품이다. 식단에서 완전히 제거한 다음 재도입하면서 실험을 해볼 것이다.

제거8 단계를 따를 경우

❧   PART 2의 설문지 결과를 바탕으로 제거8 단계를 선택할 경우 어떤 일을 해야 하는지 살펴보자.

제거8 단계 기본 계획

제거8 단계를 따르기로 결정한(설문지 결과 때문이든 이왕 할 거라면 제대로 하고 싶어서든) 사람들을 위한 기본 계획은 다음과 같다.

1. 앞에 나열한 코어4 단계 식품에 많은 사람들에게 흔하게 염증을 일으키는 식품 4가지를 추가한 총 8가지 염증성 식품을 제거한다. 염증에 더욱 강력하게 개입하는 방식이다. 총 8일에 걸쳐서 염증성 식품을 매일 하나씩 제거하며 새로운 식습관에 적응해나간다.
2. 이어서 8주간 염증성 식품 8종 없이 생활하면서 새로운 항염증 식품을 시도하고 항염증 생활습관을 따르며 이 책에서 제시할 염증성 습관 목록 중 자신에게 가장 큰 문제가 된다고 생각하는 것 8가지를 골라서 제거하게 될 것이다.
3. 8주 후 앞서 제거한 8가지 식품을 구체적이고 체계적인 방식에 따라 매일 하나씩 재도입하면서 어떤 음식이 자신에게 염증을 일으키는지 알아낸다. 염증을 진정시켰기 때문에 우리 시스템이 생활 속에서 제거했던 이들 식품에 민감해질 것이다. 진짜 반응을 보이는 음식이 어떤 것인지 알 수 있게 될 것이다!

4. 마지막으로 평생에 걸쳐 항염증성 건강 증진을 이어갈 수 있도록 제거식 이요법에서 배운 내용을 바탕으로 자신에게 이로운 음식과 피해야 할 음식에 관한 맞춤형 평생 식단 목록을 작성한다.

제거8 단계 제거 식품 목록

우선 코어4 단계와 동일한 식품을 제거하게 되므로 75~76쪽의 정보를 참조하자. 여기에 염증을 없애고 최적의 건강 상태를 되찾기 위해 추가로 식품 4가지를 제거하게 된다. 염증을 일으킬 가능성이 높은 제거해야 할(재도입 전까지) 식품 8가지의 종류는 다음과 같다.

1. **곡물류**
2. **유제품류**
3. **감미료**
4. **염증성 유지류**
5. **콩류**_ 렌틸, 검은콩, 핀토콩, 흰콩, 땅콩, 기타 콩류로 만든 제품이 여기 속한다. 렉틴과 피틴산을 비롯한 잠재적 염증성 단백질을 함유하고 있다.[1] 콩류를 문제없이 소화시키는 사람도 있지만 그렇지 않은 사람도 많다. 재도입 기간 동안 자신이 어디에 속하는지 알 수 있게 될 것이다.
6. **견과류와 씨앗류**_ 아몬드, 캐슈너트, 헤이즐넛, 호두, 해바라기씨, 호박씨, 참깨 등이 여기 속한다. 이들 식품은 제대로 소화시키지 못하는 사람이 많고(특히 미리 불리지 않을 경우) 콩류와 동일한 잠재적인 염증성 화합물이 다수 함유돼 있다.

7. **달걀**(달걀 전체는 물론 달걀흰자만도 포함)_ 세상에는 달걀흰자의 알부민 성분에 민감한 사람이 많으며 달걀 전체에 예민하게 반응하는 사람도 있다. 자신의 체질이 어디에 속하는지 알아보게 될 것이다.

8. **가지과**_ 토마토, 토마티요, 파프리카와 매운 고추, 흰감자, 가지, 구기자 등이 여기 속한다. 일부 사람에게 염증을 일으키는 알칼로이드 성분이 함유돼 있다. 어쩌면 당신도 거기 속할지도 모른다.

카페인과 알코올

코어4 단계와 제거8 단계의 제거 식품 목록에 카페인과 알코올이 포함되지 않는다는 사실에 놀라는 사람도 있을 것이다. 사실 제거하고 싶지만, 실제 음식에 포함되지 않는 성분이라서 목록에 넣지 않았다. 그러나 카페인과 알코올은 여러 가지 방식으로 염증을 일으킬 수 있다. 카페인은 주로 뇌와 부신의 소통에 스트레스를 가하며 알코올은 간에 부담을 준다. 이 2가지 부위의 염증을 억제하는 것도 목표이므로 카페인과 알코올을 제거하는 것이 좋다. 하지만 걱정하지 말자. 남은 평생 동안 와인이나 따뜻한 커피를 1잔도 마실 수 없다는 뜻이 아니다. 재도입 단계에서 반응 여부를 테스트할 수 있다. 그러나 그래도 괜찮은지 알아보려면 일단 한동안은 시스템에서 완전히 제거해야만 한다.

유일한 예외가 있다. 유기농 녹차 또는 백차는 매일 1~4잔까지 즐겨도 좋다. 이 2가지는 카페인 함량이 낮고 염증 완화 효과가 있는 음료로, 그간 카페인 음료(커피)를 많이 마셔 온 사람이라면 쉽게 겪곤 하는 카페인 금단으로 인한 두통 증상 또한 완화시킬 수 있다.

PART 3. 구체화_ 염증 제거 계획과 도구상자

채식주의자와 비건인을 위한 참고 사항

⟨⟩⟩⟩   그간 우리 클리닉에 내원한 채식주의자 또는 비건 환자를 많이 접했으며, 《케토채식》에서 말했듯이 나 또한 10여 년간 비건 생활을 했으므로 이런 생활방식을 유지하는 뿌리 깊은 이유를 아주 잘 이해하고 있다. 이를 존중하는 것은 물론, 실제로 그렇게 살아봤으므로 절대 개인적인 신념을 버리라고 강요하거나 타당한 사고방식을 무시하지도 않을 것이다. 그러나 이 제거 단계를 따르는 동안 동물성 단백질 공급원을 완전히 배제할 경우 먹을 수 있는 음식이 제한된다는 사실 또한 이해하기를 바란다. 나는 채식 중심 식단을 매우 선호하지만, 채식주의자와 비건인이 보통 많이 섭취하는 식물성 식품(곡물과 콩류, 견과류, 씨앗류, 가지류 등) 중에는 일부 사람들에게 염증을 일으킬 수 있는 종류가 많다. 우리의 목표는 염증을 현저히 감소시켜서 어떤 식품이 우리에게 염증을 일으키는지 알아내는 것이므로, 관점을 잠시 바꿔야 할 수 있다. 크게 문제될 일은 아니니 일단 얘기를 해보자.

내 경험상 동물성 제품을 기피하는 데에는 종교나 윤리적, 또는 건강상의 이유가 있다. 생활방식에 있어서도 다양한 규칙을 지킨다. 우선 지금 당장은 채식주의자나 비건인이지만 건강상의 목표를 달성하기 위해서 최소한 일시적으로라도 다른 식단을 고려할 의사가 있는 사람을 대상으로 설명을 해보자.

조정이 가능하다면

클리닉을 방문한 채식주의자나 비건인 환자 중 상당수는 간절하게 건강이 좋아지길 바라서 현재의 식단이 자신의 몸에 가장 적합한 것이 아니라는 사실을 기꺼이 받아들일 수 있는 상태다. 채식이나 비건 식단이 적합한 몸이라면 아무 문제가 없다. 실제로 문제가 생기지 않는 사람도 많지만 생물학적 개체성 탓에 모두가 채식을 잘 받아들일 수 있는 것은 아니다.

클리닉을 찾아오는 환자는 건강하고 왕성한 활동을 하는 상태가 아니다. 대체로 컨디션이 좋지 않은데, 여기에 변화를 꾀하는 가장 좋은 방법은 식단이다. 상태를 바꾸고 싶다면 행동을 바꿔야 한다. 채식주의자는 대부분 잠재적 염증성이 있는 달걀과 유제품으로 단백질을 섭취한다. 특히 비건인은 잠재적으로 염증성 항영양소인 렉틴과 피틴산 같은 포함된 고탄수화물 식품(곡물, 견과류, 씨앗류, 콩류)을 다량 섭취하는 경향이 있다. 숨 쉬면서 얼음만 빨아먹고 살 수는 없는 일이다. 염증을 진정시키고 건강 문제를 해결하기 위해 염증을 일으킬 가능성이 가장 높은 식품을 제거하면 선택할 수 있는 음식이 많지 않다. 즉 최소한 잠시 동안은 동물성 식품을 일부 섭취하게 될 수 있다는 뜻이다.

이 책의 맞춤형 제거 프로그램의 목적은 자신의 몸에 가장 적합한 것이 무엇인지 객관적으로 평가하는 것이다. 그러나 이는 단지 실험일 뿐 영원히 지속해야 하는 식단이 아니다. 내게 염증을 유발하는 특정 음식을 찾아내서 따로 분리하여 제거하고 나면 내게 훨씬 잘 맞는 채식 또는 비건 식단을 완성하게 될 수도 있다. 어쩌면 지금까지 먹은 것과 완전히 다른 음식을 접할 때 건강이 훨씬 나아진다는 사실을 발견하게 될지도 모른다. 제거해야 하는 식품 목록에 유연하게 대처할 마음을 가지지 않는다면 자신에게 문제가 되는 식품 및 생활습관을 정확하게 파악하기 훨씬 어려울 수 있다. 또한 섭취 가능한 식품 목록이 너무 적어서 적절한 영양을 공급하지 못하면 치유에 필요한 것을 몸에 제공할 수 없기 때문에 좋은 결과를 얻기 힘들다.

가능하면 동물성 단백질 섭취를 약간이라도 시도하고 상태가 어떻게 되는지 살펴보기를 권장한다. 대부분 채식으로 구성한 식단 가운데 생선이나 기타 해산물을 조금 섞는 정도라도 상관없다. 당신을 평가하거나 사상을 주입하려는 의도는 없다. 그저 자신의 생물학적 개체성에 대해 더 많이 알아내고 건강 문제를 해결할 수 있게 되기를 바랄 뿐이다. 매 끼니 먹어야 할 필요도 없다. 본인에게 편한 만큼 식단에 포함시킨 다음 재도입 단계에서 제거 단계 동안 먹지 않았던 다른 식품에 몸이 어떻게 반응하는지 살펴보면 된다.

동물성 단백질을 거부하는 사람을 위한 식단 노하우

모든 동물성 식품 섭취에 영원히 절대적으로 반대하는 사람도 완전히 이해하고 공감하는 바다. 이런 제한 사항도 해결하는 방법이 있다. 비교적 결과가 덜 명확하고 효과적이지 못하더라도 염증 반응을 관찰하기에 도움이 되는 귀중한 정보를 찾아낼 수 있을 것이다. 자신이 이에 속한다면 계획을 다음과 같이 수정하도록 한다.

1. 설문지 결과에 따라 제거8 단계에 임해야 하더라도 일단 코어4 단계를 시작한다. 그리고 어떤 반응을 보이는지 관찰한다. 그러면 콩류와 템페 및 낫토 등의 발효한 대두 제품, 견과류, 씨앗류, 그리고 달걀(섭취 가능한 군에 속한다면)을 섭취하면서 동시에 염증을 진정시키기 시작할 수 있다. 어느 정도 차이가 나타날 것이다.

2. 또는 제거8 단계를 따르되 예외적으로 소량의 콩류와 견과류, 씨앗류 섭

취는 허용한다.

3. 콩류와 견과류, 씨앗류를 먹을 때는 언제나 조리 및 섭취 전에(또는 견과류나 씨앗류의 경우에는 건조기에 건조하기 전에) 정수한 물에 최소 8시간 동안 담가 불리도록 한다. 그러면 잠재적 염증성 요소(렉틴과 피틴산)를 최대한 감소시킬 수 있다. 렌틸 등의 콩류를 압력솥에서 조리하는 것도 한 방법이다. 조리 시간을 단축시킬뿐더러 잠재적 염증성 요소인 렉틴과 피틴산 함량을 줄여주기 때문이다.

4. 어떤 단계를 따르건 매일 녹색 채소를 가능한 한 많이 섭취한다. 염증을 줄이는 강력한 방법이다.

5. 동물성 단백질을 배제할 때 혈당을 안정적으로 유지하려면 주로 저과당 과일을 섭취해야 한다. 저과당 과일 목록은 145쪽을 참고한다.

6. 양질의 단백질 공급원으로는 유기농 비유전자변형식품NonGMO 발효대두만 사용한 템페 또는 낫토, 헴프시드로 만든 두부인 헴푸hempfu 등이 있다. (시판 채식 '버거'나 채식 '핫도그' 등의 가공 대두 제품이나 두부 및 두유 등 비발효 대두 제품은 제외한다.) 유기농 풋콩은 허용군이다.

7. 코코넛과 아보카도, 올리브(및 그 오일), 코코넛밀크와 코코넛요구르트(무가당), 아몬드밀크와 아몬드요구르트(무가당) 등 건강한 식물성 지방을 넉넉히 섭취한다.

8. 재도입 시에 일부 곡물은 무리 없이 섭취할 수 있다는 사실을 발견하게 될 수도 있지만, 일단은 목록에서 배제해야 한다. 일상적으로 유제품을 먹는 사람이라면 그 또한 제외하도록 한다. 모든 코어4 단계 식품 목록은 예외 없이 제거 단계 내내 배제하는 것이 규칙이다.

4주 후에도 건강이 좋지 않다면

1. 단백질 공급원을 살펴본다. 대두를 섭취했다면 유기농 비유전자변형식
   품(템페 또는 낫토)만 먹은 것이 맞는지 확인한다. 그렇지 않다면 이쪽을
   훨씬 엄격하게 지키거나 모든 대두 식품을 제외한다. 여기에 반응을 보이
   고 있는 것일 수 있다.

2. 만일 달걀을 먹는 중이라면 알부민 때문일 수 있으므로 가장 염증을 유
   발할 가능성이 높은 달걀흰자를 제외해본다. 그보다 민감한 체질일 가
   능성이 있다면 달걀 전체를 제외한다.

3. 견과류와 씨앗류를 다량 섭취하는 중이라면 먼저 불리는 과정을 거쳤는
   지 생각해본다. 언제나 반드시 불린 후에 조리 및 섭취해야 한다. 불려서
   먹는 중이었다면 며칠간 견과류와 씨앗류를 완전히 배제한 후 변화가 생
   기는지 관찰한다.

4. 콩류를 너무 많이 먹었거나 특정 콩류에 반응을 보이는 것일 수도 있다.
   며칠마다 1번씩 콩류를 배제하는 날을 가져보자. 그 대신 다양한 버섯이
   나 생강 및 가랑갈, 다량의 신선한 허브와 향신료, 채소 등을 듬뿍 넣은
   수프를 며칠 연속으로 저녁마다 먹어보는 것도 좋다. 소화장애가 있다면
   곱게 갈아서 먹는다.

5. 콩류를 종류별로 나눠서 특정 콩류에 더 강한 반응을 보이는지 확인하
   는 것도 좋다. 이때 미리 불린 후에 섭취하는 것을 잊지 말자! 불리거나
   압력솥에 조리한 렌틸 또는 녹두는 검은콩이나 핀토콩 등의 기타 콩류
   에 비해서 반응성이 낮은 편이다.

생물학적 개체성 도구상자

자신의 생물학적 개체성 염증 프로필(70쪽에 기재한 내용)이 본인에게 맞는 도구상자를 결정하므로 가장 시급한 문제(본인의 설문지 결과에 따른)와 일치하는 도구상자를 찾아서 추가 항염증 효과를 얻도록 하자. 필요한 도구상자 관련 페이지에 책갈피를 끼우거나 복사를 해서 언제든지 편리하게 참조할 수 있도록 한다. 이들 도구상자에 기재된 추가 요법은 선택사항이나 염증 완화 노력의 효과를 확실하게 높여준다. 도구상자의 모든 보충제 및 식이 처방은 대부분의 건강식품 전문점이나 온라인 쇼핑몰에서 구할 수 있다. 근처의 건강식품 전문점을 방문해서 직원에게 지금 갖춰져 있는 물건 중 가장 좋은 브랜드가 어느 것인지 물어보거나 온라인 쇼핑몰에서 구매 후기를 읽어보자. 시장에는 언제나 새로운 브랜드가 등장하므로 이렇게 하는 것이 구입하기 제일 편하다.

두뇌 및 신경 시스템 도구상자

뇌가 지끈거리는가? 신경계가 불타는 것 같은가? 두뇌 염증의 징후에는 브레인 포그, 집중력 문제, 불안 및 우울증 등의 정신과적 문제, 기억력 문제 등이 있다. 장기적인 두뇌 염증은 인지기능장애, 더 나아가 궁극적으로 치매의 위험 요인이 될 수 있으며, 특히 유전적으로 취약한 사람의 경우 자가면역질환이나 파킨슨병 같은 퇴행성신경질환이 발생할 위험을 높인다. 뇌 혈관 장벽 누수로 인한 문제일 수도 있다. 주로 장누수증후군과 연관된 문제인데, 소화계와 두뇌를 봉하는 단단한 접합부가 손상돼 제대로 기능하지 못하고 있다는 뜻이다. 그러면 지질다당류LPS라는 박테리아 내 독소가 존재하면 안 되는 곳으로 흘러 들어가서 염증 반응을 일으킬 수 있다.

이 도구상자에는 두뇌 염증에 초점을 맞춘 식품과 방법이 실려 있다. 이 계획을 따르기 시작하면 며칠 이내에 기분과 집중력이 향상되는 것을 느낄 수 있을 것이다. 도구는 다음과 같다. 가능한 한 자주 먹고 시도하자.

1. **자연산 생선_** 두뇌를 강화하는 도코사헥사엔산DHA과 오메가3 지방산 함량이 높다.[2]

2. **MCT오일_** 코코넛오일과 팜오일에서 추출한 생체가용성 지방으로 인지 기능을 향상시킨다.[3]

3. **노루궁뎅이버섯_** 두뇌 조직 재생 및 보호에 도움을 주는 신경성장인자 NGFs가 함유돼 있다.[4]

4. **우단콩_** 중추 및 말초 신경계에 도움을 주는 아유르베다 허브로 몸이 스트레스에 적응할 수 있도록 돕는다. 신경전달물질인 도파민의 전구체인 엘도파L-DOPA가 풍부하다.[5][6] 카피카츄kapikacchu라고 불리기도 한다.

5. **크릴오일_** 강력한 항산화 물질인 아스타잔틴을 대부분의 피시오일보다 50배 더 많이 함유하고 있다. 또한 몸이 두뇌 및 신경 기능에 이용하는 포스파티딜콜린과 포스파티딜세린이라는 유익한 인지질이 함유돼 있다.[7][8]

6. **마그네슘_** 학습 및 기억 기능을 위한 두뇌 수용체에 도움을 주어 신경 가소성을 높이고 선명한 정신력을 되찾게 한다.[9][10] 마그네슘 결핍은 불안과 우울증, ADHD, 브레인 포그 등의 두뇌 문제로 이어질 수 있다. 마그네슘

글리시네이트magnesium glycinate와 마그네슘 트레오네이트magnesium thre-onate는 가장 흡수력 좋은 형태로 각각 불안 진정 및 인지 기능 개선에 도움을 준다.

7. **유산소 운동_** 두뇌유도신경영양인자BDNF 생성을 향상시켜서 기억력과 전반적인 인지 기능을 향상시킨다.[11][12] 1주일에 6일 이상, 30분 이상 유산소 운동을 하도록 한다.

8. **쥐오줌풀valeriana officinalis 뿌리_** 신경전달물질인 가바GABA를 조절하는 물질인 발레렌산이 함유돼 있다.[13] 두뇌유도신경영양인자는 뉴런의 성장 및 기능을 돕는 단백질이다.[14] 가바 수치가 건강한 수준이어야 뇌유래신경영양인자BDNF 증가에 유리하다.[15] 낮은 BDNF 수치는 기억력장애 및 알츠하이머질환과 연관성을 보인다.[16]

만트라: 내 심성은 완벽한 건강과 조화를 이루고 있으며, 매일 더 명확하고 행복해진다.

이 만트라를 하루 종일 소리 내어 말하거나 머릿속으로 생각한다. 아침 또는 저녁에 조용히 앉아 5~10분간 이 만트라를 반복하여 생각하거나 되뇌인다. 명상의 1가지 형태다.

소화 시스템 도구상자

만성적인 건강 문제를 겪고 있는 사람들은 거의 대부분이 소화장애를 일으키는 장내 염증을 어느 정도 가지고 있다. 클리닉에서 가장 흔하게 접하는 문제는 변비, 설사, 과민성대장증후군IBS, 소장세균과증식SIBO, 팽만감, 위산 역류 등이다. 만성 소화기 문제는 장기적인 위산 역류로 인한 식도 손상, 위궤양, 장궤양이나 장 내벽 접합부가 느슨해지면서 발생하며, 자가면역 문제를 유발할 수 있는 장누수증후군 등 다른 심각한 문제를 유발할 수 있다. 소화기 염증을 진정 및 회복시켜서 더 잘 작동하게 만들면 전체 시스템에 파급효과를 줄 수 있다. 도구상자를 활용해서 바로 변화를 일으켜보자. 시도할 수 있는 도구는 다음과 같다. 자주 활용하도록 하자.

1. **생채소 대신 익힌 채소를 먹기**_ 훨씬 소화하기 쉽다. 믹서기로 갈아서 수프로 만들거나 다른 요리에 더하면 더욱 소화가 잘된다.

2. **뼈국물과 가랑갈국물**_ 뼈국물(312쪽)은 8시간 이하로 조리하거나 압력솥을 이용해야 장시간 조리 시 발생하는 염증성 히스타민의 영향을 줄일 수 있다. 가랑갈로 만드는 가랑갈국물(311쪽)은 채식주의자를 위한 선택지다. 둘 다 항염증제로 장을 치유하며 그냥 마시거나 수프의 기본 재료로 이용할 수 있다. 가능하면 둘 다 만들어보자. 레시피도 간단하다.

3. **발효 채소와 발효 음료**_ 사우어크라우트나 김치 등의 발효 채소, 물이나 코코넛케피어, 비트크바스, 콤부차 등의 발효 음료에는 장내 박테리아를 재생하고 지원하는 유익한 박테리아가 함유돼 있다.[17] (발효 음료의 경우 무가당 제품을 선택한다.)

4. **프로바이오틱 보충제**_ 장내 박테리아 균형 개선에 도움을 준다. 박테리아 다양성을 키우려면 주기적으로 보충제 종류를 바꿔주는 것이 좋다.[18 19]

5. **L-글루타민 보충제**_ 장 내막 치유를 지원하는 아미노산이다.[20 21]

6. **베타인HCL과 펩신, 황소 담즙 등과 같은 소화 효소_** 이들 효소는 장 건강이 개선됨에 따라 단백질과 지방 소화를 지지할 수 있다.

7. **비글리시리진산 감초 보충제_** 감초 뿌리는 염증이 생긴 장 내벽을 치료하고 진정시킨다.

8. **유근피_** 경련이나 팽만감, 가스 등의 과민성대장증후군에 탁월한 효과를 보인다.[22] 또한 장 내벽 치료 효과도 있다.

만트라: 나는 완벽한 균형을 이루고 있으며 내 장을 믿는다.

이 만트라를 하루 종일 소리 내어 말하거나 머릿속으로 생각한다. 아침 또는 저녁에 조용히 앉아 5~10분간 이 만트라를 반복하여 생각하거나 되뇌인다. '내 장을 믿는다'란 치료될 것이라고 믿는다는 뜻이면서 동시에 '장 감각gut feeling', 즉 직관을 신뢰한다는 의미이므로 소화 문제에 효과가 있는 만트라다.

해독 시스템 도구상자

간과 림프계, 신장, 담낭은 해독뿐 아니라 알코올과 약물, 살충제, 오염 물질, 신체 내 신진대사 폐기물 처리 및 제거에 크게 기여한다. 이들 시스템이 염증으로 손상되면 노폐물이 체내에 축적되면서 더 많은 염증을 유발할 수 있다. 설문지 결과에 따라 해독 시스템에 염증성 문제가 있다면 림프에 독소가 쌓이거나 지방간질환, 담낭에 문제가 있거나, '독성 중독 상태'인 기분이 들 수도 있다. 또는 신체 내 장기와 시스템에 손상을 줄 수 있는 곳에 독소가 너무 오래 머물렀을 가능성도 있다. 이 카테고리에는 라임병과 곰팡이 노출, 과음 또는 약물 남용으로 어려움을 겪는 사람이나 매일 처방약을 복용해야 하는 사람도 포함된다. 간과 림프, 담낭 도구상자를 이용해서 최대한 빨리 해독 시스템의 염증을 완화시키고 노폐물을 배출하는 몸의 자연 시스템을 확보하도록 하자. 도구상자 내용은 다음과 같다.

1. **민들레차_** 천연 간 강장제인 민들레차에는 메틸화 및 해독을 지원하는 비타민B가 포함돼 있다.[23]

2. **스피룰리나 보충제 또는 분말_** 강력한 해독 능력을 지닌 조류다.[24]

3. **붉은토끼풀꽃차 또는 분말, 보충제_** 해독 기능을 효율적으로 향상시키는 또 다른 간 기능 보충제다.

4. **밀크시슬차 또는 보충제_** 중금속 손상 개선을 돕는 간 기능 보충제다.[25][26]

5. **파슬리와 고수_** 납이나 수은 등의 중금속 제거에 도움이 된다. 생으로 또는 말린 상태로 식사에 더해 먹는다.

6. **유황이 함유된 채소_** 유황 함량이 높은 채소로는 마늘, 양파, 방울양배추, 양배추, 콜리플라워, 브로콜리, 브로콜리싹 등이 있다. 간의 독소 및 중금속 분해에 도움을 줘서 신체 내에서 쉽게 제거할 수 있게 한다. 브로콜리싹은 브로콜리보다 훨씬 강력하다. 설포라판 함량이 뛰어나서 건강한 해독 경로 지원에도 도움을 준다. 이들 채소는 매일 섭취하는 것이 좋다.

7. **잎채소_** 케일이나 시금치, 근대 등 짙은색 잎채소에는 해독 경로를 여는 데에 필수적인 엽산이 함유돼 있다. 녹색 콜라드, 겨자잎, 아루굴라 등 쓴맛이 나는 녹색채소도 간 기능을 돕는다.

8. **드라이 브러싱_** 샤워하기 전에 피부를 브러싱하는 용도로 만들어진 특수 드라이 브러시가 있다. 다리와 팔을 몸 쪽으로 브러싱한 다음 몸통은 겨드랑이와 사타구니 방향 또는 림프절 농도가 가장 높은 몸통 가운데 방향을 따라 브러싱한다. 매일 드라이 브러싱을 하면 림프계가 작동하면서 노폐물을 운반하는 체액 및 림프액이 풍성하게 몸 밖으로 배출된다. 제대로 기능하지 못해 부풀어 오른 림프 모양이 정상으로 돌아온다. 브러싱은 샤워나 목욕 직전에 하도록 한다.

만트라: 내 몸은 가장 자연스러운 건강 상태로 돌아간다. 나는 깨끗하고 순수한 상태다.

이 만트라를 하루 종일 소리 내어 말하거나 머릿속으로 생각한다. 아침 또는 저녁에 조용히 앉아 5~10분간 이 만트라를 반복하여 생각하거나 되뇌인다. 몸과 마음, 정신 정화에 도움을 준다.

혈당 및 인슐린 시스템 도구상자

혈당이 너무 높게 너무 자주 올라가면 대사증후군, 당뇨병 전단계, 비만, 그리고 결과적으로 많은 합병증을 동반하는(신경통, 심혈관질환, 신장 손상, 시력 손상, 기타 등등) 본격적인 제2형당뇨병 등 다양한 형태의 인슐린 저항성을 겪게 될 위험이 있다. 당뇨병은 농담이 아니라 인생의 평균 10여 년 정도를 앗아간다. 일부 전문가는 미국 시민의 절반가량이 어느 정도의 인슐린 저항성을 가지고 있다고 본다. 이러한 불균형은 간 염증 및 세포 내 인슐린 수용체

고갈로 인해 간이 더 이상 인슐린의 당 균형 효과에 민감하게 반응하지 않기 때문일 수 있다. 혈당과 인슐린 균형을 관리하고 간 염증을 줄이면서 당뇨병을 유발할 수 있는 혈당 및 인슐린의 극심한 변화를 교정하려면 식이요법이 필수다. 설문지 결과에 따라 여기에 문제가 있다고 생각된다면 혈당 롤러코스터에 벗어나기 위해 혈당 및 인슐린 계획에 바로 뛰어들어야 한다. 도구 상자의 내용은 다음과 같다.

1. **계피_** 계피차를 마시거나 따뜻한 음료 및 과일, 기타 음식을 섭취할 때 계피를 더한다. 이 나무 껍데기에는 지방 세포의 인슐린 신호 활동을 긍정적으로 변화시키는 프로안토시아니딘이 함유돼 있다. 계피는 제2형당뇨병 환자의 혈당 수치와 중성지방을 감소시키는 것으로 나타난다.[27]

2. **영지버섯_** 차나 분말 또는 건조한 형태로 쉽게 구할 수 있는 약용 버섯으로 전분을 당으로 분해하는 효소인 알파-글루코시다아제를 하향 조절해서 혈당 수치를 낮추는 데에 도움을 준다.[28]

3. **베르베린 보충제_** 식물성 알칼로이드인 베르베린은 탄수화물의 당 분해를 지연시키고[29] 혈당 수준을 균형 있게 유지하면서 당뇨병 환자의 혈당 조절에 메트포르민 만큼 효과를 보이는 것으로 나타난다.[30]

4. **말차_** 이 형태의 녹차에는 혈당 안정화에 도움을 주는 에피갈로카테킨-3-갈레이트EGCG 화합물이 함유돼 있다.[31] 찻잎을 통째로 갈아 가루 형태로 마시는 것은 EGCG 섭취를 늘리는 효과적인 방법이다.

5. **디카이로이노시톨 보충제_** 인슐린 신호 전달에 중요한 역할을 하고 인슐린 저항성을 감소시키는 영양소다.[32]

6. **사과식초**_ 흔한 식재료로 인슐린 민감성을 크게 개선하고 공복혈당 수치를 낮추는 것[33] 외에도 신체가 당에 반응하는 방식을 개선한다.[34]

7. **고섬유질 채소**_ 완전자연식품의 섬유질은 인슐린 민감성을 개선하고 포도당 대사를 낮추는 데에 특히 효과적이다.[35]

8. **크롬 보충제**_ 크롬은 인슐린 신호 전달 경로에서 기능하는 미네랄이다. 중성지방과 콜레스테롤 수치를 낮추는 것 외에도 인슐린 감수성 및 혈당을 개선한다.[36]

만트라: 내 혈당은 균형 잡혀 있으며, 나 또한 균형을 갖추고 있다. 내 인슐린과 렙틴 호르몬은 균형 잡혀 있으며, 나 또한 균형을 갖추고 있다.

이 만트라를 하루 종일 소리 내어 말하거나 머릿속으로 생각한다. 아침 또는 저녁에 조용히 앉아 5~10분간 이 만트라를 반복하여 생각하거나 되뇌인다. 균형을 중심으로 한 진정 활동으로 심신에 긍정적인 영향을 준다. 스트레스는 혈당 수치를 더욱 높이므로 만트라의 스트레스 역전 작용이 노력을 향상시킬 것이다.

호르몬(내분비계) 시스템 도구상자

변덕스러운 기분 변화나 월경전증후군PMS, 불규칙한 월경주기나 월경통, 성욕 저하로 고통을 받고 있거나 완경기가 가까워지는 중이며 불편한 증상이 많다면 이미 호르몬 균형에 문제가 있다고 의심해볼 수 있다. 이런 증상은 명백하게 호르몬 관련 문제지만, 호르몬 시스템의 불균형은 갑상선이나 부신,

테스토스테론 문제로 발현되기도 한다. 어떤 특정 호르몬 불균형을 겪고 있든 간에 이 도구상자의 도구를 사용하면 염증을 줄여서 호르몬 수용체 활동과 두뇌 호르몬 신호(시상하부뇌하수체부신, 갑상선, 생식선의) 상태를 개선하여 시스템을 원래대로 되돌리는 데에 도움이 된다. 완경 전후와 같은 호르몬 격변기를 겪는 중이라도 이 계획을 따르면 주요 증상이 개선되는 것을 느낄 수 있을 것이다. 본래의 궤도로 빠르게 돌아가게 해주는 도구상자다.

1. **솔레이워터**sole water_ 전해질을 주입한 물로 전해질과 체액 균형을 일부 담당하는 부신 호르몬인 알도스테론에 도움을 준다.[37] 만들기도 쉽고 나트륨 수치를 안정시킨다. 일단 한번 만들어보면 손쉽게 일상적으로 마시게 될 것이다. 먼저 플라스틱 뚜껑이 달린 대형 메이슨자를 구한다(용량이 넉넉하기만 하면 된다). 금속 뚜껑은 소금물과 접촉할 때 산화돼 부식될 수 있다. 그리고 양질의 천일염이나 셀틱 천일염, 히말라야핑크 천일염 또는 이 3가지 천일염을 섞어서 병에 ¼ 정도 채운다. 정수를 충분히 붓되 상단에 공간을 약간 남긴다. 뚜껑을 닫고 골고루 흔들어서 하룻밤 동안 재운다. 아침에 솔레이워터의 상태를 확인한다. 병 바닥에 천일염이 약간 고여 있다면 천일염이 포화 상태인 것이다. 천일염이 전혀 보이지 않는다면 1작은술을 더 넣고 잘 흔든 다음 다시 1시간 정도 그대로 두어 녹인다. 바닥에 천일염 결정이 약간 남을 때까지 같은 과정을 반복한다. 물이 완전히 포화되면 솔레이워터가 완성된 것이다. 매일 아침 물 1컵에 솔레이워터 1작은술을 타서 공복에 마신다. 솔레이워터를 뜰 때는 금속 도구는 제외하고 플라스틱이나 나무 숟가락을 사용해야 한다.

2. **해조류_** 켈프, 김, 덜스, 다시마, 미역, 한천 등의 해양 식물성 식품에는 갑상선 호르몬 생성에 필요한 요오드가 풍부하다. 모든 세포는 갑상선 호르몬이 있어야 제대로 기능할 수 있다.

3. **자연산 생선 특히 연어, 고등어, 정어리 등_** 다양한 대사 경로에 도움을 주는 비타민D가 풍부하고 호르몬 균형에 기여하는 건강한 지방이 함유돼 있다.[38]

4. **체스베리**chasteberry **보충제_** 천연 성분으로 프로게스테론 수치를 건강하게 유지해서 프로게스테론과 에스트로겐 비율의 균형을 맞추는 데에 도움을 준다.[39]

5. **루이보스차_** 아프리카산 침엽수인 루이보스로 만든 밝은 붉은색의 차로, 스트레스 호르몬 중 하나인 코르티솔의 균형을 맞춰 부신 기능에 기여한다.

6. **아슈와간다 보충제_** 궁극의 코르티솔 균형 유지제로 아유르베다 의학요법에서 인기가 많은 아슈와간다는 속도가 떨어진 갑상선 호르몬에 활력을 불어넣어 시상하부뇌하수체부신HPA과 갑상선 건강에 기여하며, 특히 기분 변화나 호르몬으로 인한 불안감에 고통받을 때 기분이 평온해지도록 돕는다.[40][41]

7. **달맞이꽃오일 보충제_** 호르몬에 도움을 주는 오메가6 감마리놀렌산GLA과 리놀렌산LA가 함유돼 있으며 완경기와 월경전증후군, 다낭성난소증후군PCOS의 증상, 호르몬으로 인한 여드름 등을 완화하는 데에 도움이 된다.[42]

8. **오미자가루_** 부신에 도움을 주는 식품, 스무디나 차에 더해 마시기 좋다.

PART 3. 구체화_ 염증 제거 계획과 도구상자

만트라: 내 호르몬은 완벽한 조화를 이룬다. 나 또한 완벽한 조화를 이룬다.

이 만트라를 하루 종일 소리 내어 말하거나 머릿속으로 생각한다. 아침 또는 저녁에 조용히 앉아 5~10분간 이 만트라를 반복하여 생각하거나 되뇌인다. 신체적 및 정신적 균형을 되찾는 데에 도움을 준다.

근골격 시스템 도구상자

신체를 지탱하는 구조 내 염증은 근육과 관절이 당기고 쓰린 증상부터 골관절염, 섬유근통, 관절에 손상을 일으키는 자가면역질환(류마티스관절염이나 쇼그렌증후군, 루푸스 등)까지 광범위하게 고통스러운 영향을 미칠 수 있다. 또한 관절과 근육, 결합 조직 구조를 손상시켜서 너무 느슨하여 부상을 입기 쉽게 만들거나 너무 뻣뻣해서 통증 및 경직감을 느끼게 한다. 근골격계의 염증을 줄이지 않으면 만성통증 문제, 운동 불능, 관절 손상 및 근육 약화로 인한 장애를 겪게 될 수 있다. 아래 도구상자는 신체 구조를 지탱하는 부위의 운동성과 기능성을 북돋아 다시금 편안하게 움직일 수 있도록 만드는 데에 도움을 준다. 도구상자의 내용은 다음과 같다.

1. **메틸설포닐메테인MSM 보충제_** 황 함유 화합물로 천연 항염증 작용을 통해서 관절통과 근육통을 감소시킨다.[43]
2. **터메릭_** 고대부터 사용한 약용 향신료로 커큐미노이드 및 기타 유익한 화합물로 강력한 항염증 작용을 한다.
3. **콜라겐 파우더_** 스무디, 따뜻한 음료나 차가운 음료 등에 첨가해 마시기

좋고 결합 조직을 회복하는 기능을 한다.

4. **글루코사민설페이트(콘드로이틴설페이트 함유 여부와 상관없이)_** 연골 및 활액 滑液의 건강에 기여해서 관절 건강을 회복하고 통증을 경감시키며 염증을 진정시키는 역할을 한다. 연구에 따르면 법적으로 인정받은 통증 감소 및 이동성이 증가하는 효과가 있다.[44]

5. **적외선 사우나_** 특히 염증을 줄이고 긴장을 풀며 스트레스를 줄여주는 효과가 있다(열기를 잘 버티는 경우에 한해서).[45]

6. **한랭요법_** 염증 수준을 낮추기 위해서 단기간 동안 저온을 활용하는 요법이다.[46] 활력을 되찾으면서 상당한 통증 완화 효과를 볼 수 있다(한기를 잘 버티는 경우에 한해서).

7. **마사지_** 일상생활에 마사지를 포함시켜야 할 이유가 또 1가지 늘었다. 스웨디시 마사지, 트리거포인트 마사지, 근막방출 마사지, 심부조직 마사지 등 다양한 마사지 기법을 통해 원하는 부위의 근육통과 긴장을 완화시킬 수 있다.[47][48]

8. **CBD오일_** 대마 또는 대마초 식물에서 추출한 오일로 근골격계 통증 완화에 기여한다. CBD는 정제된 형태이므로 THC 성분이 일절(또는 거의) 함유돼 있지 않으니 걱정하지 말자. 마약 성분 없이 통증을 완화시키는 효과가 있다.[49]

만트라: 나에게는 고통을 없애고 마땅히 누려야 할 건강을 되찾을 힘이 있다.

이 만트라를 하루 종일 소리 내어 말하거나 머릿속으로 생각한다. 아침 또는 저녁에 조용히 앉아 5~10분간 이 만트라를 반복하여 생각하거나 되뇌인다. 만트라 명상은 근육의 긴장을 풀고 고통을 안정시키는 효과가 있다.

자가면역 시스템 도구상자

미국에서만 5,000만 명가량이 자가면역질환 진단을 받은 것으로 추산된다. 대부분의 경우 공식적인 진단 기준은 환자의 면역체계가 이미 상당한 양의 신체를 파괴한 상태라는 것이다. 예를 들어서 자가면역부신질환인 애디슨병 진단을 받으려면 부신의 90%가 파괴돼야 한다. 또한 신경계 및 소화계가 심각하게 손상돼야 다발성경화증MS 등 신경학적 자가면역질환, 셀리악병 등 위장 관련 자가면역질환 진단을 받을 수 있다.

이 정도 수준의 자가면역 염증 공격은 하룻밤 사이에 발생하지 않는다. 훨씬 방대한 자가면역 염증 스펙트럼의 마지막 단계에 해당한다. 나는 환자가 최종 단계에 속하는 수준의 피해를 입기 전에 염증의 원인을 해결하는 데에 집중한다.

자가면역 염증 스펙트럼에는 3가지 주요 단계가 있다.

1. **고요한 자가면역_** 검사 결과에는 항체 양성 반응을 보이나 눈에 띄는 증상은 없다.
2. **반응성 자가면역_** 검사 결과에 항체 양성 반응으로 보이며 환자가 증상을 겪고 있다.
3. **자가면역질환_** 진단을 받기에 충분한 수준의 신체 손상 및 여러 잠재적 증상이 드러난다.

우리 기능의학센터에서는 2번째 단계에 해당하는 환자를 많이 볼 수 있다. 정식 진단을 받을 정도로 아프지는 않지만 그럼에도 자가면역 반응의 영향을 느끼는 것이다. 염증 스펙트럼상에 존재하는 사람들은 종종 이 병원, 저 병원을 전전하면서 수많은 검사를 거치고 약물 처방을 받지만 이렇다 할 진전은 보이지 않는다. 결국 "음, 아마 몇 년 안에 루푸스에 걸리게 될 것 같군요. 그때가 되면 다시 오세요"라는 말을 들을 뿐이다.

염증은 거의 대부분의 자가면역질환의 주요 요인이다. 자가면역은 면역체계가 자신의 조직을 외부 침입자(바이러스나 박테리아 등)로 오인하여 공격하는 현상이다. 한때는 드문 사례였지만 지금은 흔해져서, 이제는 약 100여 가지의 서로 다른 자가면역질환 및 자가면역 요소를 지닌 40가지 질환이 존재한다. 그 외의 질병 또한 어떻게 작용하는지가 밝혀질수록 이 숫자는 계속 증가할 것으로 생각된다. 내가 흔히 보는 질환으로는 류마티스관절염, 전신홍반루푸스, 염증성 위장질환, 셀리악병, 건선, 경피증, 백반, 악성빈혈, 하시모토갑상선염, 애디슨병, 그레이브스병, 쇼그렌증후군, 제1형당뇨, 화농성한선염, 다발성경화증 등이 있다.

대부분의 경우 면역체계는 소화계와 관절, 근육, 피부, 결합 조직, 두뇌 및 척수, 내분비선(갑상선과 부신 등) 및 혈관을 공격한다. 이 중에는 경미한 질병도 있지만 몸을 쇠약하게 만들거나 치명적인 질환도 있다. 이미 자가면역질환을 가지고 있다면 다음 도구상자가 건강 개선에 도움이 될 것이다. 아직 진단을 받지 못했지만 설문지 결과상 면역 중심의 염증이 진행 중이고 염증을 가라앉히는 것이 반드시 필요한 상황이라면 늑장을 부릴 시간이 없다! 바로 도구상자를 사용하기 시작하자.

1. **목초비육 또는 방목 생산한 동물의 내장육_** 한때는 식탁에 흔하게 존재했지만 지금은, 특히 미국에서는 그리 널리 먹지 않는다. 그러나 내장육은 진정한 비타민A와 생체 이용 가능한 비타민B군, 철과 같은 미네랄이 여느 식품보다도 많이 들어 있다. 비타민A 결핍은 자가면역질환과 연관이 있는데, 내장육은 이 결핍을 빠르게 보충해준다.

2. **엑스트라버진 대구간유_** 건강에 매우 좋은 지방으로, 면역체계가 건강을 유지하고 적절하게 기능하는 데에 필요한 지용성 비타민이 풍부하다.

3. **에뮤오일_** 타조와 비슷하게 생긴 에뮤에서 추출한 오일로 염증 경로를 조절하는 유도성산화질소합성효소iNOS라는 중요 효소군의 균형 유지에 도움을 주는 비타민K2가 풍부하다.

4. **브로콜리싹_** 메틸화에 기여하는 설포라판 함유량이 가장 높다. 염증을 극적으로 줄이고 T세포 기능을 적절하게 유지하게 해준다.[50]

5. **엘더베리_** 면역체계의 균형 유지에 도움을 준다.[51] 엘더베리는 보통 액상 보충제 형태로 판매한다.

6. **블랙커민씨오일_** T조절 세포를 증가시켜서 통제 불능 상태인 면역체계의 균형을 재조정하고 염증 수준을 낮춘다.[52]

7. **프테로스틸벤 보충제_** 레스베라트롤과 유사한 화합물로 염증성 NF-κB단백질을 감소시키고 항염증성 Nrf2 경로를 증가시킨다.[53]

8. **물 또는 코코넛케피어_** 이러한 발효 음료에는 발효 과정의 부산물로 자연적으로 발생하는 비타민K가 함유돼 있다. 또한 케피어 알갱이에서 생산되는 독특한 당분으로 염증을 가라앉히고 면역체계를 진정시키는 기능을 하는 케피란kefiran이 함유돼 있다.[54]

만트라: 내 몸은 강력하며 지속적으로 자연 회복된다.

이 만트라를 하루 종일 소리 내어 말하거나 머릿속으로 생각한다. 아침 또는 저녁에 조용히 앉아 5~10분간 이 만트라를 반복하여 생각하거나 되뇌인다. 스트레스가 줄어들면 염증 또한 가라앉는다.

다염증성 도구상자

여러 부위에 다발적으로 염증이 발생한다는 것은 건강이 심각하게 손상되었다는 신호다. 변화를 주지 않으면 만성질환이라는 미래가 곧 도래하게 될까? 그럴 수도 있다. 아니면 이미 정식 진단을 받았을지도 모르는 일이다. 어느 쪽이든 지금은 새롭게 유행하는 다이어트에 뛰어들 때가 아니다. 극적으로 다른 행동을 취해야만 지금까지와 다른 결과를 얻을 수 있다. 건강을 위해 급격한 변화를 가져올 만한 적절한 시기를 기다리고 있었다면 그때가 바로 지금이다. 나 자신의 건강이 위태로울 수 있는 상황이고, 변화의 힘은 스스로의 손에 달려 있으니 진지하게 임하도록 하자. 다행히 마음껏 활용할 수 있는 도구상자가 여럿 준비돼 있다. 설문지 결과에 따른 본인의 특정 염증 부위와 관련된 모든 도구상자를 살펴보자. 가장 관심이 가는 영역의 도구상자에 집중해도 좋고, 매일 다른 도구상자로 새로운 전략을 시도해도 좋다. 관절이 좋지 않은 날이라면 근골격 시스템 도구상자에 기재된 약용식품과 요법을 선택한다. 소화가 잘 안되는 것 같으면 소화 시스템 도구상자에 기재된 약용식품과 요법을 시도하자. 브레인 포그가 끔찍하게 심각한 날이라면 두뇌 및 신경 시스템 도구상자의 몇몇 치료법을 적용해 보자. 자유롭게 탐색하면서 가능한 모든 도구를 활용하고 업무처럼 염증을 착착 다뤄보자!

만트라: 나는 활력을 되찾을 것이다.

이 만트라를 하루 종일 소리 내어 말하거나 머릿속으로 생각한다. 아침 또는 저녁에 조용히 앉아 5~10분간 이 만트라를 반복하여 생각하거나 되뇌인다. 이 문장 하나가 제거8 계획에서 수행할 모든 작업의 핵심이다.

시간제한식이요법: 모두를 위한 도구

간헐적 단식IF 또는 시간제한식이요법TRF은 누구나 시도할 수 있는 방법이다. 인류 역사를 통틀어서 지금처럼 지속적이고 과도하게 음식을 먹을 수 있는 시기는 존재하지 않았다. 마음 내킬 때마다 식사를 할 수 있는 환경이 아니었다. 우리 몸은 기아라기보다 일정 기간 동안의 금식 또는 적은 식사량에 쉽게 적응하고 긍정적으로 반응한다.

간헐적 단식과 시간제한식이요법 프로토콜[55]은 모두 염증을 가라앉히고 자가포식을 강화하는 훌륭한 방법이다. 자가포식이란 죽은 세포를 제거하고 염증 수준을 낮추는 신체의 본기능이다. 제거식이요법을 하는 사람이든 그렇지 않은 사람이든 기본적인 식이요법을 개선하는 간단한 방법으로는 다음의 3가지가 있다.

첫째, 오전 8시에서 오후 6시 사이에만 식사를 한다. 둘째, 정오부터 오후 6시

사이에만 식사를 한다. 셋째, 매일 1끼 혹은 주기적으로 끼니를 거른다. 더 자세한 간헐적 단식 프로토콜이 궁금하다면《케토채식》을 참고하자.

　본인이 염증 스펙트럼상의 어느 부분에 존재하건 염증을 줄인다는 목표에 도움이 되는 식품과 요법을 상기하기 위해 도구상자를 가까이 두는 것을 잊지 말자. 이제 4일 또는 8일간 1단계씩 더 나아가며(당신이 따르는 계획이 무엇인가에 따라) 100% 만족스러운 상태가 될 때까지 불필요한 요소를 몇 가지씩 줄이면서 진짜 프로그램을 시작할 시간이다. 혼란스럽지 않도록 단계별로 차근차근 도움을 줄 테니 걱정하지 말고 지금 바로 시작하자.

PART 4

<u>계획</u>

제거 단계로 전환

이제 코어4 단계와 제거8 단계 중 어느 것을 따를지 선택했고 자신의 생물학적 개체성에 따른 도구상자를 손에 넣었으니 삶 속에서 염증성 식품을 제거하는 실제 과정을 시작할 때다. 우선 앞선 PART 3에서 제시한 4개 식품(코어4 단계용) 또는 8개 식품(제거8 단계용) 항목을 매일 하나씩 제거하는 것부터 시작한다.

단번에 모든 요소를 제거해서 속도를 높이고 싶은 마음이 들지도 모르지만, 지금껏 경험한 바에 따르면 느닷없이 도래한 급격한 변화를 제대로 받아들이지 못하는 사람이 많았다. 변화가 너무 갑작스러우면 열정이 곧 좌절로 바뀔 수 있으므로 단계적 접근을 추천한다. 웰니스를 갖추려면 스트레스를 받아서는 안 된다. 새로운 것을 접하면서 마법 같은 순간을 겪게 될 것이다. 이 기간, 그리고 그 후에도 스스로에게 편안하고 너그러운 자세를 갖추도록 하자. 염증을 진정시키면서도 맛있게 즐길 수 있는 여러 음식은 다음 PART 5에서 자세히 알아볼 것이다. 이 8단계를 통해 더욱 사려 깊고 지속 가능한 방식으로 프로그램을 쉽게 시작할 수 있다. 첫 번째 식품을 제거하는 첫날부터 당장 자기인식력이 높아질 것이다. 각 식품을 제거할 때마다 바로 자기 몸에 어떤 영향이 미치는지 관찰하는 것부터 시작해야 한다. 신체 인식 및 개별 개체에 대한 반응 민감성을 갖추는 데에 중요한 부분이다.

1단계씩 내려가기

완전한 제거 상태에 다다를 때까지 다음 4~8일간 1단계씩 내려가기 시작할 것이다. 코어4 단계와 제거8 단계 모두 처음 4일은 동일하게 시작한다. 매일 코어4에 해당하는 식품을 하나씩 제거한다. 4일이 지나고 나면 코어4 단계를 따르는 사람은 다음 순서로 넘어간다. 제거8 단계를 따르는 사람은 다음 4일간 나머지 염증성 식품 4가지를 차례차례 제거할 것이다. 그렇게 8일을 보내고 나면 제거8 단계군도 다음 순서로 넘어갈 준비를 완료하게 된다. 각 염증성 식품을 제거해야 하는 이유와 제거하는 방법, 대체할 수 있는 식품 등 제거하는 방식에 대한 정보는 뒤에서 확인할 수 있다.

코어4 단계_ 1일 1제거 스케줄

일차	제거할 식품
1	모든 곡물: 밀, 보리, 호밀, 쌀, 퀴노아, 옥수수 등
2	유제품: 소젖, 염소젖, 양젖 우유, 요구르트, 치즈, 크림 등
3	모든 감미료: 백설탕, 황설탕, 고과당 옥수수시럽, 메이플시럽, 꿀, 종려당, 아가베시럽, 스테비아, 나한과, 당알코올 등
4	염증성 오일: 옥수수오일, 대두오일, 카놀라오일, 해바라기씨오일, 포도씨오일, 식물성 오일 등

제거8 단계_ 1일 1제거 스케줄

일차	제거할 식품
1	모든 곡물: 밀, 보리, 호밀, 쌀, 퀴노아, 옥수수 등
2	유제품: 소젖, 염소젖, 양젖 우유, 요구르트, 치즈, 크림 등
3	모든 감미료: 백설탕, 황설탕, 고과당 옥수수시럽, 메이플시럽, 꿀, 종려당, 아가베시럽, 스테비아, 나한과, 당알코올 등
4	염증성 오일: 옥수수오일, 대두오일, 카놀라오일, 해바라기씨오일, 포도씨오일, 식물성 오일 등
5	콩류: 렌틸, 검은콩, 핀토콩, 흰콩, 대두, 두부, 리마콩, 병아리콩, 땅콩, 땅콩버터 등
6	견과류와 씨앗류: 아몬드, 호두, 피칸, 해바라기씨, 호박씨, 참깨, 치아시드, 견과류 및 씨앗류 버터 등
7	달걀, 흰자와 노른자
8	가지과: 토마토, 흰감자와 노란 감자, 가지, 모든 고추류 등

코어4 단계와 제거8 단계 1일차: 곡물

일부는 중독에 빠질 정도로 많은 이에게 사랑받는 곡물은 사실 염증을 일으키고 소화 기능을 손상시킬 가능성이 매우 높은 식품 중 하나다. 따라서 반드시 당분간 식단에서 곡물을 완전히 제거해야 한다. 정말로 곡물을 다시 먹고 싶다면 제거 단계가 끝난 후에 곡물을 다시 도입할 기회가 있다. 하지만 우선은 염증부터 가라앉혀야 우리 몸이 곡물에 진정으로 어떻게 반응하는지 그 반응을 해독할 수 있게 된다.

우리는 곡물 중심 사회에 살고 있다. 많은 이가 곡물을 바탕으로 하는 식단을 갖추고 살아간다. 슈퍼마켓에서 다른 사람의 쇼핑카트 내용물을 관찰해보면 아침식사용 시리얼, 점심식사용 샌드위치, 저녁식사용 곡물 반찬(반찬이라면 차라리 다행이다) 내지는 주요리까지 대부분 곡물로 가득 차 있다는 사실을 알 수 있다. 곡물은 산업형 농업의 중추이자 수십억 달러 규모에 이르는 거물이다. 곡물 로비는 거대한 정치적 힘을 가지고 있다. 또한 곡물은 유명한 옛 식품 피라미드(미국 농무부USDA 마이플레이트의 일환)의 기초를 이루기도 한다. 그러니 곡물을 식단에서 제거한다는 생각을 급진적으로 받아들이는 사람이 많은 것도 놀랍지 않다. 그러나 비곡물 식단은 전혀 급진적이지 않다. 곡물 과다 섭취는 비교적 최근에 시작된 식습관이다.[1] 곡물을 제거하고 영양가가 더 높은 대체식품을 도입해야 하는 이유에 대해서 알아보자.

셀리악 스펙트럼

현재 과학계는 기능의학에서 수십 년간 주장한 내용을 뒷받침하는 증거를 속속 찾아내고 있다. 글루텐 민감성처럼 드물게 일어나는 가벼운 식품 민감성 증상 등 어느 정도 견딜 수 있는 수준의 증상은 대체로 넓은 염증 스펙트럼의 한쪽 끝에 존재하며, 반대쪽 끄트머리에는 셀리악병Celiac disease과 같은 자가면역질환이 있다.[2] 나는 자가면역 염증 스펙트럼처럼 가벼운 글루텐 민감성에서 진짜 셀리악병까지를 아우르는 또 다른 스펙트럼이 있다고 생각한다.[3] 이를 셀리악 스펙트럼이라고 부른다.

기존 의학계에서는 소장 미세융모의 파괴 수준에 따라 셀리악병이 있다 혹은 없다고 진단을 내릴 수 있다. 그러나 최근 들어서는 기존 의학계도 진단 가능한 수준의 셀리악병이 없는 사람 중에도 글루텐을 섭취할 경우 일정한 수준에서 뚜렷한 증상을 보이는 것 같다고 인정하기 시작했다. 또한 개인적으로 셀리악병의 진단 기준이 포괄적이지 못하다고 생각한다. 예를 들어 셀리악병 환자 중 뚜렷한 소화기증상gastrointestinal을 보이는 사람은 고작 10%밖에 되지 않는다.[4] 불안감이나 우울증, 피부질환 등 겉으로 보기에는 연관성이 없어 보이는 증상을 경험하기도 한다. 전체 셀리악병 환자 중 정식 진단을 받은 사람은 약 5%에 불과한 것으로 추정되는데,[5] 이는 대체로 소화기 문제가 있는 환자일 경우에만 셀리악병 유무를 의심하기 때문이다(심지어 의심이 간다 하더라도 검사를 하지 않는 경우도 있다). 이는 미국인 중 약 300만 명에 이르는 셀리악병 환자가 자신의 상태를 제대로 알지 못하고 있다는 뜻이다.

이 책에 실린 단계를 따른 후 글루텐을 먹고 나면 염증 증상이 나타난다는 사실을 알게 되었다면(또는 이미 인지하고 있다면) 글루텐 민감성이나 셀리악 스펙트럼 상에 존재하는 것이니 앞으로 남은 평생 동안 모든 글루텐을 피하면서 살아야 한다. 지금은 일단 글루텐이 없는 곡물로도 염증 증상이 악화되는 사람도 많기 때문에 모든 곡물을 제거하기를 권장한다. 식품 민감성 또는 셀리악병 같은 자가면역질환을 갖고 있는 경우 모든 곡물을 줄이는 것이 전반적인 염증을 줄이는 데 도움이 된다. 본인이 이런 경우에 해당한다면 최대한의 효과를 보기 위해 바로 제거8 단계에 돌입할 것을 추천한다.

(당분간) 제거해야 하는 이유

곡물을 제거해야 하는 타당한 이유는 다음과 같다.

글루텐_ 요즘에는 글루텐이라는 단어를 흔하게 들을 수 있다. 밀과 호밀, 보리, 스펠트에 함유된 이 단백질에 대한 정보가 밝혀지는 중이다. 보수적으로 추정해도 미국인 20명 중 1명은 글루텐 불내증을 가지고 있다고 한다. 글루텐은 다른 곡물의 단백질에 비해서 소화하기가 어렵기 때문에 소화관에 글루텐이 존재하면 장 내벽에 염증을 일으켜서 단단한 접합부를 느슨하게 만들어 장누수증후군을 유발할 수 있다. 그러면 글루텐과 지질다당류 LPS라는 박테리아 내 독소처럼 소화되지 않은 식품 단백질이 혈류로 침투해서 위장관 외부에 염증 반응을 일으켜 자가면역반응을 유발할 수 있다.

렉틴_ 렉틴은 곡물과 콩류, 견과류, 씨앗류, 가지과(토마토, 파프리카, 가지, 감자), 호박(대부분 껍질과 씨앗)에서 가장 많이 발견되는 단백질이다. 식물 방어 메커니즘에 속하는 물질로 소화가 되지 않으며, 글루텐과 마찬가지로 많은 사람에게 소화 문제를 일으키고 염증을 유발할 수 있으며[6] 위장 장벽을 손상시킨다. 또한 렉틴은 인슐린[7]과 렙틴[8] 수용체 부위에 결합해서 호르몬 저항 패턴을 촉진한다.

효소 억제제_ 신체는 소화를 돕기 위해 효소를 생성하는데, 곡물에는 알파-아밀라아제 억제제와 프로테아제 억제제가 함유돼 있어서 이러한 소화 효소를 억제하여 민감한 사람에게는 소화장애까지 일으킬 수 있다.

피틴산과 피테이트_ 신체의 칼슘 및 철분과 같은 미네랄에 결합하여 사용할 수 없게 만드는 항영양소다[9]. 골다공증 등 미네랄 결핍 증상이 피테이트에 의해 지속될 수 있다.

사포닌_ 퀴노아 같은 가짜 곡물에 특히 많이 함유돼 있는 항영양소[10]로 민감한 사람의 경우 염증과 장 투과성 질환으로 이어질 수 있다.

당_ 곡물은 당 함량이 높아서 혈당과 인슐린 스파이크를 유발할 수 있으며, 민감한 사람에게는 인슐린 저항성과 대사증후군, 당뇨병 전단계 및 제2형 당뇨병을 일으킬 수 있다.

높은 오메가6 수치_ 최적의 건강을 유지하려면 지방이 반드시 필요하지만 지방에도 항염증성 종류와 염증성 종류가 있다. 곡물에는 오메가3 지방에 비해 염증을 일으키는 경우가 많은 다불포화성 오메가6 지방이 풍부하다. 대부분의 사람들은 오메가6 지방을 훨씬 많이 섭취하는데 곡물이 이러한 불균형에 기여한다고 볼 수 있다.

또한 곡물은 교잡육종, 교배, 유전자 변형 및 재배 시 농업용 화학 약품의 빈번한 사용(글리포세이트 등)으로 인해서 원래 형태로부터 변형되었다는 사실을 기억해야 한다. 섬유질을 얻기 위해서 곡물이 꼭 필요한 것도 아니며, 곡물보다 채소와 과일이 훨씬 영양가가 높으면서 글루텐과 렉틴, 효소 억제제, 피틴산, 오메가6 지방산 및 기타 모든 해로운 영향은 주지 않는다. '곡물 부족'에 시달릴까 봐 두려워할 필요가 없다. 그런 일은 존재하지 않기 때문이다.

염증이 가라앉고 나면 재도입 단계에서 어떤 곡물은 소화시키기 힘들지만 특정 곡물은 먹어도 이상이 없다는 것을 확인할 수 있다. 다시 곡물을 먹고 싶다면 잠시 동안이라도 제거하는 것이 신체의 반응을 정확하게 읽을 수 있는 유일한 방법이다.

제거하는 방법

밀과 보리, 호밀, 스펠트, 귀리, 쌀, 옥수수, 퀴노아 및 기타 모든 곡물로 만든 식품을 섭취하지 않는다. 즉 빵, 파스타, 시리얼, 머핀이나 쿠키 등의 구움과자를 먹어서는 안 된다. 지금 현재 곡물 비중이 높은 식단을 유지하고 있다면 불가능한 일처럼 보이겠지만 걱정하지 말자. 그래도 맛있게 먹을 수 있는 항염증성 식품이 많다!

제거해야 할 곡물

• 밀알, 불구르밀(타불리샐러드 등), 크림오브위트Cream of Wheat(귀리로 만든 포리지 제품-옮긴이)를 포함한 일반 밀은 물론 밀로 만든 모든 제품(밀맥주 등), 대부분의 빵과 파스타(듀럼과 세몰리나 또한 밀의 한 종류다.), 베이글, 잉글리시머핀, 케이크, 쿠키, 도넛 등 밀가루와 통밀가루가 들어간 모든 제품

- 호밀 및 호밀빵과 호밀위스키 등 호밀이 들어간 모든 것
- 스펠트 및 스펠트프레츨, 스펠트빵 등 스펠트가 들어간 모든 것
- 귀리, 오트밀 및 귀리빵과 그래놀라, 뮤즐리 등 귀리가루가 들어간 모든 것
- 현미, 백미, 홍미, 바스마티 쌀, 재스민 쌀, 초밥용 쌀을 포함한 모든 쌀
- 신선한 옥수수와 옥수수가루, 토르티야, 콘칩 등 옥수수로 만든 모든 것
- 소위 고대 곡물이라고 불리는 것(퀴노아, 기장, 아마란스, 카무트, 아인콘 등) 을 포함한 모든 기타 곡물류

대체 비곡물 식품군

- 아침에 토스트 대신 아보카도에 소금과 후추를 뿌려서 먹어보자. 숟가락 으로 떠서 먹으면 된다.
- 아침을 거하게 먹고 싶지 않은 사람이나 아침 시간을 바쁘게 보내는 사람 에게는 간단하고 영양소가 가득한 그린 스무디가 좋다. 코어4 단계를 따 를 경우에는 달걀을 먹는 것도 추천한다.
- 샌드위치를 만들 때는 빵이나 번, 토르티야 대신 양상추잎, 케일, 버섯 등 을 사용한다.
- 전분기가 있는 음식이 너무 먹고 싶다면 고구마로 칩이나 튀김을 만들어 보자. 으깨서 반찬으로 먹어도 좋다.
- 케일처럼 잎이 두꺼운 녹색 잎채소나 당근, 비트, 카사바 등의 뿌리채소를 저며서 채소칩을 만들어보자. 카사바토르티야도 맛이 좋다.
- 플랜테인으로도 맛있는 칩을 만들 수 있다. 플랜테인칩으로 맛있는 남미 식 나초를 만들어보자.

• 코코넛가루나 아몬드가루, 칡전분, 타피오카전분, 플랜테인가루, 카사바
가루, 타이거넛가루 등 글루텐프리 가루로 베이킹을 해보자(시중에 좋은
글루텐프리 베이킹 책이 많이 나와 있다).

코어4 단계와 제거8 단계 2일차: 유제품

아마 자라는 내내 우유가 몸에 좋다는 말을 들었을 것이다. 단백질
과 칼슘이 함유돼 있고, 실제로 어린 시절의 영양 공급을 우유와 연관시키
면서 컸기 때문에 분명 건강한 식품인 것처럼 보인다. 하지만 유제품은 많은
이에게 여러 가지 방식으로 염증을 일으킨다. 물론 목초비육으로 키우며 성
장 호르몬과 항생제를 투여하지 않은 소에게서 짜낸 양질의 유기농 우유는
우리 몸에 좋을 수도 있겠지만, 그간 경험한 바에 따르면 식단에서 유제품
을 배제했을 때 상태가 좋아지는 환자가 많았다. 어떤 사람들은 젖소유를 마
시면 반응을 보이지만 염소젖이나 양젖, 낙타젖은 문제없이 마실 수 있다. 이
들 우유에도 유당(우유에 자연적으로 함유된 당분으로 많은 이에게 위장 문제를
발생시킨다)이 함유돼 있지만 소 이외의 동물에서 추출한 우유에는 소화시키
기 편한 다른 종류의 카세인(유단백질)이 들어 있다. 그러나 지금 당장은 모든
동물성 유제품을 배제하면서 몸을 쉬게 해야 한다. 제거 기간이 지나고 나면
특정 유제품이 나에게 잘 맞는지 여부를 확인할 수 있다.

고급 프랑스산 염소치즈나 힘들게 운동을 한 후 마시는 유장whey 프로틴
셰이크, 아침 식사의 그리스식 요구르트 없이 어떻게 살아갈 수 있을지 걱정

이 된다면? 마음을 놓자. 이제는 다양한 맛있는 '식물성' 유제품을 널리 구할 수 있는 시대다.

(당분간) 제거해야 하는 이유

우유와 아이스크림, 요구르트, 크림, 치즈 등의 유제품에 반응을 보일 수 있는 원인은 다양하다.

유당_ 유당(락토오스) 불내증이 있는 사람은 유당이 함유된 유제품을 소화시키는 효소가 부족하다. 이런 사람이 유제품을 섭취하면 복부 팽만감부터 가스, 설사에 이르는 불편한 소화 관련 문제가 발생할 수 있다.

카세인 및 유청_ 유당 불내증이 없는 사람에게도 다른 문제가 존재할 수 있다. 유단백질, 특히 카세인과 유청 등에 불내증 또는 민감증을 일으키기도 한다. 카세인 분자는 글루텐 분자와 매우 비슷한 모양을 띠고 있어서 면역 체계가 과잉반응을 일으킬 경우 어느 한쪽 요소에 민감한 사람은 다른 것에도 쉽게 반응하고 소화관 염증이 생성되기 쉽다. 카세인 단백질이 장누수 현상으로 인해 보호하는 장 내벽을 통과하면 자가면역 등 더욱 심각한 반응을 유발하기도 한다. 카세인 또는 유청 불내증 또는 민감성을 지닌 사람의 경우 유제품은 위장 경련이나 설사 등 심각한 소화 문제뿐 아니라 호흡기 문제, 구토, 두드러기, 관절통, 극심한 피로, 신경학적 증상, 행동 변화(우유의 카세인 또는 유청단백질에 알레르기가 있는 사람에게는 무려 아나필락시스)에 이르기까지 겉보기에는 관련성이 없어 보이는 다른 영향을 줄 수 있다.

첨가제_ 우유와 함께 성장 호르몬을 마시고 싶은가? 슈퍼마켓에서 쉽게 구할 수 있는 일반 우유는 흔히 젖소의 우유 생산량을 늘리기 위해 성장 호르몬을 주입한 젖소에서 추출한 것이다. 이 물질이 즉각, 또는 장기적으로 우유를 마시는 사람에게 어떤 영향을 미치는지는 아직 밝혀지지 않았다. 그러나 인체에 이질적인 물질로 간주되는 이 호르몬은 섭취하지 않을 것을 권장한다. 또한 젖소는 착유기로 인한 고통과 감염으로 발생하는 유방염을 예방 또는 치료하기 위해 항생제를 투여받는 경우가 많다. 즉 우유 1잔을 마시면 잔류한 항생제를 여분으로 처방받고 유방염 고름을 살짝 음미할 수 있는 셈이다. 참으로 입맛 당기는 소리가 아닐 수 없다.

감미료_ 초콜릿우유 같은 가향 우유에는 감미료가 첨가돼 있으므로 어차피 3일차에 접어드는 내일이면 제거해야 한다.

소에 대해 알아보자: A1과 A2 카세인

주된 카세인 단백질에는 2가지 종류가 있다. 미국에서 가장 흔한 카세인은 A1아형[11]이다. 이것은 홀스타인이나 프레시안 등 북유럽 품종의 소에서 생산되는 종류다. 아직 확정적인 결과는 아니나 최근의 연구에 따르면 A1 카세인[12]이 더 많은 우유일수록 염증성이 높고 소화하기 어려우며 당뇨병이나 심장병 같은 특정 건강 문제에 기여할 수 있다.

그리고 더 오래된 A2 카세인이 있다. A2는 원래 프랑스 남부와 채널 제도에서 유래하여 현재는 대체로 뉴질랜드와 프랑스에서 우유를 생산하고 있는 건지Guernsey 및 저지 품종의 소에서 착유한 우유에 들어 있는 유형의 카세인이다. 예비연구(및 우리 클리닉 환자의 개인 검사 결과)에 따르면 A2 카세인이 많이 들어 있는 우유일수록 염증성이 낮고 소화하기 쉽다. 영양분 또한 더욱 풍부할 수 있다. 현재 기존 유제품에는 카세인 유형이 거의 표시돼 있지 않지만, 이러한 차이점을 인지하는 사람이 늘어나면서 포장에 A2를 기재하는 회사가 많아지고 있다. 이 책의 제거 단계 이후 유제품을 재도입하게 된다면 A2 젖소 품종에서 생산한 우유로 만든 유제품 또는 뉴질랜드와 프랑스, 아프리카, 인도에서 생산한 우유를 사용한 제품을 찾아보자. 지금 당장은 A2와 A1 유제품을 모두 제거해야 하지만 재도입 시에는 목초비육 A2 유제품(특히 치즈나 요구르트 등의 발효 제품)의 경우 소화시킬 수 있는 사람이 비교적 많다는 점을 기억하도록 한다.

제거하는 방법

모든 우유와 아이스크림, 요구르트, 치즈 및 기타 모든 유당 또는 카세인이 함유된 식품은 소나 염소, 양, 고양이 등 동물의 정체와 상관없이 식단에서 배제한다.

제거해야 할 유제품 식품

소, 염소, 양, 말, 낙타 등 모든 동물에게서 추출한 젖을 사용한 아래 제품은 모두 배제한다.

• 우유
• 버터(단, 유단백질을 제거한 정제 버터인 기는 섭취 가능)
• 크림
• 요구르트

- 아이스크림

- 치즈

대체 비유제품 식품군

다행히 견과류나 씨앗류, 코코넛 등 글루텐프리 곡물로 생산한 비염증성 식물성 유제품이 많이 출시돼 있다(제거8 단계를 따르는 사람은 지금 당장은 견과류와 씨앗류 유제품을 마실 수 있으나 며칠 안에 제거해야 한다. 필요하면 유제품 대체 식품으로 사용하도록 하자. 코코넛밀크 제품은 계속 섭취할 수 있다). 비유제품 요구르트, 치즈, 아이스크림 등은 지난 몇 해간 월등하게 품질이 좋아졌으므로 한동안 먹어본 적이 없다면 시험 삼아 구입해보자. 소젖을 더 이상 그리워하지 않게 될 수도 있다.

식물성 유제품을 찾아보자. 코어4 단계를 따르는 사람은 코코넛밀크나 아몬드밀크, 캐슈너트밀크, 헤이즐넛밀크, 헴프시드밀크 및 기타 견과류나 씨앗류, 완두콩밀크를 섭취할 수 있다. 견과류로 만든 치즈, 특히 신생 장인 브랜드의 펴 바를 수 있는 크림치즈와 유사한 제품은 유제품 치즈와 거의 구분할 수 없다. 제거8 단계를 진행 중이라면 지금 당장은 견과류 밀크를 마실 수 있지만 나중이 되더라도 코코넛으로 만든 제품은 언제든지 좋은 대안이 된다. 코코넛에는 두뇌가 좋아하는 지방이 들어 있다.

코어4 단계와 제거8 단계 3일차: 모든 감미료

설명할 필요도 없는 식품군이다. 당을 너무 많이 섭취하면 말 그대로 두뇌에 염증을 일으켜서 인지 기능이 손상되고 기억력이 악화되기 때문이다.[13] 이 책의 독자라면 당연히 자신의 두뇌를 사랑하고 노년까지 제대로 기능하기를 바랄 것이라고 생각한다. 그러니 당을 제거하도록 하자.

(당분간) 제거해야 하는 이유

백설탕과 황설탕, 고과당 옥수수시럽(기타 모든 옥수수시럽) 등 정제 설탕 및 그와 유사한 값싼 감미료는 거의 모든 사람에게 염증을 일으켜서 당뇨병과 간질환, 심장질환[14](당은 과체중이 아닌 사람에게도 심장질환으로 사망할 가능성을 높인다.[15])을 포함한 많은 만성질환의 위험을 높인다는 사실을 입증하는 연구가 산처럼 쌓여 있다. 인공 감미료는 그보다 더 나쁘다. 저칼로리 청량음료를 고르면 체중이 감량될 거라고 생각하겠지만 장내 박테리아를 가지고 놀면서 오히려 체중이 늘어나게 만든다.[16] 천연 감미료 또한 음식의 자연스러운 단맛을 감상하기 위해 미각을 정제하는 대신 단맛에만 집중하게 만든다.

당에는 중독성이 있다. 미국인은 평균적으로 평생 동안 약 1,610kg의 설탕을 소비한다. 이는 스키틀즈 170만 개 또는 산업용 쓰레기통 하나 분량의 백설탕에 해당하는 양이다. 우리는 당분간 모든 감미료를 우리 몸에서 몰아낼 것이다. 나중에 일부 천연 감미료를 재도입할 수 있지만 일단 한동안 먹지 않아야 우리 몸이 이를 제대로 소화할 수 있는지 알아낼 수 있다.

제거하는 방법

설탕을 끊는 것은 담배를 끊는 것과 비슷하다. 냉정하게 끊어야 한다. 처음에는 격렬하게 먹고 싶은 욕망이 들겠지만 그것에 굴복하지 말자. 며칠 안이면 욕망이 사라지거나 저항하기 쉬운 정도로 낮아진다.

제거해야 할 감미료 첨가물

- 백설탕 및 황설탕(아침에 마시는 차부터 쿠키나 케이크 등 구움과자류에 이르기까지 모든 형태와 모든 목적으로 첨가한 것.)
- 모든 시럽류(옥수수시럽, 고과당 옥수수시럽, 메이플시럽, 조청, 아가베시럽, 꿀, 대추야자 시럽 등.)
- 천연 감미료(종려당, 대추야자설탕, 메이플설탕, 옥수수설탕, 사탕수수즙분말, 사탕수수즙결정, 사탕무설탕, 스테비아, 나한과, 자일리톨 같은 당알코올, 농축과 일주스 등.)
- 인공 감미료가 함유된 모든 제품(아스파탐, 사카린, 수크랄로스, 아세설팜K 등.)
- 첨가물 목록에 감미료가 기재된 모든 제품(당은 많은 이름을 가지고 있다. 위에 기재된 모든 설탕과 시럽류 외에도 캐러멜, 옥수수감미료, 옥수수시럽 고형분, 과당, 덱스트로스, 덱스트린, 포도당, 말토오스, 말토덱스트린, 수크로스, 기타 모든 '-오스'로 끝나는 것이 여기 속한다.)
- 모든 당과류
- 가당탄산음료, 다이어트탄산음료, 에너지드링크, 병입한 과일 음료
- 모든 디저트류(케이크, 쿠키, 치즈케이크, 브라우니, 파이, 푸딩 등 시판과 수제

를 포함한 것. 말린 과일에도 설탕이 첨가된 경우가 많으며, 가향 요구르트와 그래 놀라바, 아침식사용 시리얼 등에는 대부분 설탕과 인공 감미료가 들어간다. 무가당 말린 과일과 플레인코코넛요구르트는 먹어도 좋다.)

• 달지 않은 음식에 숨겨진 모든 감미료(케첩이나 바비큐소스, 파스타소스, 수프, 크래커, 샐러드드레싱, 과일통조림, 코울슬로나 브로콜리샐러드, 시판 차 등. 식품 첨가물 목록을 꼼꼼하게 읽으면서 설탕 탐정이 돼보자.)

대체 식품군

세상에는 신선한 과일(자연이 주는 당과), 뿌리채소(특히 고구마), 코코넛, 심지어 시나몬이나 아니스 등의 천연 향신료 및 단맛이 나지만 당은 들어가 있지 않은 허브차까지 달콤한 천연 식품 선택지가 많고도 많다. 무가당 말린 과일은 먹어도 좋지만 과일에 함유된 천연 당분이 건조를 거치면서 농축된 형태가 되므로 과식하지는 말자. 일부 사람은 단맛을 즐기는 나쁜 식습관을 없애기 위해 모든 달콤한 음식을 한동안 멀리하는 것이 효과적이기도 하다.

며칠 후면 미뢰(혀와 연구개에 분포하여 맛을 느끼는 기관)가 정제당이 주는 과잉 자극으로부터 회복되면서 훨씬 민감해져서 천연 식품이 더욱 달콤하게 느껴진다(사람마다 회복되는 기간은 다르다). 천연 감미료를 무리 없이 소화할 수 있어 적당량을 섭취해도 무방한 사람도 있다. 본인이 그런 경우에 해당하거나 오늘 당장 너무 단것이 먹고 싶어서 1분도 참을 수 없을 정도라면 다음 목록의 음식을 먹어보자. 단것이 그리 당기지 않는다면 달콤한 음식을 일절 먹지 않은 채로 내 몸의 상태가 어떻게 변화하는지 관찰하도록 한다.

섭취해도 좋은 달콤한 천연 식품

달콤한 과일은 신선한 것이든 말린 것이든 맛있게 먹어도 좋지만 어느 정도 적정선을 지켜야 한다. 달콤한 허브와 허브차(감미료가 첨가되지 않은 것), 기타 단맛이 나는 다음 천연 식품군은 먹어도 무방하다.

- 생 코코넛 또는 말린(무가당) 코코넛
- 생 카카오닙스 또는 캐롭(반으로 자른 바나나에 소량의 코코넛과 함께 뿌려 먹는다. 캔디바와 비슷하지만 훨씬 좋은 맛이 난다. 당류가 첨가된 제품인지 반드시 확인해야 한다.)
- 달콤한 허브와 향신료(시나몬, 아니스, 올스파이스, 카다몸, 정향, 코리앤더, 펜넬, 민트, 바질, 타라곤 등이 여기 속한다.)
- 허브차(자연적인 단맛을 함유한 것이 많다.)
- 생과일로 맛을 낸 정수 또는 탄산수

코어4 단계와 제거8 단계의 4일차: 염증성 오일

식물성 오일이 동물성 오일보다 좋다는 말을 듣고 살았을지도 모르지만 사실은 그렇지 않다.[17] 옥수수오일, 카놀라오일, 정체 모를 '식물성 오일' 같은 가공된 산업용 씨앗 및 곡물 오일은 염증을 일으킨다.

(당분간) 제거해야 하는 이유

씨앗에서 오일을 추출하려면 일단 고온에 노출시킨다. 그런 다음 석유 용매로 오일을 받아내고 공정 중에 발생한 부산물을 제거하기 위해 추가적으로 화학 처리를 거친다. 이러한 과도한 화학 과정으로 부자연스럽게 발생한 변화를 숨기기 위해서 인공 향과 색을 주입하기도 하고 장기간 보관할 수 있도록 BHA와 BHT 등의 인공 항산화물질을 주입하는 경우가 많다.

또한 식물성 오일에는 올리브와 코코넛 등에서 추출한 오일보다 고도 불포화지방산(재래식 공법을 이용하면 자연적으로 추출되는 물질)이 많이 함유되어 있다. 고도 불포화지방은 쉽게 산화되기 때문에 특히 가열 조리에 사용할 경우 염증성 활성산소의 주요 공급원이 된다. 나머지 제거8 단계 기간 동안은 냉압착 올리브오일, 아보카도오일, 코코넛오일, 기(유고형분을 제거한 정제버터) 등 천연 항염증성 오일을 고수할 것이다.

제거하는 방법

오일이나 첨가 지방을 모두 제거할 필요는 없다. 오일 중에도 좋은 것이 있고 나쁜 것이 있다. 그 차이점을 알고 좋은 것을 주로 섭취하면 된다. 산업용 종자유를 주로 사용했다면 이를 바꾸기만 해도 염증 수치가 빠르게 달라질 것이다.

제거해야 할 염증성 오일

- 옥수수오일
- 카놀라오일
- 해바라기씨오일
- 대두오일
- 목화씨오일
- 홍화오일
- 포도씨오일
- 미강오일
- 식물성 오일
- 마가린과 '버터향 스프레드'
- 지방이 들어간 대부분의 시판 제품(상표를 확인하자.)

대체 식품군

세상에는 나쁜 오일과 좋은 오일이 있는데, 그 차이는 놀랄 정도로 뚜렷하다. 나쁜 오일은 염증성이지만 좋은 오일은 항염증제로, 호르몬 균형을 유지하고 모든 시스템에 이롭게 기능하는 영양분이 풍부하고 두뇌를 강화하는 역할을 하는 멋진 지방이다. 엑스트라버진 올리브오일처럼 날것 그대로 섭취하는 것이 좋은 오일이 있고 코코넛오일이나 아보카도오일처럼 조리하기에 적합한 오일도 있다.

섭취할 수 있는 항염증성 오일

생으로 먹는 냉압착 오일(조리에 사용하지 않는다.)

- 엑스트라버진 올리브오일

125

- 엑스트라버진 아보카도 오일
- 엑스트라버진 코코넛 오일

조리용 오일과 지방

- 아보카도 오일
- 올리브 오일(엑스트라버진이 아닌 것)
- 코코넛 오일
- 목초비육 기(정제버터. 우유로 만든 제품이나 유당과 카세인을 제거한 상태이므로 제거8과 코어4 단계에 모두 섭취할 수 있다.)
- 팜쇼트닝(유기농 제품에 한해 섭취)

코어4 단계를 진행하는 사람은 여기까지다. 다음 PART 5로 넘어가자. 제거8 단계를 진행하는 사람은 계속해서 다음 내용을 읽도록 한다. 4일이 더 남아있다.

제거8 단계 5일차: 콩류

땅콩과 대두, 완두콩을 포함한 콩류에는 일부 사람들에게 염증을 일으키는 다양한 성분이 함유돼 있다. 우선 염증을 유발하고 미네랄 흡수를 방해하는 렉틴과 피틴산이 들어 있다.[18] 땅콩의 경우에는 아플라톡신 곰팡이 오염 가능성도 꼽힌다. 렉틴은 식물 방어기제 중 하나다.[19] 콩류의 단백질

중 평균 약 15%가 렉틴에 해당한다. 우리의 면역체계는 스스로를 렉틴으로부터 보호하는 항체를 생성하도록 진화했지만, 우리 모두가 모든 종류의 렉틴으로부터 우리를 보호하기에 충분한 항체를 효과적으로 생성할 수 있는 체질을 타고나지는 못했다.[20] 이 때문에 렉틴에 더 민감하게 반응하는 사람이 있는 것이다. 본인의 콩류 관련 불내증 여부는 재도입 기간 동안 알아볼 수 있다.

참고: 채식주의자나 비건인 경우 최소한 제거8 프로그램 기간 동안만이라도 자연산 생선 등의 동물성 식품을 식단에 포함시킬 것을 강력하게 고려하는 것이 좋다(필수 항목은 아니다. 80쪽의 채식주의자 또는 비건인으로서 이 제거 식이요법을 수행하는 요령에 대한 얘기를 참고하자).

제거해야 할 콩류

- 핀토콩, 까만콩, 흰색콩, 붉은콩, 흰강낭콩, 강낭콩, 리마콩, 잠두, 병아리콩, 녹두를 포함한 모든 콩
- 모든 렌틸
- 대두 및 풋콩, 두부, 미소, 간장, 대두 템페 등 대두로 만든 모든 제품
- 분리대두단백 등 '대두soy'라는 단어가 들어간 성분이 기재돼 있는 모든 포장 식품, 가공 식품, 단백질 파우더류
- 땅콩 및 땅콩버터, 땅콩소스를 포함한 모든 땅콩 제품

참고: 깍지콩, 완두콩, 깍지완두 등 꼬투리에 들어 있는 상태의 신선한 완두

콩 및 콩류는 먹어도 좋다.

대체 비콩류 식품군

- 전분질 채소 중에 익힌 콩과 질감이 비슷한 것들이 있다. 깍둑 썬 고구마나 순무, 루타바가를 수프나 칠리에 더하거나 익힌 다음 으깨서 콩 대신 타코에 넣어보자.
- 모든 종류의 버섯. 통째로 혹은 저미거나 잘게 다지면 음식에 질감과 부피감을 더하는 훌륭한 콩류 대체식품이 된다.

제거8 단계 6일차: 견과류와 씨앗류

견과류와 씨앗류를 제대로 소화시키지 못하는 사람도 있다. 일부 사람의 소화계와 면역체계를 자극하는 렉틴 및 섬유질이 함유돼 있기 때문이다.[21] 또한 견과류와 씨앗류가 일으키는 문제 중 하나로 시판 제품에 사용되는 일반 가열압착 및 산업용 종자유를 꼽을 수 있다. 산화된 오일을 섭취하면 염증이 더 많이 발생할 수 있다.

참고: 유제품을 제거하면서 식단에 아몬드 및 기타 견과류 밀크 제품을 도입했다면, 오늘부터는 우유가 마시고 싶을 때 오로지 코코넛밀크 기반 제품만 섭취해야 한다.

제거해야 할 견과류 및 씨앗류

견과류

- 도토리
- 캐슈너트
- 밤
- 헤이즐넛
- 히코리너트
- 콜라너트Kola nuts
- 마카다미아

- 아몬드
- 브라질넛
- 피칸
- 필리너트Pili nuts
- 피스타치오
- 사차인치
- 호두

씨앗류

- 치아
- 플랙
- 헴프
- 양귀비

- 호박씨
- 참깨
- 홍화
- 해바라기씨

대체 비견과류 및 비씨앗류 식품군

견과류와 씨앗류가 들어가는 음식이나 간단한 간식이 먹고 싶을 때는 다음 대체식품을 활용하자.

- 말린 코코넛플레이크 또는 코코넛슬라이스(무가당)
- 말린 블루베리 또는 타트체리, 커런트(무가당)
- 카사바칩

- 플랜테인칩
- 타이거너트(이름과 달리 견과류가 아니라 작은 뿌리채소에 속한다.)
- 말린 바나나칩
- 건조기 또는 저온 오븐에서 말린 구운 채소'칩'(케일, 얇게 저민 호박, 얇게 저민 뿌리채소로 만들어보자.)
- 영양 효모(짭짤한 음식에 치즈 풍미를 더할 수 있다.)

제거8 단계 7일차: 달걀

달걀은 많은 이가 문제없이 먹을 수 있는 식품이다. 그러나 달걀흰자의 알부민 성분에 염증을 일으키는 사람도 일부 존재하며, 자가면역질환이 있을 경우 특히 그렇다. 사실 건강한 음식이라고 굳게 믿고 먹은 달걀흰자 오믈렛이 사실은 내 몸이 전혀 받아들이지 못하는 메뉴일 수도 있다. 달걀흰자는 흔한 식품 민감성 원인에 속하지만 달걀 전체에 반응을 보이는 사람도 있다. 달걀을 제거하면 알지 못했던 흥미로운 아침 식사 메뉴를 새롭게 알게 될 기회가 생긴다. 베이킹을 할 필요도 없다. (달걀 없는 아침 식사 아이디어는 262쪽 이후의 레시피 참고.)

제거해야 할 달걀 관련 식품
- 닭과 오리 및 기타 조류의 모든 알 흰자 및 전란
- 마요네즈, 일반 구움과자, 머랭 등 전란과 달걀흰자가 함유된 모든 식품

(시판 비달걀 마요네즈에는 염증성 오일이 함유돼 있을 수 있으니 주의한다. 대신 278쪽의 레시피를 참고해서 직접 만들어보는 것도 좋다.)

- 달걀과 달걀흰자(식품 성분표를 항상 확인한다.)

대체 비달걀 식품군

- 베이킹용 대체 달걀(달걀 2개는 아주 잘 익은 바나나 곱게 으깬 것 1개 분량, 사과소스 또는 호박퓨레 ¼컵, 기타 글루텐프리 달걀 대체 제품–밥스레드밀Bob's Red Mill 또는 에너지GEner-G- 등으로 대체할 수 있다. 최고의 베이킹용 글루텐프리 가루는 코코넛가루와 카사바가루다.)
- 아침 식사용 해시(채 썬 고구마 또는 방울양배추 및 양파를 기나 코코넛오일에 바삭바삭하게 구워서 맛있는 를 만들어보자. 영양 효모를 1큰술 더하면 달걀이나 치즈와 비슷한 풍미를 낼 수 있다.)
- 아침 식사용 대체 샌드위치(비곡물 비달걀 토스트에 저민 아보카도를 얹고 천일염을 뿌리면 환상적인 아침 식사용 대체 샌드위치가 된다. 나는 카사바빵 제품을 선호한다. 연어나 목초비육 소고기패티를 더해도 좋다.)
- 흑소금(달걀을 연상시키는 유황 맛이 난다. 짭짤한 아침 식사를 만들 때 사용해보자.)
- 채소수프나 유기농 닭고기소시지(아침 식사로 먹어보자.)

제거8 단계의 8일차: 가지과

가지과에는 일부 사람들, 특히 류마티스관절염과 루푸스 및 기타 자가면역질환이나 설명할 수 없는 관절통, 소화계, 피부에 문제가 있는 사람에게 염증을 일으키는 알칼로이드가 함유돼 있다.[22] 가지과에는 먹을 수 없는 식물(나팔꽃 등)이 많으며 독성 식물(벨라도나)도 흔하다. 동시에 감자나 토마토 등 인기가 높고 대체로 심각한 피해를 끼치는 일이 적은 식용 가지과 식품도 있다. 그러나 만성적인 건강 문제가 있다면 여기에 민감하게 반응하기도 한다. 지금부터는 본인이 어떤 상태에 속하는지 알아볼 차례다.

제거해야 할 가지과 식품

- 토마토
- 감자(고구마를 제외한 모든 품종)
- 가지
- 파프리카와 매운 고추를 포함한 모든 고추
- 피멘토
- 토마티요
- 구기자
- 카이엔페퍼
- 칠리가루
- 커리가루
- 파프리카가루

• 레드페퍼플레이크

• 담배(금연해야 할 또 다른 이유가 필요하다면 바로 이것이다.)

대체 가지과 식품군

살사와 토마토소스, 프렌치프라이가 없는 인생이라고? 다행히 모두가 좋아하는 가지과 식품을 대신할 수 있는 음식이 있다.

• 고구마(굽고 으깨고 말려서 칩을 만들거나 튀김을 해보자.)

• 뿌리채소(길쭉길쭉한 기둥 모양으로 잘라서 코코넛오일이나 기를 바르고 바삭바삭하게 구워보자.)

• 당근과 비트, 호박, 땅콩호박(부드럽게 익혀서 곱게 갈아 소스를 만든다.)

• 살사나 피코데갈로(잘게 다진 오이와 지카마, 무, 단맛 나는 양파, 생마늘, 고수, 천일염을 섞어서 만들어보자. 다진 망고를 섞으면 특별한 맛이 된다.)

미리보기

이제 앞으로 몇 주 동안 배제해야 할 모든 음식을 식단에서 완전히 제거했고, 각 식품이 인간에게 염증을 일으키는 이유 및 제거하는 방법, 대체할 수 있는 식품과 대체하는 방법을 모두 파악했으니 계획의 다음 단계를 시작할 차례다. 이제 염증을 상당 부분 가라앉히면서 신체 의식을 고양시키고 활력을 증가시키는 단계로 나아가자. 훨씬 활기가 넘치게 될 테니 염증이 가라앉은 인생을 즐길 준비를 하는 것이 좋다.

PART 5

<u>준비</u>

염증 완화 및 치유

본격적인 제거 단계로 진입한 것을 환영한다. 우리는 궁극적으로 또 다른 다이어트로 스스로에게 벌을 내리기 위해서 특정 음식을 제거하는 것이 아니다. 여기서는 만성염증을 제거한다. 브레인 포그와 피로, 소화기 문제, 체중 증가 등 염증이 일으키는 각종 건강 문제를 해결한다. 자신의 몸에 가장 잘 맞거나 맞지 않는 것을 구분하여 염증을 제거하는 중이다.

앞으로 4주 또는 8주간 우리는 더 나은 습관을 몸에 익히고 다르게 먹는 법을 배우면서 염증이 줄어들고 건강이 회복되는 기분을 만끽할 것이다. 수 주를 함께 거쳐가면서 많은 조언과 치유법들에 대한 지원을 받게 될 것이다. 가장 나은 나 자신이 되는 과정과 사랑에 빠져보자. 웰니스는 신성한 예술이며 당신은 걸작 그 자체다. 매주 해야 할 일과 계속 지속할 수 있게 하는 응원, 조금 재미있고 향락적인 기분이 들게 만드는 주간 사치 목록을 제공한다. 이 파트에서 배울 내용은 다음과 같다.

1. 섭취 가능한 모든 놀랍고 맛있고 건강에 좋은 항염증 식품 목록. 코어4

단계의 식품이 더 다양하지만 제거8 단계의 식품 또한 만만치 않다. 우리가 즐길 수 있는 음식 목록 또한 놀랍도록 많다.

2. 제거해야 할 염증성 습관 8가지 목록. 본인이 여기 해당하는 문제를 전부 겪고 있지 않다면 제거하고 싶은 것만 고르면 된다. 매주 1가지 습관을 제거하게 될 것이다.

3. 새로운 주를 시작하기 전에 해두어야 할 예비 준비 단계.

4. 코어4와 제거8 단계 진행 중에 섭취 가능한 1주 동안의 항염증 식단 계획.

5. 매주 배우고 실천해야 할 교훈 목록.

먹지 말아야 할 식품

계획에서 벗어나지 말자. 가장 먼저 강력하게 지적하고 싶은 조언이다. 일탈 행위를 하면 항염증을 위한 노력이 반감된다. 게다가 아직도 먹을 수 있는 맛있고 영양이 풍부한 음식이 많다. 힘든 노력을 수포로 만들어 제거 계획을 망쳐야 할 이유가 있을까? 물론 가끔 가다 우연히(또는 '미필적 고의로') 사고가 발생할 수 있다는 점은 이해한다. 실수했을 경우 해야 할 일은 다음과 같다.

· 코어4 단계의 첫 2주 또는 제거8 단계의 첫 4주 사이에 실수가 있었을 경우: 처음부터 다시 시작하자. 그렇다, 다시 1일차로 돌아가는 것이다. 가혹하게 들리겠지만 진심이다. 우리는 환자가 최상의 결과를 얻고, 자신의 몸

이 무엇을 좋아하고 싫어하는지 정확하게 파악하기를 바란다. 제거 계획으로 효과를 보려면 실수를 했을 경우 처음으로 다시 돌아가야 한다.

- 코어4 단계의 후반 2주 또는 제거8 단계의 후반 4주 사이에 실수가 있었을 경우: 계속 진행한다. 제거 단계의 효과는 조금(무엇을 얼마나 먹었는지에 따라) 훼손되겠지만 이미 염증이 상당히 줄어들었으니 어느 정도 대처할 수 있다.

즉, 한번 계획에서 벗어난 일을 했다면 다시는 반복하지 말자. 지금껏 한 노력을 무산시키지 않도록 한다. 자신에게 딱 맞는 형태로 처방한 제거 단계를 지키기 위해 노력한 만큼의 가치가 있는 최종 결과물을 얻을 수 있을 것이다. 나는 치팅이라는 단어를 좋아하지 않는다. 제거 계획은 우리가 먹지 못하거나 유혹을 느끼는 '치팅 음식'을 금지하는 것이 아니다. 본인에게 염증을 유발할 가능성이 있는 식품이 정말로 자신의 몸에 맞지 않는지 여부를 확신하기 위한 과정이다. 다이어트와 박탈감, 수치심, 규칙과 규율이라는 단어는 머릿속에서 지우자. 내 상태가 악화되지 않고 좋아지게 만드는 음식을 기꺼이 발견하고 싶을 만큼 스스로의 몸을 사랑하는 데에 집중하자. 언제나 이 심오한 목적을 인식하면서 행동하자.

먹어야 할 식품

염증을 제거하는 단계를 거친 후 재도입 전까지 먹지 않아야 할 음식(앞서 명확하게 설명한 식품 목록에 속하는)에 집착하는 대신 어떤 단계를 따르건 즐길 수 있는 맛있고 치유력 강한 음식에 집중하자. 매일, 혹은 매주 올바른 식단을 유지하려면 어느 정도의 양을 섭취해야 하는가를 포함하여 자세한 내용을 항목별로 소개한다. (물론 해당 항목에 알레르기를 가지고 있다면 배제해야 한다.) 우리가 먹을 수 있는 식품에는 어떤 것이 있을까?

깨끗한 단백질

끼니당 손바닥 1~1½개 크기의 분량의 단백질을 항상 포함시키는 것을 목표로 삼는다. 다만 분량 기준을 제시하기는 했으나 모든 단백질이 똑같이 구성되지는 않는다는 점을 알아두자. 다음은 우선순위에 따라 나열한 단백질 목록이다. 가능하면 최대한 목록 상단의 단백질 공급원을 다량으로, 목록 하단의 단백질 공급원은 소량을 섭취할 수 있도록 한다.

해산물

주요 단백질 공급원으로 삼아야 할 식품이다. 생선 또는 조개에 알레르기를 보이지만 않는다면 해산물은 훌륭한 영양과 이로운 지방 공급원이 돼준다. 다음은 저수은 해산물 추천 목록이다.

- 자연산 알래스카 연어
- 알바코어 참치(미국 및 캐나다 자연산 줄낚시 포획)
- 멸치
- 북극 곤들메기
- 대서양 고등어
- 바라문디
- 배스(까만색 줄무늬 바닷물고기)
- 병어
- 메기
- 대합
- 대구(알래스카산)
- 게(미국산)
- 가재
- 대서양 조기 Micropogonias undulatus
- 가자미
- 청어
- 랍스터
- 마히마히(만새기)

- 홍합
- 굴
- 명태
- 무지개송어
- 정어리
- 가리비
- 새우
- 가다랑어(미국 및 캐나다산, 자연산 줄낚시 포획)
- 서대기(태평양산)
- 오징어
- 틸라피아
- 참치(통조림)
- 흰송어
- 황다랑어(미국 대서양산, 자연산 줄낚시 포획)
- 황다랑어(중서부 태평양산, 자연산 줄낚시 포획)

유기농 가금류(목초 방목 또는 야생 조류 선호)

•닭	•타조
•오리	•메추라기
•거위	•칠면조

유기농 육류(목초비육, 방목, 야생 육류 선호)

•소	•돼지
•들소Bison	•토끼
•엘크	•사슴
•양	

동물성 단백질을 구입할 때 예산에서 가능한 최상의 품질을 얻으려면 몇 가지 핵심 단어나 문구를 찾아야 한다.

해산물의 경우 자연산 중에서 수은 함량이 낮은 생선 목록에 들어간 것을 고른다. 참치나 배스 등의 생선을 먹을 때는 추천 목록에 해당하는지 확인하고 수은 수치 검증 검사를 거친 브랜드를 고르도록 한다. 이들 생선 중에서도 안전하고 몸에 좋은 저수은 개체를 공급하기 위해 가치 높은 생산을 추구하는 의식 있는 브랜드가 여럿 있다.

소고기는 목초비육, 유기농 인증이 붙은 것을 고른다.

가금류와 돼지고기는 방목 및 목초 사육 제품을 고른다.

유기농 육류를 고르면 뼈에 살점이 훨씬 두툼하게 붙어 있다. 그리고 유기농 육류의 지방에는 훌륭한 영양소 및 미네랄이 포함돼 있다.

유기농 육류를 구할 수 없거나 예산을 초과할 경우, 일반 목장에서 사육한 동물의 지방에는 염증성 독소가 함유돼 있을 수 있으므로 담백한 살코기 부위를 구입한다.

동물성 단백질의 점진적 도입

그동안 육류를 먹지 않다가 다시 식단에 포함시키기로 결정할 경우 점진적으로 천천히 도입하기 시작해서 위장 및 소화계를 깨우는 것이 좋다. 채식 또는 비건 식단을 유지하던 사람은 위산 수치가 낮아서 단백질을 쉽게 소화시키지 못하는 경우가 많다. 식사 전에 소화효소 보충제와 펩신이 함유된 베타인HCL, 황소 담즙 등을 섭취하면 몸이 적응하기 전까지 소화에 도움이 된다. 차차 적응하게 될 것이다.

식물성 단백질 공급원

깨끗한 동물성 단백질을 적게 섭취하고 싶다면 식물성 단백질 공급원의 비중을 높인다.

코어4 친화적 식품

- 헴페hempeh(헴프시드로 만든 템페) : 113g당 단백질 22g

- 낫토(유기농 비GMO) : 1컵당 단백질 31g

- 템페(유기농 비GMO) : 1컵당 단백질 31g

- 헴프 프로틴가루 : 4큰술당 단백질 12g

- 헴프하트/헴프시드 : 1컵당 단백질 40g

- 사차인치시드 프로틴가루: ¼컵당 단백질 24g

- 렌틸: 1컵당 단백질 18g

- 녹두: 1컵당 단백질 14g

- 필리너트: 1컵당 단백질 13g

- 병아리콩: 1컵당 단백질 15g

- 아몬드버터: ¼컵당 단백질 6g

코어4 단계 및 제거8 단계 친화적 식품

- 마카가루: 1큰술당 단백질 3g

- 완두콩: 익힌 완두콩 1컵당 단백질 9g(앞서 말했듯이 제거8 단계에서 꼬투리에 들 어 있는 신선한 콩류는 섭취 가능하다.)

- 영양 효모: 1큰술당 단백질 5g

- 클로렐라 또는 스피룰리나: 1큰술당 단백질 4g

- 시금치: 익힌 시금치 ½컵당 단백질 3g

- 아보카도: ½개당 단백질 2g

- 브로콜리: 익힌 브로콜리 ½컵당 단백질 2g

- 방울양배추: ½컵당 단백질 4g

- 아티초크: ½컵당 단백질 4g

- 아스파라거스: 1컵당 단백질 2.9g

농산물

채소는 영양이 풍부한 항염증 식단의 핵심으로 식탁 구성의 대부분을 차지

해야 한다. 1일 권장 섭취량은 아래의 각 카테고리를 참고하자.

농산물 섭취 시 주의할 점

가능하면 언제나 유기농 과일과 채소를 구입한다. 힘들다면 먹기 전에 아주 꼼꼼하게 세척해야 한다. 싱크대에 찬물을 가득 채우고 백식초 1컵을 부은 후, 과일과 채소를 15분간 푹 담가 둔다.

깨끗하게 문질러 씻은 다음 종이타월 등으로 두드려 물기를 제거하고 보관한다. 살충제에 가장 많이 오염된 채소와 오염도가 낮아서 비유기농 제품을 구입해도 무방한 채소의 종류에 대한 자세한 내용은 환경실무그룹Environmental Working Group에서 매년 업데이트하여 발행하는 더티더즌과 클린피프틴Dirty Dozen and the Clean Fifteen목록을 참고한다.[1]

채소

섭취량에 제한은 없으나 하루에 최소 4컵은 먹어야 한다! 매 끼니와 간식에 최소한 1컵 이상의 채소를 포함시키도록 하자. 메틸화 경로 지원에 필요한 엽산이 함유돼 있는 녹색 잎채소에 중점을 두면서 다양한 색상의 채소를 먹도록 노력해보자. 식탁에 오르기만을 기다리는 멋지고 맛있는 온갖 채소를 감상해 보라! 새로운 선택지를 탐색하고 마음껏 시도하기를 바란다. 채소는 우리 식단의 핵심이자 중점이 돼야 한다.

- 아티초크
- 아루굴라
- 다시마
- 리크

•아스파라거스	•양상추
•청경채	•버섯
•브로콜리	•김
•브로콜리싹	•오크라
•방울양배추	•올리브
•양배추	•래디시
•콜리플라워	•루바브
•셀러리	•루타바가
•차이브	•실파
•근대	•해조류
•오이	•시금치
•덜스	•싹(알팔파, 콩나물류, 브로콜리싹 등)
•엔다이브	•호박
•생강	•근대
•지카마	•순무
•케일	•물밤
•콜라비	

과일(특히 저과당 과일)

코어4 단계에서는 과일이라면 무엇이든 먹을 수 있으며, 제거8 단계에서는 구기자(가지과) 외의 모든 과일을 섭취 가능하다. 과일에는 영양소 및 면역 균형을 유지하는 항산화물질이 풍부하지만 과당이 너무 많으면 간과 소화계, 인슐린, 혈당 수치에 영향을 미칠 수 있으므로 최상의 결과를 얻으려면 과당이 낮은 과일을 우선해야 한다. 기본적으로는 과일보다 채소를 많이 먹도록 하자. 먹기 가장 좋은 과일 목록은 다음과 같다.

- 아보카도
- 바나나
- 블랙베리
- 블루베리
- 캔탈롭멜론
- 귤
- 자몽
- 허니듀멜론
- 키위
- 레몬
- 라임
- 오렌지
- 머스크멜론
- 파파야
- 백향과
- 파인애플
- 라즈베리
- 루바브
- 딸기
- 탄젤로오렌지

건강한 지방

조리용으로 사용하든 드레싱에 넣든 그냥 훌쩍 마셔버리든 상관없이 끼니당 최소 1~3큰술을 섭취하는 것을 목표로 삼자! 모든 식사와 간식을 먹을 때 건강한 지방을 먹는 것에 집중해야 한다. 과거에는 지방에 대해 논란의 여지가 있기도 했지만, 과학 및 영양학계에서는 이제 사람들이 한때 질병을 촉진하는 물질이라고 믿었던 지방이 건강 유지에 얼마나 필수적인 요소인지 제대로 인지하고 있다. 식사할 때 조리용이나 드레싱, 스무디 부재료, 이도 저도 아니면 숟가락으로 퍼먹는 등 어떤 식으로든 권장하는 지방(125쪽의 염증성 오일 제외)을 먹도록 한다. 진짜 식품에서 추출한 건강한 지방을 먹는 것에 익숙하지 않다면 소량부터 시작해서 천천히 충분한 양으로 늘려가보자. 몇 년간 저지방 식단을 고수한 사람이라면 담낭(아직 있다면)과 췌장, 간이 다량의 지방에 익숙하지 않은 상태이기 때문에 다시 예열을 시켜줘야 한다.

지방에 관한 오해와 진실

지난 반세기 동안 식용 지방에 관한 잘못된 정보와 선전이 끊임없이 쏟아졌다. 그러나 이제 오래된 맹목적인 믿음이 사라져가면서, 건강한 지방은 심장병을 일으키지 않는다는 사실을 많이들 인지하게 되었다. 지방에 관한 오해를 타파하고 제대로 된 정보를 습득하도록 하자.

우리 모두는 신생아 시절, 두뇌 발달과 에너지를 위해 모유라는 형태의 지방에 의존하도록 태어났다. 인간의 두뇌가 제대로 작동하려면 많은 에너지가 필요하며, 생물학 및 진화적 관점에서 최적의 두뇌 건강을 위한 가장 지속 가능한 에너지 형태는 좋은 지방이다(이에 관한 자세한 내용은 채식 기반 케토제닉을 다룬 내 저서《케토채식》에 실려 있다). 우리의 뇌의 60%는 지방으로 구성돼 있으며(이는 신체의 다른 어떤 기관보다 높은 수치다.) 신체 콜레스테롤의 거의 25%가 뇌 속에 존재한다. 또한 건강한 호르몬을 생산하고 신경 성장 및 건강한 면역체계를 지원하려면 콜레스테롤과 건강한 지방이 필요하다. 콜레스테롤을 낮추는 스타틴 약물이 가져오는 많은 부작용 중에는 콜레스테롤과 건강한 지방이 도움을 주는 기능과 관련된 기억 상실과 신경통, 호르몬 문제, 성욕 저하, 발기 부전 등이 포함돼 있는 것도 놀라운 일이 아니다. 제거8 단계에서 사용하는 건강한 지방은 최적의 건강을 위한 필수 요소다.

생으로 먹는 냉압착 오일(조리용으로 사용하지 말 것)

• 엑스트라버진 올리브오일

• 엑스트라버진 아보카도오일

• 엑스트라버진 코코넛오일

조리용 오일 및 지방

• 아보카도오일

• 올리브오일(엑스트버진 제외)

• 코코넛오일

• 목초비육 기(정제버터. 우유로 제조한 것이나 유당과 카제인을 제거했으므로 섭취 가능하다)

• 팜쇼트닝(유기농에 한정)

허브와 향신료

허브와 향신료는 음식의 풍미를 강화할 뿐 아니라 영양소를 더하며 대부분 항염증 효과가 탁월하다. 생 허브와 말린 허브 및 향신료를 원하는 만큼 마음껏 넣어보자.

허브

• 바질   • 민트

• 월계수 잎   • 오레가노

- 고수
- 딜
- 라벤더
- 레몬밤

- 파슬리
- 로즈메리
- 세이지

향신료

- 올스파이스
- 안나토
- 캐러웨이
- 카다몸
- 셀러리씨
- 시나몬
- 정향
- 코리앤더
- 쿠민
- 펜넬
- 호로파
- 마늘
- 생강

- 홀스래디시
- 주니퍼
- 주니퍼베리
- 메이스
- 머스터드
- 너트멕
- 통후추(가지과가 아니다)
- 천일염
- 팔각
- 수막
- 터메릭
- 바닐라빈(무첨가 유기농 제품)

음료

- 물
- 차(유기농일 것)
- 코코넛워터(무가당)
- 콤부차(타고난 신맛을 상쇄하기 위해 발효 후 당류를 첨가하지 않은 제품을 고른다. 맛이 새콤할수록 좋다.)
- 탄산수(무가당)
- 그린주스(녹색채소와 레몬, 라임, 생강을 냉압착한 것. 당 함량에 주의한다.)
- 유기농 뼈국물

코어4 단계에서만 알아야 할 것

코어4 단계를 따를 경우 콩류, 견과류, 씨앗류(및 관련 오일과 버터류), 달걀, 가지과를 제거하지 않아도 된다. 앞에서 소개한 모든 식품과 함께 이들 식재료를 먹는 것도 고려해보자. 그러나 앞으로의 4주일은 틀에 박힌 음식 루틴에서 벗어날 좋은 기회다. 평소 흔히 접하지 않던 맛있는 음식의 세계를 널리 탐험하며 신선하고 새로운 방식으로 몸에 영양을 공급해보자.

견과류와 씨앗류 불리는 법

코어4 단계를 따른다면 견과류를 즐겨보자! 견과류와 씨앗류를 물에 불리면 소화력이 좋아지고 몸에서 훌륭한 영양소를 훨씬 활용하기 편해진다.

1. 먹고 싶은 견과류 또는 씨앗류를 볼에 담고 재료가 잠기도록 물을 붓

는다.

2. 좋아하는 천일염 1~2큰술을 더한다.

3. 볼에 덮개를 씌우고 주방 카운터 또는 냉장고에 약 7시간에서 하룻밤 정
   도 불린다.

4. 견과류 또는 씨앗류를 건져서 물에 헹궈 소금기를 제거한다. 건조기 선
   반에 넓게 펴 담는다.

5. 건조기에서 살짝 바삭해질 정도로 건조시킨다. 건조기가 없으면 저온의
   오븐에서 살짝 바삭해질 때까지 말려도 좋다. 건조시키지 않을 경우 보
   통 곰팡이가 생기기 전까지 냉장고에서 며칠간 보관할 수 있다.

견과류와 씨앗류를 직접 말리기 귀찮다면 불려서 발아한 견과류와 씨앗류
를 판매하는 브랜드를 찾아보자.

제거해야 할 염증성 습관 목록 선택하기

맞춤형 계획의 독특한 면 중 하나가 염증성 생활습관을 제거하는
것이다. 제거식이요법의 핵심은 음식이지만, 비식이요인 중에도 전신의 염증
과 건강 저하에 강력하게 기여하는 것들이 있다. 신체와 두뇌는 물론 감정과
정신까지 해치는 생활습관을 갖추고 있다면 제거 여정 중에 식단을 완벽하
게 지킨다 하더라도 의도치 않게 건강한 노력을 방해하게 될 수 있다. 이러한
생활습관은 음식만큼이나 자극적이기도 하다. 그러니 지금이라도 삶 속에서
밀어내도록 하자!

PART 5. 준비_ 염증 완화 및 치유

컨디션 향상에 중대한 영향을 끼치는 나쁜 습관은 8가지가 있다. 한 사람이 8가지를 모두 가지고 있지는 않지만, 대부분 몇 가지 정도는 보유하고 있기 마련이다. 만일 제거8 단계를 수행하는 중이라면 8주 동안은 매주 이러한 습관 중 하나를 강조하는 내용을 읽게 될 것이다. 코어4 단계를 수행하는 중이라면 4주 만에 끝나겠지만, 가능하면 제거하고 싶은 추가적인 염증성 습관에 대해 알아보기 위해 이후 4주 동안의 내용도 읽어볼 것을 권한다. 바꾸고 싶은 습관에 대한 정보를 찾아보자.

단순히 먹지 않기로 결정하면 되는 음식과 달리, 이러한 습관은 깊이 뿌리 박혀 있다. 그냥 뚝 끊고 다시는 돌아보지 않게 될 거라고 기대하지는 않는다. 시간은 조금 걸리겠지만, 지금이 이런 습관을 생활 속에서 서서히 밀어내어 건강을 되찾을뿐 아니라, 삶의 전반적인 질까지 향상시킬 수 있는 기회다. 실천하는 내내 염증을 진정시키는 음식을 완벽하게 먹는다 하더라도 매일 엄청난 스트레스를 받는다면 의도하지 않게 건전한 노력을 방해하게 된다. 스트레스와 스트레스를 가중하는 행동은 나 자신은 물론이고 타인과의 관계, 더 나아가 삶의 궁극적인 목적과도 괴리를 불러일으킬 수 있으며 이 모든 과정이 건강과 염증의 악화로 이어지게 한다. 우리의 건강 계획을 도모하기 위해서라도 이 습관을 바꾸는 작업에 열중하도록 하자.

건강에 영향을 끼치는 것은 음식만이 아니다. 놓아버려야 할 염증성 습관 8가지에 대해 알아보자. 스스로 문제라고 생각하는 것을 골라서 다음 4주 또는 8주 동안 틈틈이 확인하자. 매주 이들 습관 중 하나를 선택하여 자세하게 설명하며 왜 이것이 염증성인지, 습관을 해소하는 방법, 더 나은 항염증성 습관으로 대체하는 법은 무엇인지 알려줄 것이다. 실제로도 염증성 습관을 제거해서 큰 효과를 본 환자가 많다. 다음은 우리가 목표로 삼을 제거해야 할 생활습관의 간단한 목록이다.

1. 장시간 앉아 있기(161쪽)

2. 스크린 과다노출(170쪽)

3. 독소 노출(곰팡이 포함)(180쪽)

4. 부정적 사고(190쪽)

5. 몽키 마인드 (199쪽)

6. 정서적 식습관(206쪽)

7. 사회적 고립 또는 소셜미디어 중독(214쪽)

8. 상위목적 결여(221쪽)

지금부터 시작될 항염증성 인생

이제 4주 또는 8주 동안의 염증 제거를 시작할 순간이다. 막 시작하고 나면 두통이나 소화력 변화 등 해독 증상이 나타날 수 있지만 며칠 내에 곧 사라질 것이며, 그러고 나면 활력이 넘치고 머리가 맑아지며 환상적인 기분이 들 것이다. 2가지 단계 모두 시작은 같다. 다음에 나열된 사전 준비 단계를 마친 다음 1주차로 이동하자. 코어4 단계를 수행 중이라면 4주차까지 진행한 후 다음 파트로 넘어간다. 제거8 단계를 진행하는 사람은 8주차까지 모두 마치도록 한다.

PART 5. 준비_ 염증 완화 및 치유

식단 계획

다음 식단 계획은 코어4 단계 레시피(228쪽부터)와 제거8 단계 레시피(262쪽부터)를 활용한 예시이다. 흐름을 파악하기 위해서 1주차 식단을 여기 적힌 그대로 따르거나, 4주 또는 8주 동안 똑같은 식단을 유지해도 좋다. 수정 활용 방안을 따라도 상관없고 자신의 식품 목록을 고수하면서 제거 식품을 배제하기만 한다면 이 예시를 완전히 무시하고 원하는 대로 먹을 수도 있다. 이 식단 계획은 성공적으로 먹는 법을 보여주는 일종의 예시로 영감을 주기 위한 것이다.

식단 계획표에서는 코어4 단계 또는 제거8 단계의 식품 목록에 맞는 권장 아침 식사와 점심 식사, 간식, 저녁 식사를 확인할 수 있다.

또한 코어4 단계 사람들은 제거8 단계의 레시피도 활용할 수 있다는 점을 기억하자. 오전 중에 마실 수 있는 특별한 건강회복음료도 소개한다. 항염증 작용을 하는 다양한 주스와 스무디, 차, 강장제에 약용 성분(강장 성분이 있는 허브나 슈퍼푸드 등)이 함유돼 있으므로 원하는 강장 재료로 바꾸어 만들어도 좋다. 303쪽부터 소개하는 레시피를 살펴보자. 일부는 부신이나 갑상선, 피부 문제 등 특정 시스템을 중점적으로 다루지만 기본적으로 어떤 단계를 따르는 사람이건 가장 염증이 강한 부위가 어디이건 상관없이 모두에게 잘 맞는다.

코어4 단계 식단 계획

	아침 식사	건강회복음료	점심 식사	간식	저녁 식사
월요일	코코넛땅콩호박 포리지(228쪽)	트로피컬 스파이스주스 (303쪽)	코코넛커리와 콜리플라워 라이스(240쪽)	초콜릿코코넛 헴프에너지볼 (257쪽)	페스토를 채운 닭가슴살과 토마토소스 (248쪽)
화요일	후무스브렉퍼스트볼(230쪽)	항염증 터메릭 밀크(골든밀크) (310쪽)	훈제연어 샐러드(241쪽)	바삭한 병아리콩로스트 (258쪽)	소고기 쌀국수(252쪽)
수요일	버섯채소 해시와 선샤인달걀 (233쪽)	안티에이징 블루그린라테 (309쪽)	소시지와 땅콩호 박면(236쪽)	주키니후무스 오이롤(260쪽)	뿌리채소커리 (251쪽)
목요일	고구마해시 (234쪽)	블루베리블래스트주스(304쪽)	망고참치샐러드 팝오버(238쪽)	매콤한 견과류크랜베리 (256쪽)	콜리플라워 호두타코 (246쪽)
금요일	견과류코코넛 그래놀라 (232쪽)	위장 회복 스무디(306쪽)	케일샐러드와 땅콩드레싱 (237쪽)	콜리플라워 플랫브레드 (255쪽)	녹색채소를 곁들인 연어구이 (250쪽)
토요일	멕시칸아보카도 베이크드에그 (231쪽)	부신 균형 아이스티 (306쪽)	월도프샐러드랩 (243쪽)	과카몰리를 채운 파프리카 (259쪽)	생강마늘새우 양배추볶음 (247쪽)
일요일	비곡물 팬케이크 (229쪽)	조절T세포 자극 스무디(308쪽)	고구마BLT 샌드위치(242쪽)	버팔로치킨딥 (254쪽)	고구마나초 (245쪽)

제거8 단계 식단 계획

	아침 식사	건강회복음료	점심 식사	간식	저녁 식사
월요일	파워그린스무디 (265쪽)	그린퀸주스 (304쪽)	레몬생선수프 (274쪽)	채소롤과 랜치 드레싱(293쪽)	닭고기채소 볶음면(282쪽)
화요일	방울양배추연어 구이(263쪽)	항염증 터메릭 밀크(골든밀크) (310쪽)	닭고기주키니면 수프(273쪽)	훈제연어오이 카나페(전날 준비, 차갑게 보관) (295쪽)	코코넛생강호박 수프(285쪽)
수요일	고구마대추 야자스무디 (270쪽)	안티에이징 블루그린라테 (309쪽)	새우크로켓과 코울슬로 (276쪽)	3가지 프로슈토칩 (298쪽)	올리브포도 소고기구이 (291쪽)
목요일	스테이크와 고구마해시 브라운(262쪽)	갑상선 강화 스무디(307쪽)	콜리플라워 브로콜리 타불리(272쪽)	채소피클 (전날 준비, 24시 간 차갑게 보관) (299쪽)	타라곤관자 구이와 아스파라거스 샐러드(284쪽)
금요일	새우 오크라볶음과 콜리플라워 그리츠(266쪽)	위장 회복 스무디(306쪽)	스테이크 당근국수와 치미추리소스 (279쪽)	무화과올리브 타프나드 (296쪽)	생선구이와 지카마타코 (286쪽)
토요일	콜리플라워 구이와 버섯 양파스크램블 (264쪽)	회춘 셀러리주스 (305쪽)	채소 아보카도 코코넛랩 (280쪽)	이탈리안미트볼 (전날 준비, 당일 조리)(300쪽)	가자미구이와 콜라비당근 사과슬로 (290쪽)
일요일	소시지사과구이 (268쪽)	조절T세포 자극 스무디(308쪽)	연어비트 펜넬샐러드 (275쪽)	레몬파스닙구이 (297쪽)	소고기버거와 적양배추 (288쪽)

사전 준비 단계

매주 시작하기 전에 다음 8가지를 사전에 준비한다.

1. 식단 계획 및 228쪽부터 소개하는 레시피를 참고해 영감을 얻는다.
2. 이번 주에 만들고 싶은 메뉴를 선택한다. 어떤 음식이 허용 범위에 있는지 확신하기 힘들면 이 파트의 시작 부분인 136쪽으로 돌아가서 식품 목록을 검토한다.
3. 비어 있는 식단 계획표에 선택한 1주 동안의 음식을 기입한다.
4. 장을 보러 가서 1주 동안 필요한 모든 것을 구입한다.
5. 이번 주의 주요 염증 습관을 확인하고 버려야 할 습관인지 결정한다.
6. 도구상자(85쪽부터 시작)를 참고해서 이번 주에 사용할 도구를 결정한다.
7. 올바른 마음가짐을 갖춘다. 이미 준비가 되었고 해낼 수 있을 것이라고 다짐한다.
8. 매번 새로운 주를 시작하기 전에 이 과정을 반복한다.

1주차

시작하기 전에 사전 준비를 마친다(157쪽 참고).

기본 일상

- 기상하자마자 몇 분간 고요하게 앉아서 심호흡을 하며 만트라를 생각한다(85쪽부터 시작되는 도구상자 참고). 하루를 준비한다. 가능하다면

10~15분간 명상을 하기에도 좋은 시간이다. 바로 시작하자.

• 계획한 아침 식사를 하고, 출근을 한다면 배가 고파서 계획에서 벗어날 유혹에 빠지는 일이 없도록 점심 식사와 간식을 미리 챙긴다.

• 도구상자(85쪽부터 시작)에서 오늘 사용할 도구를 결정한다.

• 곧 내 것이 될 활기찬 건강과 새로운 음식의 신선함, 흥분감에 집중하면서 미리 계획한 점심 식사와 간식, 저녁 식사를 한다.

• 1주일 중 거의 모든 날에 체계적인 운동 또는 걷기 등으로 약 30분간 움직이는 시간을 가진다. 땀이 날 정도로 운동을 하는 것이 목표지만, 움직이는 것에 익숙하지 않다면 가볍게 시작해서 조금씩 목표에 맞춰가자.

• 이번 주에 집중할 염증성 습관을 대체할 행동을 하나 수행한다.

• 자기 전에 만트라를 반복하고 오늘 하루를 되새긴다. 하고 싶거나 필요하다고 느껴지면 지금 또한 10~15분간 명상을 하기에 좋은 시간이다.

1주차 식단

	아침 식사	건강회복음료	점심 식사	간식	저녁 식사
월요일					
화요일					
수요일					
목요일					
금요일					
토요일					
일요일					

주간 활력 조언

아마 이번 주에는 상당히 의욕이 넘칠 것이다. 뭔가를 처음 시작할 때면 대부분이 그렇다. 어쩌면 약간 긴장될 수도 있다. 내가 해낼 수 있을까? 성공할 수 있을까? 물론 해낼 수 있고, 성공할 수도 있다. 제거 프로그램은 과거에 시도한 다이어트와는 여러 면에서 다르다. 옛날에는 체중 감량에 집중했을지도 모르지만 이번에는 체중 감량(필요한 상황이라면)은 실천에 대한 보상 중 하나일 뿐이다. 여기서는 나에게 이로운 음식과 염증을 일으키는 음식을 알아내는 것이 목적이며, 제거 프로그램은 바로 그 점을 알아내는 수단이다. 더욱 건강하고 강력하며 활력 넘치게 될 비책이다.

이제 우리 신체가 다시금 제대로 기능하면서 내가 먹는 것, 살아가는 방식에 어떻게 반응하는지 더 정확한 신호를 보내올 수 있도록 만들기 위해서 몸을 재가동할 것이다. 이번 주는 몸이 하는 말을 듣기 시작할 수 있는 기회다. 매일 식사를 하고 난 후, 운동하고 난 후, 야외에서 또는 사랑하는 사람과 함께 시간을 보내고 난 후 상태가 어떤지 주의를 기울이자. 몸이 나에게 말을 하게 만들자. 문을 활짝 열자. 이는 아름다운 우정의 시작이다. 앞으로 더 쉽고 자연스럽게 느껴질 테니 처음에는 힘들다 하더라도 낙담하지 말자. 나 자신을 위하는 새롭고 좋은 일이 다 그렇듯이, 처음에는 낯설거나 조금 불편하더라도 본인이 하는 일이 나 자신은 물론 나에게 의지하고 나를 사랑하는 모든 이의 건강과 인생을 더 나아지게 만들 것이라는 점을 상기하자.

이 주의 사치: 삼림욕

이번 주에는 나 자신을 위해 특별한 일을 하자. 숲이 우거진 곳으로 산책을 나가는 것이다. 복장만 적절하게 갖춘다면 어느 계절이든 할 수 있는 일이다. 숲속에서의 산책 효과는 이미 입증된 바 있다. 연구 결과에 따르면 삼림욕은 스트레스와 불안감을 감소시키고 활력을 증가시키며 신체의 자연살생 세포가 활발하게 움직이게 만드는데, 이는 면역체계가 활성화된다는 신호다. 나무에서 방출되는 에센셜오일이 면역력을 강화시킨다는 이론도 있다. 삼림욕은 긴장을 풀고 나 자신의 자연스러운 리듬을 접하게 만든다. 혼자 걷기를 즐기는 편이고 안전하게 다닐 수 있다면 혼자 걸어도 좋다. 또는 강아지나 친구와 함께 걸어보자. 누군가와 함께 산책을 나간다면 대화를 너무 많이 나누지 않도록 해야 한다. 걷기 명상이라고 생각하는 것이 좋다. 심호흡을 하고 주변의 색깔과 모양, 공기의 느낌, 나무의 질감, 야생 환경에 집중하자. 자연이 우리에게 마법을 걸게 만들자.

염증성 습관 1: 장시간 앉아 있기

인간의 신체는 하루 종일 앉아 있도록 설계되지 않았다. 걷고 뛰고 들어올리고 나르고 수영하기 위한 것이다. 쪼그려 앉거나 차라리 바닥에 앉는 것이 의자에 앉는 것보다는 몸에 더 이롭다. 당연히 어느 정도는 앉아서 시간을 보내야 하겠지만, 지금부터 그 시간을 줄여보자. 바로 차이를 느낄 수 있을 것이다.

(당분간) 끊어야 하는 이유

'앉아 있기는 흡연이나 마찬가지'라는 말을 들어본 적이 있을 것이다. 약간의 과장이 섞여 있지만, 앉아 있는 것이 건강에 좋지 않다는 데에는 의심의 여지가 없다. 앉아 있으면 근육이 이완되고 혈액이 효율적으로 펌프질을 하지 못한다. 즉 심장으로 가는 혈액이 줄어들고 혈압이 높아지며 지방과 노폐물이 효율적으로 제거되지 못한다는 뜻이다. 또한 오래 앉아 있는 것은 인슐린 저항성, 결장암과 유방암을 포함한 암 발생 위험도 상승, 근육 위축, 순환의 문제, 목과 등의 긴장, 심지어 조기 사망과도 연관을 보인다.[2] 또한 서 있으면 앉아 있을 때보다 칼로리를 30% 더 많이 소모하므로 다른 노력 없이 앉아 있는 시간을 줄이기만 해도 체중이 약간 감소한다.

끊는 방법

다음 조언을 참고해서 활동 시간을 늘리고 앉아 있는 시간을 점차적으로 줄여나가자.

• 스스로에게 상기시킨다. 책상이나 차 안, 텔레비전 앞 등에 오랫동안 앉아 있을 때면 시계나 핸드폰, 컴퓨터 등에 알림을 설정해서 매 시간당 5~10분 정도 일어나 걸어 다닐 수 있도록 하자. 일하는 시간이 줄어들 것을 걱정하지 말자. 움직이면 자극이 돼서 앉아 있지 않는 시간을 보충할 수 있을 정도로 업무의 효율이 좋아진다.

• 일어선다. 근무할 때는 입식 책상을 마련해서(또는 가지고 있는 집기로 입식 환경을 구축해서) 어느 정도 서서 일할 수 있도록 한다. 회사에 따라 직원 복지로 입식 책상 설치 비용을 보조해주는 곳도 있다.

- 멀티태스킹을 한다. 집에서 텔레비전을 볼 때도 세탁물을 개거나 뭔가를 정리하거나 윗몸 일으키기, 다리 들어올리기, 기본 요가 자세 등 계속해서 움직여야 하는 일을 찾아보자. 최소한 광고 시간만이라도 멍하니 화면을 바라보기보다 일어나서 걸어 다니는 것이 좋다.
- 이동 중 휴식을 취한다. 장거리를 운전할 때는 매 시간 최소 몇 분 정도 멈춰서 쉬도록 한다. 기차나 비행기에서도 일어나서 걸어 다니거나 최소 1시간에 1번씩은 일어나서 스트레칭을 한다.

대체 행동

서 있을 수 있을 때는 절대 앉지 않는다. 걸을 수 있을 때는 절대 서 있지 않는다. 일상 속에서 활동하는 시간을 늘리면 늘릴수록 앉아 있는 시간이 줄어든다. 물론 앉아 있어야 하는 경우도 있겠지만 꼭 필요하지 않을 때면 일어서거나 움직일 수 있도록 스스로를 독려하자.

추가 활동

하루 종일 자연스럽게 더 많이 움직일수록 심신이 훨씬 원활하게 움직인다. 피트니스 센터를 즐기는 편이라면 다시 다니기 시작할 것을 추천하지만, 취향에 맞지 않는다면 굳이 그럴 필요는 없다. 매일 걷기만 해도 큰 차이가 생겨난다.

- 걷기는 아주 좋은 활동이다. 우리는 걷기 위해 만들어졌다. 주변이나 공원을 산책하거나 하이킹을 떠나자. 날씨가 춥거나 비가 오면 쇼핑몰이나 마트, 박물관 등을 거닐 수도 있다. 친구를 만날 때도 커피를 마시거나 식

사를 하는 대신 함께 걸어보자(커피를 포장해서 들고 걷는 것도 좋다). 빨리 걸을 필요는 없다. 가능한 수준에서 몸을 움직이며 순환을 시켜보자. 걸을 때 지면에 닿는 충격이 문제가 된다면 수영장에서 걷도록 한다.

- 반려동물과 산책은 걷기에 좋은 기회다. 강아지와 함께 산책을 해보자.
- 자전거를 타거나 스피닝 클래스를 듣는다.
- 아이들과 함께 트위스터, 깃발 잡기, 술래잡기 등 활동적인 놀이를 해보자.
- 테니스, 골프, 주짓수, 피클볼(진짜 있는 스포츠다) 등등 평소 해보고 싶었던 운동을 하는 스포츠팀이나 레슨 등에 참가해보자.
- 자선 걷기 대회, 5km 마라톤, 철인 3종 경기 등 경쟁적인 분위기의 운동 대회에 참석해보자. 선수 수준으로 운동을 할 필요는 없다. 수준에 상관없이 참가할 수 있는 대회가 있다.

1주차가 지난 후의 상태는? 상태가 달라진 것이 느껴지는지, 해독 증상이 있거나 예전의 증상이 사라지기 시작하는지 살펴보자.

_____

_____

_____

_____

_____

2주차

시작하기 전에 사전 준비를 마친다(157쪽 참고).

기본 일상

- 기상하자마자 몇 분간 고요하게 앉아서 심호흡을 하며 만트라에 대해 생각한다(85쪽부터 시작되는 도구상자 참고). 하루를 준비한다. 가능하다면 10~15분간 명상을 하기에도 좋은 시간이다. 습관이 되려면 몇 주가 걸리므로 아직 아침 의식이 몸에 배지 않았겠지만 전보다는 자연스럽게 느껴질 것이다.

- 아침 식사를 한다. 점심 식사와 간식을 챙긴다. 주방에 허용된 식품이 채워져 있고 제거해야 할 식품은 시야에 걸리지 않는 상태인지 확인한다.

- 도구상자(85쪽부터 시작)에서 오늘 사용할 도구 1가지를 결정한다. 도구는 지속적으로 사용할수록 염증과 증상이 더 빠르고 효과적으로 줄어든다.

- 미리 계획한 점심 식사와 간식, 저녁 식사를 맛있게 먹는다.

- 1주일 중 거의 모든 날에 체계적인 운동 또는 걷기 등으로 약 30분간 움직이는 시간을 가진다. 더 오래 움직이고 싶다면 그래도 상관없다. 유산소 운동과 웨이트 모두 염증을 줄이고 신경 경로를 강화하는 데에 도움을 주는 두뇌유래신경영양인자BDNF 생성에 좋은 영향을 미친다.

- 이번 주에 집중할 염증성 습관을 대체할 행동을 1가지 수행한다. 이러한 염증성 습관은 끊으려고 노력하면 할수록 매일 조금씩 더 배제하기 쉬워질 것이다.

- 자기 전에 만트라를 반복하고 오늘 하루를 되새긴다. 하고 싶거나 필요하

다고 느껴진다면 지금 또한 10~15분간 명상을 하기에 좋은 시간이다. 이 밤중 의식을 치르고 나면 잠이 더 잘 오기 시작할 것이다.

주간 활력 조언

이번 주는 1주차를 무사히 마쳐서 아주 뿌듯할 수도 있지만, 음식에 대한 갈망이 심해지거나 프로그램을 때려치우고 싶은 기분이 들 수도 있다. 고작 2주차가 되었을 뿐인데 치즈나 초콜릿, 멍하게 스크린을 응시하는 시간 등 그간 좋아했던 것들과 영원히 헤어진 듯한 기분이 들지도 모른다. 하지만 이런 기분은 일시적일 뿐이며 곧 지나갈 것이다. 만일 계획에서 벗어난다면 처음부터 다시 시작해야 한다는 것을 잊지 말자. 이미 시작한 1주차가 무산되는 것은 아까운 일이다! 다음 주가 되면 이 모든 일이 훨씬 쉽고 자연스럽게 느껴질 테니 강인하게 버티자.

이번 주를 무사히 넘길 수 있도록 영적인 일을 시도해보자. 일부 연구에 따르면 정기적으로 종교 의식에 참석하는 사람이 더 오래 사는 경향이 있다고 한다. 그 원인은 인터루킨6IL-6일 수도 있다. IL-6 수치 증가는 질병 증가와 연관성을 보이는데, 한 연구에 따르면 교회에 나가는 사람은 IL-6 수치가 증가할 가능성이 절반에 불과하다.[3] 종교 공동체로 인한 사회적 지지 덕분일지도 모르지만 다른 요인이 있을 수도 있다. 또 다른 연구에 따르면 종교적 웰빙 감각을 느끼는 사람은 만성통증이 있다 하더라도 삶의 질이 더 낫고, 통증 관리에 기도를 활용하는 종교인도 많다.[4] 질병에서 회복하기 위한 종교적 행동의 이점을 조사한 연구도 있다. 그게 무엇이든 본인의 삶에 더 큰 의미를 부여하는 대상은 본인의 신체 및 정신적 건강에 긍정적인 영향을 미친

2주차 식단

	아침 식사	건강회복음료	점심 식사	간식	저녁 식사
월요일					
화요일					
수요일					
목요일					
금요일					
토요일					
일요일					

PART 5. 준비_ 염증 완화 및 치유

다는 사실이 입증되었으므로, 어떤 영적인 노력이든 우리가 판에 박힌 일상에 덜 집중하고 자신에게 의미가 있는 상위목적에 집중하도록 도움을 줄 것이다.

종교가 있다면 신앙을 따르는 활동을 늘려보자. 즉 매일 아침 또는 저녁에 기도 시간을 가지거나(둘 다 항염증 활동이니 명상 대신 기도를 해도 좋다.) 정적인 요가 등 나 자신보다 더 위대한 무언가와 이어져 있다는 감각이 느껴지는 또 다른 의식을 하자. 종교가 없는 사람에게도 도움이 된다. 나 자신을 상위목적이나 더 높은 힘에 대한 감각, 삶에 대한 기본적인 경외심과 이어지게 만드는 그런 의식을 삶에 새롭게 도입해보자. 다음은 몇 가지 예시다.

- 영적인 시도를 한다. 여러 종교 기관을 방문해서 어떤 종교인지 확인하자. 그중에 내 영혼을 건드리는 것이 있을지도 모른다. 매주 토요일 또는 일요일에 예배를 드리거나 명상 센터를 방문하고 싶어질 수도 있다. 자연을 접하는 것도 강력한 영적 경험이 될 수 있다. 영적인 경험을 하기 위해 꼭 특정 종교에 귀의해야 하는 것은 아니다.
- 명상을 한다. 아직 매일 아침 또는 저녁에 명상을 하지 않았다면 이번 주에 한번 시도해보자. 기분이 어떻게 변하는지 관찰하자. 또는 그 시간에 기도를 하자. 반드시 특정 신념을 가지거나 더 높은 힘의 본질을 이해하거나 알아야만 할 수 있는 일은 아니다.
- 다도 의식을 한다. 너무 뚜렷하게 종교적이지 않은 일을 하고 싶다면 식단 계획에 선택 사항으로 들어가 있는 오전 중의 건강회복음료나 치료용 음료를 준비하는 것을 고요한 마음챙김 명상 삼아 아침 의식으로 만들자.

그리고 전체적인 경험에 집중하려고 애쓰면서 천천히 마신다. 침실 문에 '방해 금지' 표지판을 걸어야 한다면 그래도 좋다. (건강회복음료 레시피는 303쪽 참고)

- 에센셜오일을 활용한다. 에센셜오일 디퓨저 근처에 5분간 앉아 있거나, 안정감과 충족감을 주는 에센셜오일의 향을 맡는다. 스트레스 수준을 낮추는 효과가 있는 것으로는 감귤류를 혼합한 향이나 베르가모트 등이 있지만 좋아하는 향이라면 무엇이든 상관없다. 클라리세이지는 호르몬으로 인한 기분 변화에 효과가 있다. 유향, 삼나무, 장미도 명상이나 영적인 사색에 좋은 오일이다.

- 제단을 만든다. 선반이나 작은 책상 또는 테이블, 방 구석 등 작은 공간을 확보한다. 그리고 특별한 느낌이 드는 스카프나 숄 등의 천을 깔고 기념품, 사진, 크리스털, 양초, 꽃 등 삶 속의 좋은 것들과 연관돼 있다고 느껴지거나 평온함과 행복감을 주는 의미 있는 물건으로 장식한다. 매일 몇 분씩 제단 앞에 고요히 앉아서 그곳에 놓인 물건과 이것이 내 삶에서 무엇을 상징하는지에 대해 사색한다.

- 접지接地한다. 매일 5분의 시간을 내서 하던 일을 멈추고 신발을 벗고 잔디나 모래, 흙 위를 걷는다. 이것을 접지라고 하는데, 심신을 진정시키는 효과가 있는 것으로 드러났다. 아마 흙 표면 전자와의 직접적인 물리적 접촉 때문일 것이다.[5] 흙 표면의 전자 얘기는 제쳐두더라도 지구와의 이런 직접적인 접촉은 영적인 경험으로 느껴질 수 있으며, 우리가 어디에서 왔는지 되새기는 데 도움이 된다.

- 자원봉사를 한다. 타인을 도우면서 상위목적에 닿는 기분을 강하게 느끼

는 사람도 있다. 자원봉사를 하면 더 오래 살고 건강이 좋아지며 삶의 만족도가 높아진다는 연구 결과도 있다.[6] 길고양이를 돌보거나 초등학생에게 책을 읽어주는 것처럼 간단한 활동도 있고, 새로운 직업을 얻을 수 있는 기초를 마련하는 것처럼 복잡한 활동도 좋다. 꼭 공식적인 자원봉사여야 할 필요는 없다. 이웃집 노인이나 친척을 방문하거나 집에 어려운 일이 있는 사람에게 음식을 가져다주고 지역의 푸드뱅크에 기부를 할 수도 있다.

이 주의 사치: 마사지

마사지는 사치스러운 일처럼 보이지만, 특히 관절이나 근육 및 결합 조직에 문제가 있거나 해독 중인 사람에게는 필수적인 활동이다. 마사지는 긴장된 근육을 이완시키고 마음을 진정시키며 혈액 순환을 증가시켜서 느려진 림프계 활동을 촉진하여 노폐물을 강력하게 제거할 수 있도록 돕는다. 염증 수치가 줄어들면 몸이 해독을 더 빠르게 하기 시작하는데, 마사지가 이러한 과정을 돕는다. 정기적으로 방문하는 마사지 가게가 있다면 이번 주에 예약하자. 가던 곳이 없다면 주변에 무료 또는 할인가에 새로운 마사지사나 스파를 경험할 수 있는 곳, 견습 마사지사라서 비교적 가격이 저렴한 곳을 찾아보자. 아니면 사랑하는 이에게 마사지를 받자. 역동적인 심부 조직의 자극을 즐기는 사람이 아니라면 굳이 강도 높고 고통스러운 마사지를 해야 할 필요는 없다. 등과 팔, 다리를 부드럽게 쓰다듬기만 해도 혈액 순환이 촉진되고 노폐물 제거 과정을 유지하는 데 도움이 된다. 이번 주 내내 (아니면 영원히?) 마사지를 부탁할 수 있는 누군가가 있다면 훨씬 좋을 것이다.

염증성 습관 2: 스크린 과다노출

스마트폰이나 태블릿, 컴퓨터로 많은 시간을 보내는 사람, 텔레비전을 많이 보는 사람, 열렬한 게이머라면 특히 퇴치하기 어려운 습관이다. 거의 모든 레스토랑은 물론 피트니스 센터나 병원 대기실에 이르기까지 온갖 공공장소에 텔레비전이 존재하는 요즘 같은 세상 풍토 또한 이 습관을 버리는 데 도움이 되지 않는다. 최근 추정치에 따르면 미국 성인은 매일 평균 10시간 이상 스크린을 응시한다고 한다![7] 스크린 중독은 우리를 해친다. 집중력을 떨어뜨리고, 아이들의 경우 두뇌에 치명적인 영향을 미칠 수도 있다. 우리와 우리 아이들을 위해서 바로 지금부터 스크린 타임을 관찰하고 조절하도록 하자.

(당분간) 끊어야 하는 이유

안타깝게도 현실적으로 스크린 중독은 잠재적으로 뇌를 손상시킬 가능성이 있다. 여러 연구가 인터넷이나 게임에 중독된 사람의 경우 실제로 뇌 위축 증상이, 특히 충동 조절이나 상실에 대한 민감성, 타인에 대한 공감 능력을 담당하는 두뇌 영역에서 증상이 나타난다는 사실을 입증하고 있다.[8] 또한 스크린 중독은 뇌와 신체의 소통을 제어하는 영역을 손상시켜서 약물 중독자와 비슷한 뇌의 변화를 보이기도 한다.[9] 과도한 텔레비전 시청은 당뇨병, 심장병, 조기 사망 위험 증가 등 너무 오래 앉아 있을 때와 비슷한 건강 문제와 연관성을 보인다.[10] 눈 경련과 피로를 유발하는 컴퓨터시각증후군도 있으며,[11] 어린이에게는 시력장애를 가져오고[12] 실제로 거북목증후군이나 휴대전화엘보cellphone elbow 같은 이름의 정형외과적 문제를 일으키기도 한다.[13] 그렇다, 이는 실존하는 문제다.

세상과 직접 상호작용을 할 때 뇌와 신체를 사용하는 방식과 스크린을 응시할 때의 그것이 얼마나 다른지 생각해보면 납득이 간다. 스크린을 응시하는 것은 대면 의사소통을 해야 한다는 압박도, 필요도 없으며 실제 책을 읽는 데에 필요한 지적 능력마저도 필요 없는 수동적 또는 상호작용적인 행위다. 또한 스크린은 지속적으로 집중하지 않아도 바이트화된 정보를 제공하는 편이다. 그들은 빛을 내뿜고 소리를 내며 화려한 색상을 자랑한다. 지루하고 오래된 종잇조각이나 타인과의 대화에 비해서 쉽게 주의를 끈다. 어떤 주제이든 집중해서 많은 시간을 할애하지 않고 피상적인 정보만 훑어볼 수 있다. 일부 연구에 따르면 이 습관 때문에 집중하고 주의를 기울이며 주목하는 것을 더 어렵게 만드는 식으로 두뇌가 재배치될 가능성이 있다.[14] 결과적으로 이러한 능력을 잃게 되거나 심지어 깊은 지적 사고를 하는 능력이 떨어질지도 모른다. 해결책은 무엇일까? 스크린에서 멀어지는 것이다.

끊는 방법

이미 머릿속에 변명거리가 떠오르고 있을 것이다. 컴퓨터로 일을 해야만 한다거나 아이들이 오로지 문자메시지에만 대답을 하기 때문에 스마트폰으로 소통해야 한다거나? 아니면 좋아하는 텔레비전 프로그램을 절대 놓칠 수 없다거나? 스크린을 100% 없애버리지는 않을 테니 텔레비전을 팔거나 직장을 그만두지는 말자. 과도한 스크린 응시 시간을 규제하고 제한하기 시작하면 나에게 진정한 즐거움을 주면서 필요한 활동을 양보하지 않고도 기분이 좋아질 거라고 보장한다. 오늘 당장 스크린을 쳐다보는 시간을 줄일 수 있을지 살펴보자.

- 일이 끝난 후에는 인터넷 서핑을 하고 싶은 충동을 억제하자. 모니터를 끄고 다른 작업을 하자.

- 이메일을 얼마나 자주 확인하는지 알아보자. 메일 확인에 소요되는 시간을 줄일 수 있을까? 아니면 모든 문자 또는 이메일 알림에 매번 즉각 반응하는 대신 하루에 몇 번 정해진 시간에 몰아서 체크할 수 있지 않을까?

- 오늘 밤에는 혼자, 또는 온 가족이 함께 TV를 보거나 비디오 게임을 하는 대신 모니터 화면과 전혀 상관없이 즐길 수 있는 놀거리를 찾아보자. (스크린을 보지 않고) 레스토랑에서 외식을 하는 건 어떨까? 보드게임을 하는 건? 함께 산책을 하거나 자전거를 타볼까? 지인을 초대하는 것도 좋다. 모두 휴대전화를 집에 두고 외출을 해보자. 극단적으로 보이기는 하지만 내가 직접 해봐서 보장할 수 있다. 가능한 일이다! 나는 가족에게 제대로 집중할 수 있도록 인생에서 스크린을 배제하는 시간을 늘리기 위해 애써 노력했다.

지금 당장은 어려울 수 있지만 스크린을 응시하는 시간을 조금씩 줄이다 보면 차이가 느껴질 것이다. 우리 환자들 중에는 스크린에서 멀어진 후 세상과 주변 가까이에 실존하는 사람을 훨씬 자주 직접적으로 접하기 시작하면서 깊은 웰빙 감각을 느끼게 되었다고 말하는 이가 많다.

대체 행동

지금이 그동안 조금 녹슬었을 수도 있는 세상과 직접 상호작용하는 기술을 키울 기회다. 전자기기가 아닌 우리 삶에 실존하는 사람과 사물, 장소를 직접 바라보자.

추가 활동

스크린 중심이 아닌 신선한 활동을 생각해보자. 다음 예시를 참고한다.

• 자연 속에서 시간을 보낸다. 자연 공간에서 보내는 시간만큼 눈과 뇌, 신체를 치유하는 일도 없다. 오늘은 공원에서 산책을 하거나 하이킹을 떠나거나 근교로 당일치기 여행을 떠나보자. 휴대전화를 두고 나갈 수 없다면 최소한 자동차 글러브박스에 넣어두거나 가방, 주머니에 넣은 다음 꺼내서 쳐다보고 싶은 충동을 억제해보자.

• 앞에 있는 사람과 상호작용을 한다. 아이들과 직접 대화를 나누자. 휴대전화를 집어넣고 친구와 만나 커피를 마시자. 직장 사람들과 함께 걸으며 해야 할 말을 문자나 메일 대신 직접 건네보자. 눈을 마주치며 미소를 짓자. 상대방의 반응을 인지하자. 처음에는 어색하게 느껴질 수도 있지만 할수록 자연스러워질 것이다. (생각해보면 원래 다들 이런 식으로 소통을 했다.)

• 극장에 가거나 공연, 콘서트 등에 참석하자. 연극이나 콘서트를 보는 것은 영화나 뮤직비디오를 보는 것과는 완전히 다른 느낌을 준다. 처음에는 힘들지도 모르지만 뇌에 좋은 영향을 미친다. 오늘 볼 수 있는 공연에는 어떤 것이 있을까? 야외 공연이거나 휴대전화로 영상을 찍거나 소셜미디어에 게시하지 않는다면 더욱 좋다.

• 실내라도 좋으니까 주변을 거닐면서 모든 감각을 동원해보자. 무엇이 보이고, 들리고, 맡아지고, 느껴지는가? 휴대전화로 뭔가를 찾아보거나 소셜미디어에 게시하고 싶은 충동이 느껴지는지 확인하고, 그 충동을 극복하

려고 애써보자.

- 텔레비전, 휴대전화 등 모든 스크린을 일체 보지 않은 채로 식사를 처음부터 끝까지 마쳐보자. 대신 차려진 음식, 함께 있는 사람들에게 집중하자. 음식에 주의를 기울이면 먹는 양이 줄어들고 훨씬 나은 음식을 고르게 될 것이다.

2주차가 지난 후의 상태는? 진행 상태를 기록하자. 상태가 나아지고 있는가? 아직 해독 증상이 일부 남아 있는가? 어떤 변화가 있는가?

_____

_____

_____

_____

3주차
시작하기 전에 사전 준비를 마친다(157쪽 참고).

기본 일상

- 아직 아침 명상이 습관이 되지 않았는가? 조용히 앉아서 5분 동안 호흡을 하는 것만으로도 강력한 효과가 있다. 오늘의 만트라를 반복하는 것을 잊지 말자.

- 계획한 아침 식사를 하고 점심 식사와 간식을 챙긴다. 규칙에 맞기만 하면 매일 같은 메뉴를 먹어도 상관없다.
- 이번 주에는 도구상자의 도구를 최소 2가지 또는 지난주보다 1가지 더 선택하자. 시간 여유가 많은 주말이 더 실천하기 쉽다는 사람도 있으니 본인의 일정에 맞춰서 조정한다. 더 많이 사용할수록 염증이 더 많이 반응할 것이다.
- 계획한 점심 식사, 간식, 저녁 식사를 한다. 아직 새로운 음식에 익숙해지지 않았는가? 내가 '포기한' 음식이 아니라 지금 있는 새로운 음식에 집중하도록 하자. (기억하자, 우리가 배제한 음식은 내 상태를 별로 좋지 않도록 만드는 것들이다!)
- 이번 주에는 7일 중 6일 동안 하루 30분간 땀을 흘릴 수 있는지 확인하자. 염증을 줄이고 기분을 좋게 만들면서 의욕을 유지하는 강력한 방법이다. 또한 근육과 관절, 소화, 해독, 혈당 수치 및 면역체계에도 이롭다.
- 이번 주에 시도할 염증성 습관을 대체할 행동을 1가지 하자. 매일 같은 일을 하든 매일 다른 것을 하든 상관없다.
- 자기 전에 만트라를 반복하고 오늘 하루를 되새긴다. 하고 싶거나 필요하다고 느껴지면 지금 또한 10~15분간 명상을 하기에 좋은 시간이다. 편안한 속도로 마음속으로 조용히 반복한다. 주의가 산만해지면 스스로를 탓하지 말고 그저 다시 만트라에 집중한다.

주간 활력 조언

체중에 대한 얘기를 해보자. 원래 과체중이었다면 지금까지 체중이 조금 감소했을 수 있다. 주기적으로 체중을 측정했다면 이번 주는 재지 않기를 권한다. 지금은 염증을 줄이고 건강해지는 데 집중해야 한다. 그 과정에서 자연스럽게 체중이 감소하는 효과는 있지만 하루 1번, 심지어 1주일에 1번이라도 주기적으로 체중을 재면 체중 감량에 너무 신경이 쏠린 나머지 건강과 웰빙이라는 넓은 관점을 놓칠 수 있다. 지금까지 본 바로는 환자가 일단 체중이 줄어드는 것을 확인하면 체중이 더 줄어들 수 있도록 계획을 미묘하게 변경한다. 식사량을 줄이고 스트레스를 받을 정도로 과도한 운동을 하면서 다시 염증이 증가하기 시작한다. 그러면 현재의 목표에서 벗어나게 된다. 지금은 본인의 식품 불내증과 과민증 존재 여부를 확인할 수 있도록 염증을 줄여야 하는 시기다. 계획을 수정하면 가장 우선해야 하는 이 목표가 흐트러진다.

체중에 집중해야 한다는 부담을 벗어 던지고 내 기분에 초점을 맞추자. 지금 먹는 음식과 하는 행동, 심지어 생각하는 방식마저도 내게 신체적, 정서적, 정신적으로 영향을 미친다. 몸무게가 특정 숫자'여야 한다는' 생각을 버리고 영혼을 자유롭게 고양시키자. 설렘을 느끼자. 내 존재를 위한 일이라고 생각하자. 체중계에 올라가고 싶은 충동이 느껴지면 심호흡을 하고 나 자신을 믿자. 꼭 재고 싶다면 4주나 8주 계획이 끝난 후에 확인할 수 있으니 지금은 체중계를 치우도록 한다.

3주차 식단

	아침 식사	건강회복음료	점심 식사	간식	저녁 식사
월요일					
화요일					
수요일					
목요일					
금요일					
토요일					
일요일					

이 주의 사치: 벽에 다리 올리기 자세

이번 주에는 내가 아는 중 가장 간단하고 회복력이 뛰어난 요가 자세를 하나 시도해보자. 바로 벽에 다리 올리기 자세(정확히는 '거꾸로 동작'이라는 뜻의 비파리타 카라니 viparita karani)다. 우리가 이 제거 여정을 통해 하는 일도 대체로 염증과 건강 문제를 야기한 행동을 거꾸로 되짚어가는 것이므로 은유적으로도 마음에 든다. 신체적인 면에서도 거의 누구나 할 수 있는 역자세다. 믿을 수 없을 정도로 편안하며 주기적으로 하면 스트레스 해소 및 혈액 순환 촉진 면으로 더없이 효과가 좋다. 하는 방법은 다음과 같다.

1. 요가 매트(또는 담요)와 베개 3개를 준비한다. 안대나 수면용 마스크, 다리가 미끄러지지 않도록 고정시키는 요가 벨트나 스카프, 타이머(휴대전화 등)가 있으면 더 좋다.

2. 요가 매트나 담요의 짧은 쪽을 벽에 붙여서 수직이 되도록 놓는다. 머리가 있는 쪽에 베개를 1개 놓고 벽 쪽에 베개 2개를 붙인다.

3. 벽을 옆에 두고 바닥에 앉는다. 다리를 벽에 대고 위쪽으로 뻗으면서 매트나 담요 위에 천천히 누우며 엉덩이를 최대한 벽에 가깝게 댄다. 베개로 몸을 받쳐서 자세를 편안하게 잡는다. 엉덩이 아래 베개를 대는 사람도 있고 어깨나 팔꿈치 아래 베개를 대기도 한다. 몸통은 바닥에, 다리는 똑바로 벽에 세운 채로 'ㄴ'자 모양이 돼야 한다. 양 다리 간격이 최대 30cm를 넘지 않도록 가까이 댄다. 다리가 잘 벌어져서 바닥으로 떨어지려고 하면 허벅지에 요가 벨트나 스카프를 감아서 다리를 고정시킨다. 다리에 힘을 완전히 빼고 세운 자세를 유지해야 한다.

4. 안대나 수면용 마스크를 쓰면 눈을 계속 감고 있는 데에 도움이 된다.

5. 타이머를 10분 또는 15분으로 설정하거나, 특별한 계획이 없을 경우 시간에는 신경을 쓰지 않도록 한다. 눈을 감고 양팔은 손바닥이 위로 오도록 옆으로 뻗은 다음 전신을 이완시키는 데에 집중한다. 천천히, 그리고 깊게 호흡한다.

6. 끝나고 나면 무릎을 천천히 굽히면서 한쪽으로 굴러 벽에서 떨어진다. 기분이 어떤지 살펴본다.

7. 이번 주 동안 매일, 에너지와 집중력을 회복해야 할 때마다 같은 동작을 반복한다.

염증성 습관 3: 독소 노출

우리는 화학 세계 속에 살고 있으며, 불행히도 우리 몸속에는 인체에 이질적인 물질을 일컫는 생체이물生體異物이 존재한다. 신생아조차도 제대혈에 산업용 화학물질과 오염물질이 들어 있을 수 있다.[15] 좋은 소식은 여러 가지 방법을 통해 생활 속에서 화학물질을 제거할 수 있다는 것이다. 전부 없앨 수는 없지만 신체의 제거 시스템에 가해지는 부담을 낮출 수 있을 정도로 노출을 줄이는 방법이 있다.

(당분간) 끊어야 하는 이유

화학오염물질과 생체독소를 '제거하는' 것은 그리 희생적인 일처럼 느껴지지 않는다. 인체 내에 이런 독극물이 존재하는 것을 원하는 사람은 아무도 없을 것이다. 그러나 머리를 감거나 화장을 하고 집을 깨끗이 청소하며, 잔

디밭에서 해충을 몰아내고 코팅된 주방도구를 사용하며 플라스틱 병 속의 물을 마시는 등 우리가 즐겨 하는 행동을 통해서도 어느 정도 독성에 노출될 수 있다. 이러한 오염물질 중 상당수는 천연 호르몬 시스템을 변화시키는 강력한 내분비 교란 물질에 해당한다. 발암 물질이거나 신경성 독소, 혹은 둘 다에 속하는 것이 대부분이다.

끊는 방법

천연 식물성 제품과 무독성 세제를 사용하면서 몸에 휴식을 선사한다. 해독이란 기존에 사용하던 물건과 하던 행동을 바꾸는 과정이므로 단순히 쇼핑을 하는 것 외에 실천이 필요하다. 태도에도 변화를 주어야 한다. 스스로에게 독성 부담을 안기는 인생 속의 많은 습관을 따져본 다음 바꿔볼 수 있을지 생각해본다. 꼭 코팅 조리도구를 사용해야 할까? 무쇠팬이나 스테인리스 스틸팬, 양질의 아보카도오일과 코코넛오일을 사용해본 적이 있는가? 욕실용품과 화장품 등도 살펴보자. 어떤 브랜드를 가장 즐겨 사용하는지, 천연 제품으로 바꿀 의사가 있는지 생각해보자.

실내의 공기질은 어떠한가? 모든 곳에 꼭 방향제를 뿌려야 할 필요가 있을까? 강력한 화학물질로 모든 표면을 살균해야만 할까? 비처방약은 어떨까? 이부프로펜은 꼭 먹어야 하는 약인가? 알레르기약이나 위산억제제를 언제나 지참해야만 하나?(몸이 스스로 정화되고 염증이 가라앉으면 어차피 이들 중 상당수가 불필요해진다.)

또한 편리함과 건강 사이의 비교우위를 생각해보자. 그리고 기꺼이 바꾸고 싶은 마음이 들지 않는 물건이나 행동이 있다면 굳이 바꾸지 말자. 좋아하는 핸드크림이나 프라이팬 등 절대 포기하고 싶지 않은 것이 있을지도 모른다. 그건 그렇다 치더라도 평소 그다지 신경 쓰지 않았던 물건에 대해 생각해보자. 이미 코팅이 벗겨지기 시작한 싸구려 조리도구나 주방에서 쓸 때마다 긴장이 되곤 하는 화학약품, 바르고 얼마 지나지 않아 사라지고 없는 립스틱 같은 것들 말이다. 생각만큼 스스로가 그 독성들에 크게 집착하지 않는다는 사실을 알게 될 것이다. 넉넉한 천연 대체 제품이 우리를 기다리고 있다.

대체 행동

대중적인 수요가 높아지면서 많은 천연 제품을 구입할 수 있게 되었으며, 가정에서도 기초적인 재료만 가지고 만들 수 있는 천연 제품 정보를 쉽게 얻을 수 있다. 현재의 주변 환경을 해독할 수 있는 방법으로는 다음과 같은 것이 있다.

• 코코넛오일은 개인 위생에 쓰기 좋은 훌륭한 재료다. 99개의 문제가 있다면 코코넛오일로 그중 약 72개 정도는 해결할 수 있다. 얼굴을 씻고 양치를 하거나 피부에 수분을 공급하고 머리카락을 촉촉하게 만드는 데에 사용하자(단, 기름진 모습으로 돌아다니고 싶지 않다면 꼼꼼하게 씻어내야 한다).

• 천연 미용 제품과 메이크업 제품 또한 쉽게 구할 수 있다. 글루텐프리에 천연 식물성 재료만 사용한 제품을 찾아보자.

• 식초물 스프레이, 문질러 닦아 청소하기 좋은 베이킹 소다, 유리와 거울을 깨끗하게 만드는 알코올과 물, 목재 세척에 유용한 올리브오일과 코코넛오일 등 이미 주방 찬장 속에 있을 가능성이 높은 단순한 재료를 활용해보

자. 또는 찾는 사람이 계속해서 늘어나면서 쉽게 구할 수 있고 가격 또한 저렴해지고 있는 천연 세정제를 구입하자.

• 식물을 기른다. 건강하게 해충 없이 기를 수 있는 사람이라면 식물을 집안에 들여보자. 천연 공기 정화 효과가 있다. 반려동물이 있다면 침실에 공기청정기를 두는 것도 좋다. 수면 시간이 길 경우 침실 공기가 맑으면 내 몸도 함께 맑아질 것이다.

• 화학 방향제를 사용하지 말자. 에센셜오일 디퓨저를 사용하는 쪽이 훨씬 덜 해롭게 집에서 향긋한 향기가 나게 만들 수 있다.

• 날씨만 허락한다면(꽃가루 알레르기가 있는 사람의 경우 꽃가루가 날리는 계절이 아니라면) 창문을 열어서 실내 공기를 산뜻하게 환기시킨다.

• 천연 소재를 인테리어에 활용한다. 가구나 집안 인테리어를 바꿀 때는 원목이나 대나무, 석재, 양모, 유기농 면화 등의 재료를 찾자. 많이 가공된 물질을 들이면 공기 중에 화학물질이 방출된다.

• HEPA 필터를 장착한 진공 청소기와 보일러를 사용한다. 치유 과정을 느리게 만드는 곰팡이가 집 안에 있지 않은지 검사를 받아보는 것도 좋다.

• 야외에서도 천연 제품을 사용하자. 이제는 잔디 및 정원 관리, 해충 방지 등에 사용하는 제품 생산회사에서도 독성 화학물질 대신 친환경적인 무독성 제품을 사용하는 경우가 늘어나고 있다.

• 터메릭을 섭취하자. 약물은 독성 요소를 처리하고 제거하는 신체 기관인 간에서 많은 시간을 소모한다. 두통이나 생리통이 있을 경우 이부프로펜이나 아세트아미노펜 대신 강력한 천연 항염증제인 터메릭을 사용해보자.[16] 캡슐 제품을 섭취해도 좋고, 향신료로 구입해서 요리에 써도 좋다.

• 생 사과식초를 마신다. 모순적으로 들리겠지만 속쓰림이나 위산 역류가 있다면 제산제나 양성자펌프억제제(위산분비억제PPI)를 바로 꺼내드는 대신 이 시큼한 양념을 1숟갈 마셔보자. 놀라울 정도로 효과가 좋다.

3주차가 지난 후의 상태는? 지금까지 별다른 변화를 느끼지 못했다면 이번 주에는 분명히 변화가 생겼을 것이다. 지금쯤이면 해독 증상이 나아지고 일부 증상이 해소되면서 체중 감량까지 동반되었을지도 모른다. 하지만 기억하자, 우리는 모두 각자의 속도대로 반응한다. 내 상태는 어떠한가?

_____

_____

_____

_____

4주차

시작하기 전에 사전 준비를 마친다(157쪽 참고).

기본 일상

• 이번 주에는 아침 명상이나 기도, 고요하게 보내는 시간을 5분 더 늘릴 수 있는지 살펴보자. 이 습관의 진정한 힘은 매일 빠지지 않고 주기적으로 실천하는 것이다. 하루에 2번, 1시간씩 명상을 하는 사람도 있지만 그럴 만

한 시간이 없는 사람이 더 많을 것이다. 하지만 15분 정도는 아무 생각 없이 핸드폰을 하거나 텔레비전을 보면서 흘려보내기도 하지 않는가? 한번 시도라도 해보자. 오늘의 만트라를 반복하는 것을 잊지 말자. 명상의 일부로 포함시킬 수도 있지만 반드시 그래야 할 필요는 없다. 하루 종일 되새기도록 한다.

- 계획한 아침 식사를 하고 점심 식사와 간식을 챙긴다. 계획에 충실하도록 한다. 우리는 제대로 진전을 보이고 있다!

- 지난주에 이어서 이번 주에도 도구상자에서 최소한 2가지 이상의 도구를 사용한다. 마음에 드는 도구가 생겼다면 좋은 일이지만, 새로운 것을 시도할 수 있을지 시험해보자.

- 계획한 점심 식사와 간식, 저녁 식사를 한다. 매주 먹는 음식 중에서 마음에 드는 것을 발견했는가? 식재료 목록에 맞는 새로운 레시피를 만들어냈는가? 이번 주에는 창의력을 발휘해서 새로운 음식을 만들어보거나, 아직 그런 적이 없다면 식단 계획을 똑같이 따라해보자. 이러한 목표를 가지면 식사에 흥미를 유지하는 데에 도움이 된다.

- 이번 주에도 계속해서 운동을 하자. 명상과 마찬가지로 운동은 규칙적으로 할 때 효과가 가장 강력하다. 매회 30분씩 1주일에 6일 운동을 하는 것이 이상적이다. 일상을 유지하게 만드는 강력하고 필수적인 자기 관리법이므로 시간이 없다는 생각은 할 엄두도 내지 말자. 양치질과 마찬가지다. 선택사항이 아니고 반드시 해야 하는 일이라고 느끼면 성공한 것이다.

- 염증성 습관을 퇴치했는가? 축하한다! 하지만 아직 퇴치하기 어려운 사람이 더 많을 것이다. 이번 주에도 선택한 습관을 퇴치하기 위해 노력해보자.

PART 5. 준비_ 염증 완화 및 치유

순간적으로는 기분이 좋더라도 장기적으로 봐서 본인에게 피해를 입힌다면 그럴 만한 가치가 있다고 할 수 없다.

• 자기 전에 만트라를 반복해서 되뇌고 하루를 돌아본다. 마음이 내키지 않으면 굳이 만트라와 함께 명상을 해야 할 필요는 없지만, 명상은 목표를 충실하게 유지하는 잠재의식에 영향을 미칠 수 있다는 점을 기억하고 되새겨보자. 잠자리에 들기 전의 명상은 강력한 수면유도제이기도 하다.

주간 활력 조언

코어4 단계인 사람은 이제 막바지에 접어들었다! 마지막 주까지 무사히 해낸 것이다! 하지만 아직 포기하지 말자. 염증을 제대로 잡으려면 4주일을 온전히 마무리해야 한다.

제거8 단계인 사람은 주말이면 중반을 넘어서게 된다. 시간이 얼마나 빠른지! 계속 강인하게 나아가자. 아주 잘 해내고 있다!

코어4 단계이든 제거8 단계이든 이번 주쯤이면 염증이 상당히 진정되었을 테니 스스로에 대해 자신감이 생기고 증상 또한 눈에 띄게 완화되었을 것이다. 그러나 코어4 단계 수행 중에 아직까지 증상 완화를 경험하지 못했거나 기분이 나아지지 않았다면 지금까지보다 강력하게 개입해야 할 수 있다. 제거8 단계로 전환하도록 하자. 지금쯤이면 더 많이, 더 오래 계획을 이어갈 수 있을 것이라는 자신감이 생겼을 수 있으니 제거8 단계로 나아가서 4주일을 더 이어가보자. 건강에 진정한 변화를 가져오려면 8주가 걸릴 수 있다. 또한 우리가 포기한 음식을 테스트하는 가장 좋은 방법은 염증이 확실하게 줄어들게 만드는 것이므로, 더 오래 지속하면 우리 몸이 가장 좋아하는 것이 무

4주차 식단 계획

	아침 식사	건강회복음료	점심 식사	간식	저녁 식사
월요일					
화요일					
수요일					
목요일					
금요일					
토요일					
일요일					

엇인지 더 명확하게 파악할 수 있다.

　이번 주에는 신체의 변화에 특별하게 주의를 기울여보자. 배가 납작해졌는가? 다리가 가늘어졌는가? 손떨림이 줄어들었는가? 근육이 늘어났는가? 손톱이 더 튼튼해졌는가? 머리카락 상태는 어떠한가? 머리카락이 다시 나기 시작하는 사람도 있을 수 있다. 활력 상태도 확인해보자. 아직도 해독 증상이 심해서 더 쉬어야 하는지, 아니면 훨씬 강하고 활력 넘치는 기분이 드는지? 이 모든 증상은 몸이 보내는 메시지다. 계속 귀를 기울이자. 아무런 변화도 느껴지지 않는다면 제거8 단계 중간 체크포인트(193쪽)를 확인하고, 다음 계획을 위한 지침을 따르도록 하자.

이 주의 사치: 수면 시간 늘리기

수면에 대해 얘기해보자. 수면은 사치가 아니다. 웰니스를 위한 의무다. 수면은 건강에 필수적이다. 잠을 잘 때 우리는 심신을 치유하고 활기를 되찾게 하지만, 안타깝게도 수면을 우선순위에 두지 않는 사람이 많다. 이번 주에는 이 부분을 바꿀 수 있기를 바란다. 이번 주에는 매일 8시간 숙면에서 고작 5분이라도 부족했다면(거의 대부분의 사람들이 매일 그러하듯이) 다음 지침 중 자신의 일정에 맞는 것 하나를 골라서 수행하기를 바란다(매일 다른 것을 하는 것도 좋다).

・대낮에 당당하게 30분간 낮잠을 자자. 휴대전화를 끄고, 필요하다면 문에 방해금지 표지판을 걸어두고 편안하게 잠시 눈을 붙이는 시간을 갖자. 너무 오래 자면 오히려 머리가 멍할 수 있으니 30분 이상은 자지 않도록 한

다. 낮잠 때문에 밤잠을 이루지 못하는 것도 바람직하지 않다.

- 평소보다 1시간 일찍 잠자리에 든다. 주방이 엉망이더라도 무시하자. 좋아하는 텔레비전 프로그램이 아직 끝나지 않았다면 녹화를 하자. 늘어난 1시간을 휴대전화나 텔레비전을 바라보는 데 허비하지 말자. 은은한 조명을 켜고 15분 이내로 책을 읽거나 음악을 듣고 명상을 한 다음 이불을 덮고 바로 잘 준비를 한다. 해보면 생각보다 쉬울 수 있다. 몸이 수면을 필요로 하는 중이라면 순식간에 잠에 들기도 한다. 하지만 쉽게 잠들지 못하는 사람도 있다. 낮잠을 시도하거나 일찍 잠자리에 들려고 하면 눈이 말똥말똥할 수 있는데, 그 시간에 잠을 자는 것이 익숙하지 않기 때문이다. 그래도 계속 시도하자. 우리의 몸은 수면을 갈구하고 있으므로 적응하게 될 것이다. 지금은 잠을 자려고 노력하는 중이라는 사실에 집중해야 한다. 다른 습관을 들이는 것과 마찬가지다(정확하게는 자지 않으려고 애쓰는 것이 지금의 습관이라고 할 수 있다). 심호흡을 하고 숨 쉬는 횟수를 세면 도움이 된다. 전자기기는 멀리하자! 지금껏 해왔던 명상이나 기도를 하면 마음이 차분해질 수 있다. 그래도 잠을 이루기가 쉽지 않다면 다음 사항을 참고하자.
- 홀리 바질(툴시)은 마음을 진정시키는 효과가 뛰어난 허브 강장제다.
- 마그네슘 글리시네이트 역시 진정 및 수면유도 효과가 있다. 섭취 지침에 따라 자기 전에 마그네슘을 먹어보자.

염증성 습관 4: 부정적 사고

우리가 매일 약 6만 가지의 생각을 한다는 것을 알고 있는가? 더욱 놀라운 사실이 있다. 스탠포드의 한 연구에 따르면 이러한 생각 중 90%가 반복적인 것이다.[17] 우리 머릿속의 생각 10가지 중 9가지는 계속해서 반복된다. 그리고 대부분은 반복적일뿐더러 부정적이다. 부정적인 생각에는 걱정거리, 외모나 능력에 대한 비판적인 생각, 미래에 대한 두려움, 과거에 대한 후회 등이 있다. 부정적인 생각은 스트레스를 유발해서 건강 전반에 해를 끼친다. 제거 프로그램을 완벽하게 따랐지만 끊임없는 부정적인 사고 패턴 때문에 건강을 개선하지 못하는 환자도 많다.

'낙천적 유전자'라는 것이 있을 수도 있지만,[18] 본인에게 그런 유전자가 있든 이미 닳아버렸든 상관없이 부정적인 생각을 하는 습관은 자발적인 훈련을 통해 깨뜨릴 수 있다. 세상만사를 '환상적'이라고 생각하는 장밋빛 안경을 쓰라고 제안하는 것이 아니다. 내가 추구하는 현실주의는 건강에 좋지 않은 영향을 미치는 맹목적인 부정적 태도와는 다르다.[19] 부정적인 사고는 염증성 습관이다. 물론 자신의 삶과 연관된 버릇 같은 방식을 바꾸는 것은 쉽지 않으나 부정적인 사고도 다른 것과 마찬가지로 습관이니 오늘부터 없애려고 노력해보자.

(당분간) 끊어야 하는 이유

부정적인 사고는 스트레스를 가중시킨다. 불안, 두려움, 걱정, 후회, 비관, 분노 및 증오는 건강 목표를 달성하지 못하게 만드는 가장 일반적인 감정이다. 부정적인 생각과 감정은 코르티솔 등 스트레스 호르몬을 방출해서 면역체계에 측정 가능한 수준의 부정적인 영향을 미친다.[20] 살아가면서 맞닥뜨리는 일에 긍정적으로 반응하는 사람일수록 더 오래 살고 덜 아프며 빨리 회복하고 우울해질 가능성이 낮다는 점을 여러 연구가 지속적으로 보여주고 있다. 또한 그들은 대체로 심장이 건강하고 대처 능력이 뛰어나다.[21] 이렇게 좋은 약을 굳이 거부하는 사람이 있을까?

끊는 방법

마음챙김 인식은 부정적인 습관을 깨닫는 데에 도움이 된다. 천천히 의식적으로, 그리고 이성적으로 진행하자. 다른 사람의 생각을 훑어보듯이 자신의 생각을 객관적으로 관찰하자. 부정적으로 생각하는 경향이 있는 때가 있는지? 긍정적으로 생각하기 수월한 때가 있는지? 부정적인 생각을 하는 패턴과 요인을 분석할 수 있는지 확인하자. 스스로 집착해서 목표로부터 벗어나게 만드는 과거의 흔적이 있는지 정확하게 찾아내자. 자신과 타인을 용서하는 것은 혁신적인 치유 행위가 되기도 한다. 이러한 정서적인 치료는 환자로 하여금 건강의 장애물을 극복하게 만드는 내 업무의 필수적인 부분이라고 생각한다. 부정적인 사고와 긍정적인 사고는 습관이므로 오늘부터 한쪽을 쳐내고 반대쪽을 받아들이는 노력을 해보자. 도움이 되는 행동으로는 다음과 같은 것이 있다.

대체 행동

'아니요'는 습관이다. '예' 또한 습관이다. 내 생각을 파악한 다음 말하려는 내용을 뒤집어서 긍정적인 방향으로 전환하자. 창의성을 발휘하는 개인적인 도전이라고 생각하자.

추가 행동

다음의 전략을 시도해보자.

- 주의를 기울이자. 자신이 어떤 생각을 하고 있는지 파악하기 시작하자. 부정적이라면 스스로에게 질문을 던져보자. 정말로 그러한가?

- 긍정적인 태도를 연습하자. 긍정적이 되려면 다른 기술과 마찬가지로 연습이 필요하다. 특히 부정적인 생각에 대한 반응 삼아 일부러 긍정적인 생각을 만들어내야 한다. 완전히 믿지는 않더라도 스스로에게 말해주자. 현실이 될 때까지 현실인 척하라는 문구처럼 행동하자.

- 나를 자극하는 요소를 인지하자. 만일 특정 상황 또는 특정인에게만 부정적으로 반응한다면 이유를 따져보자. 상황을 바꿀 수 있을까? 관계나 환경, 상황 자체에 수정할 수 있는 부분이 있을까, 아니면 벗어나거나 밀고 나가야 할까?

- 더 많이 웃자. 유머는 부정적인 사고를 타파하는 좋은 방법이 될 수 있다. 더 많이 웃을 기회를 찾자. 즐거운 친구, 재미있는 영화, 드물게 생겨나는 인생의 부조리에 기꺼이 웃을 기회를 찾아다니자.

- 긍정적인 사람들과 어울리자. 주변의 모든 친구가 부정적인 사람이라면 같이 가라앉기 쉽다. 반대로 친구들이 밝은 면에 주목하는 편이라면 그러한 행동에 쉽게 동참할 수 있다.

- 스스로를 인내하자. 부정적인 사고는 끊기 힘든 습관이지만 끈질기게 행동해야 한다. 오늘 당장 부정적인 습관을 극복하지 못하더라도 더욱 긍정적인 모습이 될 남은 인생의 첫날로 만들 수 있다.

4주차가 지난 후의 상태는

_____

_____

_____

코어4 단계의 사람들은 이곳이 이정표다. 훌륭하게 해낸 것을 축하한다. 이제 PART 7로 나아가자.

제거8 단계 중간 체크포인트

제거8 단계의 사람들은 이제 절반을 해냈다! 고비의 순간도 있었겠지만 지금쯤 전과 다른 기분이 들 것이다. 몸이 훨씬 가볍고 활력이 넘치며 증상이 줄어들었을 것으로 본다. 그러나 내 환자 중에도 프로그램을 엄격하게 따랐지만 이 시점까지 증상 완화를 경험하지 못하는 사람들이 있다. 판단하기 애매하다면? 71쪽의 지금 현재 가장 심각한 증상 8가지를 넘겨보자. 아직도 같은 증상이 있는가? 여전히 생활을 방해받고 있는가? 그렇다면 더 강력한 개입이 필요할 수 있다. 이 시점에는 2가지 선택지가 있다.

1. 같은 단계를 유지한다. 염증이 많거나 전반적으로 시스템 반응이 느린 사람은 제거8 프로그램에 반응하기까지 더 오랜 시간이 걸릴 수 있으므로 인내가 필요하다. 지금 당장 느껴지지 않더라도 계획을 따르고 있다면 염증은 감소하고 있다. 5주차나 6주차, 7주차가 되면 갑자기 증상이 극적으로 완화되면서 기분이 나아지기 시작할 것이다. 만일 중간에 계획

을 일부 지키지 못했다면? 다시 시작할 것을 권장한다. 그렇지 않다면 계획을 그대로 유지하면서 8주 후에 재평가하자. 증상이 여전한 사람에게는 더 많은 지침을 제공할 예정이다. 기억하자, 생물학적 개체성이란 모든 사람이 똑같이 반응하지는 않는다는 뜻이다.

2. 경계를 높이자. 치팅 약간, 과식 조금 등 여기저기에서 '크게 문제가 되지 않을 법한' 행동을 했다면 고삐를 당길 때다. 남은 4주 동안은 스스로에게 100% 완수라는 선물을 주자. 제거한 음식을 재도입하기 시작할 때 정확도가 크게 달라진다. 몸과 강력하고 명확한 의사소통을 스스로 하는 중이라는 점을 상기하자. 제대로 해내도록 하자. 제거8의 승리를 위하여!

제거8 단계: 5주차
시작하기 전에 사전 준비를 마친다(157쪽 참고).

기본 일상

- 이번 주에는 시간을 연장한 아침 명상, 기도, 고요한 시간을 유지한다. 아침 루틴을 건너뛰지 말자. 이미 차이를 약간 느꼈다 하더라도 연구에 따르면 효과를 완전히 누리기 위해 4주에서 6주가량이 소요된다고 한다. 따라서 1주차 이후 꾸준히 명상을 해왔다면 지금쯤 수면의 질 향상, 통증 감소, 혈액 순환 개선, 집중력 및 문제 해결 능력 향상, 기억력 개선, 의욕 증가는 물론 공감력과 차분함, 동기부여 증가 및 나아진 웰빙 감각 등의 변화를 인지할 시기가 되었을 것이다. 명상의 효과는 누적되며 그것의 혜택

은 평생 동안 누릴 수 있다.

- 계획한 아침 식사를 하고 점심 식사와 간식을 준비한다.

- 1단계 업그레이드를 시도하자. 도구상자에서 1가지 도구를 골라 추가한다. 이미 2가지를 실행하고 있었다면 3가지를 시작한다. 3가지를 실행하고 있었다면 4가지를 시작한다. 제거8 식단을 훨씬 효과적으로 만들어줄 뿐 아니라 추가한 새로운 식품과 도구는 전체적으로 흥미를 더해주는 역할을 한다. 새로운 식품이나 도구가 마음에 들지 않을 것 같다 하더라도 시도해서 나쁠 것은 없다. 내게 맞는 것 같지 않다면 그만둬도 상관없다.

- 계획한 점심 식사와 간식, 저녁 식사를 한다. 이제 절반을 마쳤으므로 식단을 변경해야 할 필요성이 느껴질 수도 있다. 좋아하는 식사 몇 가지로 습관을 굳혔다면 이번 주에는 조금 변화를 줘보자. 이 장의 시작 부분에 있는 허용 목록에 있는 식품만을 사용해서 원래 좋아하던 음식을 다른 방식으로 만들어보거나, 새로운 레시피를 개발해보거나, 다른 레시피를 시도해보자. 미리 계획을 세우고 준비하기 쉬운 선택지를 활용하면 이미 제거한 식품을 먹고 싶은 유혹에 빠져서 중대한 건강 개선에 차질을 빚는 것을 막을 수 있다.

- 날씨가 허락한다면 이번 주에는 야외에서 평소에 하지 않던 운동을 시도해보자. 또는 평소와 다른 장소에서 운동하는 것도 좋다. 풍경이나 일상 루틴에 변화를 줘보자. 다른 유산소 운동 기구를 사용하자. 걷기를 즐겨 했다면 조깅을 해보자. 기구를 이용해서 웨이트를 했다면 프리 웨이트 운동을 해보고, 한번도 해본 적이 없다면 가벼운 웨이트 운동에 도전해보자. 스포츠를 좋아한다면 인근 스포츠팀이나 클래스를 알아볼 수도 있다.

테니스나 피클볼 수업을 들어보는 건 어떨까? 라켓볼 리그는? 달리기 클럽이라면? 어쩌면 요가나 필라테스, 댄스 수업이 본인의 속도에 더 잘 맞을지도 모른다. 4주를 보낸 지금 우리 몸은 발전하여 신체적 도전을 할 준비가 돼 있어야 하고, 체력적으로도 더 자신감이 생겼을 테니 다음 단계로 넘어가기에 좋은 시기다.

- 매일 이번 주의 염증성 습관을 타파하는 대체 행동을 1가지 한다.
- 잠자리에 들기 전에 아침에 한 시간만큼 명상을 한다. 지금쯤이면 하루 종일 머릿속에서 되새기고 있을 만트라를 기억하되, 새로운 기법에 마음을 열어보자. 시각화를 하면 어떨까? 명상을 할 때, 마음속으로 궁극의 평온함을 선사하는 장소를 만들어보자. 해변이나 숲, 동굴, 강둑, 멀리 떨어진 고급 휴양지 등 이미 가본 곳이나 상상 속의 장소여도 좋다. 그곳을 스스로에게 영감을 주는 장소 또는 이상향으로 삼자. 그곳에 있는 스스로를 상상하면서 보고 듣고 맡고 느끼는 모든 상세한 사항을 시각화해보자. 스스로에 대한 상상에는 한계가 없다.

5주차 식단

	아침 식사	건강회복음료	점심 식사	간식	저녁 식사
월요일					
화요일					
수요일					
목요일					
금요일					
토요일					
일요일					

주간 활력 조언

지금까지 제거8을 유지한 스스로의 끈기에 뿌듯함을 느끼길 바란다. 할 수 있을 것 같지 않던 일을 해냈고, 1달이나 유지했다. 당신은 멋진 사람이다. 이번 주도 강인하게 살아가면서 사회생활을 해보자. 연구에 따르면[22] 친구와 시간을 보내고 활발한 사회생활을 하면 수명이 연장되고 신체와 정신의 건강이 향상되며 나이가 들어갈수록 치매 위험까지 낮아진다고 한다. 동성 친구끼리의 모임을 추진하고(무알코올 칵테일을 즐겨보자.) 친구와 함께 차를 마시거나 가족 구성원과 어울리며 요즘 어떻게 지내는지 따라잡기 위해 더 많은 시간을 할애하자. 현대인은 바쁜 일정에 시달리면서 파트너와 자녀, 형제자매 또는 부모님과 교류하는 것을 잊어버리곤 한다. 우리는 모두 타인과 함께 살아가는 존재다. 사회적 동물이다. 누군가와 함께 있어주고, 또 누군가가 나와 함께 있도록 만들자. 외부 세상과 더 많이 직접적으로 교류할수록 기분이 좋아질 것이다.

함께 어울릴 사람이 없다면 어떻게 해야 할까? 가족과 멀리 떨어져 살거나 소원하게 지내는 사람이 있을 수도 있다. 최근에 이사해서 아직 아는 이웃이 없거나 일이 너무 바빠 소셜 네트워크를 구축할 시간이 없었을지도 모른다. 본인이 이런 상황이라면 이번 주에 손을 한번 뻗어보자. 스카이프나 페이스타임 등으로 멀리 떨어져 있는 친구와 친척에게 연락을 하거나 종교 시설, 공통 관심사를 공유하는 동호회(온라인을 찾아보자), 축제나 콘서트, 농산물 시장, 지역 커뮤니티 수업 등 한동네에서 타인과 교류할 기회를 찾아보자. 열린 마음으로 새로운 친구를 만나자. 특별한 사람을 만나지 못할지도 모르지만 개방적이고 친근한 자세를 가지면 훨씬 재미있는 경험을 하게 되기 마련이고, 세상 일은 아무도 모르는 법이다. 나 자신을 용감하고 강하게 느껴지게 만드는 일종의 대담한 도약이 되고, 공동체 내에 존재한다는 생물학적 욕구가 충족된다. 밖으로 나가서 사랑스러운 모습을 타인에게 보여주자.

이 주의 사치: 친구와의 시간

이번 주에는 가볍게 땡땡이를 쳐보자(먼저 허가부터 구하자. 일자리를 잃지는 않기를 바란다). 늦은 오전이나 오후에 좋은 친구나 가족, 더 잘 알고 싶은 사람을 만나서 따뜻한 차를 마시며 친근한 대화를 나눠보자. 점심 시간을 조금 더 길게 쓰거나, 그게 힘들면 주말에 시간을 내도 좋다. 다른 사람과 편안하게 함께 1시간을 보내자.

염증성 습관 5: 몽키 마인드

몽키 마인드는 '불안정함' 또는 '변덕스러움'을 의미하는 불교 용어(중국어와 일본어로 각각 단어가 존재한다)에서 유래한 단어로, 어떤 주제에도 집중하지 못하고 깊은 생각을 하기 힘든 정신 나간 원숭이처럼 이리저리 뛰어다니는 불안한 마음을 뜻하는 용도로 사용한다. 이 불안정하고 반응이 심한 마음 상태는 주로 소리와 영상, 광고 및 기타 우리의 관심을 끌고 유지하기 위해 끊임없이 변화하는 시각적이고 청각적인 자극에 집중된 우리 문화 속에 널리 퍼져 있다.

(당분간) 끊어야 하는 이유

몽키 마인드가 만성화되면 약 30초보다 길기만 해도(또는 그 이하!) 전혀 집중하지 못하는 결과를 맞이하게 된다. 또 한밤중에 잠자리에서 해야 할 일 수백만 개를 떠올리면서 일어나지도 않을 일을 줄줄이 걱정하며 뜬눈으로 보내는 정신 상태 또한 몽키 마인드에 속한다. 이 모든 일에 정신을 빼앗기는데 어떻게 편안한 수면을 취할 수 있겠는가?

끊는 방법

몽키 마인드를 해결하거나 적어도 어느 정도 길들이기 위해서는 우리가 하루 중 대부분의 시간을 강박적인 생각으로 허비한다는 사실을 인식하는 단계가 중요하다. 머릿속 생각 10가지 중 9가지는 반복적으로 떠오르는 것이니 정말로 시간 낭비라는 점을 기억하자!

하루아침에 몽키 마인드를 밀어내기는 힘들지만, 오늘은 의식적으로 원숭이 길들이기를 시작할 좋은 기회다. 원숭이는 자신의 존재를 눈치채지 못하길 바라지만 우리가 일단 깨닫기만 하면 이길 수 있다.

대체 행동

반응성 사고방식에 거리를 두면 나 자신을 해방시키고 진정시킬 수 있다. 우리는 우리의 생각이나 감정 그 자체가 아니라, 이들을 관찰하는 존재다. 하루를 보내며 마음이 언제 이리저리 뛰어다니기 시작하는지 인식하자. 알아차리는 것이 첫 번째 단계다. 알아차렸다면 '뛰어다니는' 상태에서 분리시켜 동화되지 않고 외부에서 관찰하는 것처럼 느낄 수 있도록 시도해보자. 처음에는 힘들겠지만 연습할수록 점점 나아질 것이다. 비결은 일관성이다. 여기 익숙해지면 혼란스러운 생각에서 벗어나서, 정신적인 드라마에 얽매이지 않고 침착하게 관찰하는 것이 편안하다는 것을 깨닫게 될 것이다.

추가 활동

다음 행동은 몽키 마인드를 복종하도록 훈련시키는 데에 도움이 된다.

• 오늘 하루 동안 총 2회, 1번에 최소한 5분간(이상적으로는 아침에 제일 먼저 1번, 그리고 잠자리에 들기 전에 1번) 조용하게 앉아서 방해받지 않고 1가지 생각에 집중해보자. 이미지나 단어, 소리, 사랑이나 평화 같은 개념도 좋다.

• 마음이 작고 무례한 원숭이처럼 여기저기 뛰어다니기 시작하면 참을성 있게 다시 집중하던 것으로 되돌린다(강아지를 훈련시키는 것과 비슷하다). 그동안 천천히 심호흡을 하면서 마음을 쉬게 한다.

• 매일 같은 행동을 반복하면서 5분을 터득하고 나면 시간을 1분 늘린다. 6분을 터득하고 나면 하루에 2회씩 15분간 1가지를 침착하게 생각할 수 있을 때까지 시간을 늘려 간다. 몽키 마인드를 제대로 잡게 될 것이다.

5주차가 지난 후의 상태는? 증상이 계속해서 줄어들고 있는가? 완전히 사라진 증상도 있는가? 계속해서 나아가자! 내 몸과 마음에 존재하는 모든 염증을 언제나 느끼고 있을 수는 없으므로 계속해서 불씨를 꺼뜨려야 한다. 현재의 정신적 및 신체적 건강 상태를 요약 정리해보자.

_____

_____

PART 5. 준비_ 염증 완화 및 치유

제거8 단계: 6주차

시작하기 전에 사전 준비를 마친다(157쪽 참고).

기본 일상

- 이번 주에는 아침 명상이나 기도, 고요한 시간을 5분 더 늘린다. 5분부터 시작했다면 이제 15분이 되었을 것이다. 10분부터 시작했다면 20분이 되었을 것이다. 강요하지는 않겠지만 원한다면 계속 시간을 늘리자. 매일 1시간 혹은 그 이상 명상을 하는 사람도 있다. 하지만 아침저녁으로 15~20분씩만 명상을 해도 평생 가는 효과를 누리는 훌륭한 연습이 된다.

- 계획한 아침 식사를 즐기고 점심 식사와 간식을 챙긴다. 우리는 오늘도 이어질 식습관 도전을 맞이할 준비가 돼 있다.

- 도구상자에서 도구 3가지를 고른다. 염증을 계속해서 줄여줄 것이다. 자신의 몸과 여전히 대화를 나누는 중인가? 어떻게 지내는지 말해주는 중인가? 이 시점이면 몸이 먹는 음식이나 하는 행동에 긍정적으로 또는 부정적으로 반응할 경우, 아마 예전보다 훨씬 그 메시지를 잘 들을 수 있게 되었을 것이다. 일단 들었다면 주의를 기울이자.

- 계획한 점심 식사와 간식, 저녁 식사를 한다. 새로운 식습관이 건강한 습관이 된 것 같은가?

6주차 식단

	아침 식사	건강회복음료	점심 식사	간식	저녁 식사
월요일					
화요일					
수요일					
목요일					
금요일					
토요일					
일요일					

- 이번 주에도 운동을 계속 하자. 이제 당연히 하는 습관처럼 느껴질텐데, 잘된 일이다. 체형이나 힘, 기분, 활력에 차이가 느껴지는가? (아직 체중을 재지는 말자!) 운동 중과 운동 후에 몸이 어떻게 반응하는지에 주의를 기울이자. 당신에게 말을 해줄 것이다. 내 몸이 내가 선택한 행동에 대해 마음에 드는 것과 그렇지 않은 것을 말해주도록 만들자.
- 이번 주의 염증성 습관 대체 행동을 이어가자.
- 잠자리에 들기 전에 명상이나 기도, 고요한 시간을 5분 더 늘린다. 저녁에 명상을 하다가 잠이 들더라도 괜찮다. 그건 몸이 잠을 잘 수 있을 정도로 차분해졌고 잠이 필요하다는 뜻이며, 지금은 몸이 하는 말을 잘 들을 수 있게 돼 잠을 자야 한다는 것 또한 알고 있었다는 것이다.

주간 활력 조언

'벌써 6주차가 되었다니!'라는 생각이 드는가, 아니면 영원히 끝나지 않을 것처럼 느껴지는? 어느 쪽이든 이번 주에는 제거 프로그램 유지라는 주제에 대해 고민해보자. 예전의 습관이 의식에서 멀어지면 멀어질수록 새로운 습관이 점점 더 확립된다. 습관은 바퀴가 도로의 궤적에 맞춰서 동일하게 움직이려고 드는 것과 같다. 그 틀에서 벗어나 도로의 평평한 부분에서 운전을 시작하는 것은 어려운 일이지만, 일단 그 궤적에서 벗어나면 운전이 더 쉬워진다. 좋은 습관이 확립되면 다시 나쁜 습관으로 돌아가기가 더 어려울 것이다. 옛날 방식은 피하자. 탈출은 좋은 일이다. 이번 주에도 스스로의 몸과 마음, 영혼을 위한 길로 강인하게 나아가자.

이 주의 사치: 외식

이번 주에는 한 걸음 밖으로 나가서 외식을 하자. 지금까지는 주문한 음식이 어떻게 나올지 확신할 수 없고 종업원을 귀찮게 만들기 싫어서 외식을 피했을 수 있다. 아니면 직업상 외식을 자주 해야 하지만 반드시 즐겁지만은 않았을 수도 있다. 어느 쪽이었든 이번 주에는 함께 있으면 즐거운 지인(1명 또는 여러 명)과 함께 훌륭한 음식이 나오는 멋진 레스토랑을 찾아가보자. 온라인으로 메뉴를 미리 확인해서(아니면 레스토랑에 앞서 방문해도 좋다.) 허용된 식품으로 이루어진 알맞은 선택지가 있는지 확인하자. 그리고 레스토랑에 미리 얘기해서(요청이 복잡할 경우 일찍 알려주는 것이 좋다.) 식사가 제거8 단계를 100% 준수할 수 있도록 부탁하자. 미주알고주알 사정을 설명할 필요는 없다. 가장 좋은 방법은 미리 레스토랑에 전화를 해서 건강상의 이유로 특별한 식단을 따르고 있다고 말하는 것이다. 좋은 레스토랑의 요리사는 대부분, 특히 자연친화적이고 로컬푸드를 좋아하는 사람이라면 걱정 없이 즐길 수 있는 맛있는 요리를 기꺼이 만들어줄 것이다. 일단 시도해보자. 소심한 사람이라면 친구에게 전화나 요청을 해달라고 부탁해도 좋다.

레스토랑에 가면 이미 매니저나 셰프와 얘기를 했다고 하더라도, 종업원에게 미리 식사와 관련해서 따로 요청을 했다고 전달하면서 필요한 사항을 구체적으로 설명하자. 가게가 북적거릴 때 요리사와 종업원이 제대로 소통할 수 있을 거라고 기대하지 말자. 그런 다음 편안하게 앉아서 음식을 충분히 즐기고, 함께한 친구와 함께 레스토랑의 분위기에 흠뻑 젖어서 전체적인 경험을 만끽하자. 식사는 계획에 맞춰져 있으니 편안하게 먹으면 된다. 무엇보다 즐거운 시간을 보내도록 하자. 즐거움은 또 다른 항염증제다.

PART 5. 준비_ 염증 완화 및 치유

염증성 습관 6: 정서적 식습관

스트레스성 식습관이라고도 부르는 정서적 식습관은 스트레스나 불쾌한 감정으로부터 주의를 분산시키거나 우울증, 불안에 직면했을 때 약간의 즐거운 시간을 위해서 음식을 섭취하는 스트레스성 반응이다. 즉 기분이 나쁠 때 기분이 좋아지기 위해 먹는 것이다. 그것은 이별한 후 아이스크림을 통째로 퍼먹는 식이다. 축하할 일이 있거나 사회생활을 하면서 배고픔이 아닌 이유로 음식을 가끔 먹게 되는 정도는 상관없다. 하지만 정서적인 이유로 먹는 것이 만성화되면(1주일에 수회 이상, 혹은 심지어 매일) 문제가 되고 건강을 해칠 수 있다. 이건 배가 고파서 먹는 것이 아니다. 감정을 먹는 것이고, 건강한 신체 또는 정서적 실천이라 할 수 없다.

감정적으로 '고픈' 상태일 때, 음식이 우리를 채워주지 않는다. 그저 일시적으로 주의를 산만하게 만들 뿐이다. 시간이 얼마 지나면 기분이 더 나빠질 가능성이 높으며, 먹은 음식이 그간 힘들게 노력해온 건강 개선 목표와 반대되는 것일수록 더더욱 그렇다. 정서적 식습관자가 일반적으로 추구하는 음식은 설탕과 백밀가루처럼 정제된 탄수화물이 다량 함유돼 있거나 감자칩, 감자튀김처럼 튀긴 것, 치즈처럼 지방이 극도로 높은 것, 도넛처럼 이 모든 것을 동시에 만족시키는 것 등이다. 한 차례의 강렬한 정서적 식습관으로도 지금까지의 노력을 물거품으로 만들 수 있으니 본인이 정서적 식습관자고 상태가 좋아지기를 원한다면 이 문제를 해결함으로써 엄청난 효과를 볼 수 있다.

(당분간) 끊어야 하는 이유

정서적 식습관은 불편한 체중 증가와 팽만감, 위산 역류 등의 소화 문제를 일으킬 수 있다. 강박적 과식이나 신경성 과식증(정서적 식습관 자체를 섭식장애로 여기는 사람도 있다.) 등의 섭식장애로 이어지기도 한다. 혈당의 불규칙성 및 영양 결핍을 유발하며 불안과 우울증은 나아지지 않고 악화된다.

끊는 방법

정서적 식습관자라면 하루아침에 이 문제를 해결할 수는 없다는 것을 이미 알고 있겠지만, 뭔가를 먹고 싶은 기분이 들게 만드는 원인에 대한 인식을 점차 높여가면 해결할 수 있다. 정서적 식습관은 근원이 복잡해서 극복하기 어렵기도 하지만 바로 오늘, 스스로 규칙을 세우고 일단 시작을 해보자. 화가 나거나 불안할 때는 아무것도 먹지 말자. 언제나 침착함이 느껴질 때까지 기다렸다가 식사를 하자(몽키 마인드 훈련법이 이때 도움이 될 수 있다). 부정적인 감정이 들 때 식사를 하면 장뇌축으로 인해서 음식을 제대로 완전하게 소화시키는 데에 문제가 생길 가능성이 높다. 장은 뇌가 생각하는 것을 알고 있으며, 부정적인 감정은 스트레스가 된다. 스트레스를 받으면 몸이 이를 처리하기 위해서 장으로부터 자원을 앗아가 신체의 다른 부위로 나누어준다. 몸이 음식을 먹을 준비가 되지 않았을 때에 먹는 습관을 깰 수 있도록 다음 2가지 단계를 시도해보자.

1. 차분한 마음가짐일 때에만 식사를 하기로 결심한다. 그러면 감정적으로 침체될 때마다 쿠키나 칩에 손을 뻗는 습관을 끊는 데에 큰 도움이 된다.
2. 침착한 기분으로 밥을 먹을 준비가 되었다고 느껴지면 음식을 입에 넣기 전에 숨을 깊고 천천히 길게 1번 들이쉬고, 음식에 집중한 다음 천천

히 먹기 시작한다. 이 순간에 완전히 집중한다. 휴대전화를 내려놓고, 아무것도 읽지 않고, 텔레비전도 보지 않는다. 그리고 밥이든 간식이든 뭐라도 먹을 때마다 같은 과정을 반복한다. 감정적인 식습관은 주로 무의식적으로 발생하기 때문에, 이런 버릇을 들이면 감정적으로 먹기 시작할 때 본인 상태를 인식할 수 있다.

이 훈련의 요점은 음식을 음식이 아닌 무언가가 아니라, 음식 그 자체로 만드는 것이다. 강렬한 감정을 없앨 수는 없으며 이는 자신의 감정을 억누르거나 평가하려는 것이 아니다. 감정은 왔다가도 사라진다. 이 훈련은 우리가 먹는 음식으로부터 삶의 다른 면에 대한 감정을 분리해내서 감정을 식사와 별도로 처리하게 만드는 과정이다.

지금부터 매일, 그리고 매번 먹을 때마다 위 2가지 과정을 반복한다. 때로는 감정이 좋은 마음을 가려버리는 탓에 까먹거나 위 과정을 따르지 않고 밥을 먹는 일도 있겠지만, 그랬다 하더라도 스스로를 인내하는 자세를 갖추자. 스스로를 사랑하고 동정하면서 강한 감정을 달래기 위해 다시 이 훈련으로 돌아와야 한다는 사실을 조심스럽게 상기시키자.

대체 행동

부정적인 감정, 특히 불안감은 나쁜 기분을 해소하기 위해서 뭐든 해야 한다는 기분을 강요하곤 한다. 음식에 반응하는 것은 쉽기 때문에 저절로 음식을 먹는 행동을 대체할 수 있는 일을 찾지 못하면 극복하기 힘들다. 준비하지 않아도 바로 실천할 수 있는 좋아하는 일 목록 5가지를 만든 다음, 부억이나 감정적으로 먹고 싶은 충동이 들 때 볼 가능성이 가장 높은 곳에 붙여놓자. 그중 하나를 선택해서 대체하기로 단호하게 결심하자.

추가 행동

다음은 정서적 식습관을 대체하는 행동이다. 물론 목록은 본인의 선호도를 반영해서 짜도록 한다.

• 헤드폰으로 좋아하는 노래를 3곡 연속해서 듣는다.

• 산책을 간다. 옷을 갈아입을 필요는 없다. 그냥 나가자.

• 5초간 들이쉬고 10초간 내쉬는 느린 심호흡을 20회 하자.

• 샤워를 하면서 목욕솔이나 목욕타월로 전신의 피부를 강하게 문지른 후 전체적으로 보습을 한다.

• 앉아서 재미있는 프로그램이나 영화를 본다(음식이나 휴대전화 없이. 그냥 쇼에 집중한다).

• 물 450ml를 마신다.

• 셀러리를 4줄기 먹는다. 음식이기는 하지만 '폭식성' 음식은 아니며, 아삭아삭하게 씹는 행위가 불안을 완화하는 데 도움을 준다.

• 20분간 토막잠을 잔다.

• 15분간 멈추지 않고 자유로운 글쓰기를 한다. 아무 생각도 하지 않고, 문법을 따지거나 남에게 어떻게 보일지 걱정하지 말고 그저 느끼는 것을 쓰기만 하자. 평가받기 위한 글이 아니다. 그저 나를 위해 글을 쓰자.

• 음식과 관련되지 않은, 순간의 압박을 덜어줄 수 있는 다른 조치를 취한다.

도움을 요청해야 할 때

어떤 사람은 식습관 문제로 전문가의 도움이 필요하기도 하다. 전혀 잘못된 일이 아니다. 식습관 문제 전문치료사는 정서적 식습관의 근원 식별 과정에 도움을 주고, 감정을 더욱 효과적이고 개별적으로 다루는 방법을 찾으며 섭식 행동에서 감정을 제거하는 전략 수입에 일조한다.

6주차가 지난 후의 상태는? 이제 2주일밖에 남지 않았다. 이번 주에 파악한 신체적 및 정신적 건강 개선점에는 어떤 것이 있는가?

_____

_____

제거8 단계: 7주차

시작하기 전에 사전 준비를 마친다(157쪽 참고).

기본 일상

- 최종 단계가 다가왔다! 이제 2주일밖에 남지 않았다. 이제 아침 명상, 기도, 고요한 시간의 습관을 앞으로 남은 인생에 어떻게 적용시키고 싶은지 생각하기 시작할 때다. 효과가 느껴지는가? 아직도 좋아하게 되지 않았는가? 몸은 이 의식이 좋다고 말해주고 있는가? 그렇다면 지금부터 매일 아침 이것을 수행할 방법을 고민해볼 때다. 아직 애매한 기분이라면? 내 몸이 이걸 그리 좋아하는지 알 수가 없다면? 계속 이어가자. 하루도 건너

뛰지 말자. 8주가 지날 즈음이면 확신을 가지기를 바라지만, 그렇지 않다면 자연스러운 본능에 따라 행동하자.

- 이제 2주밖에 남지 않았으므로 식단 계획 습관을 남은 인생 동안 어떻게 이어갈지 생각하기 좋은 시기다. 스카우트의 철칙을 새겨보자. '언제나 대비하자Be prepared'.

- 판돈을 다시 한번 올려보자. 다음 2주 동안은 도구상자의 도구 중에서 4개 이상을 사용하거나, 지금까지 한 것보다 하나를 더 적용하자. 큰 걸림돌로 남아 있는 완고한 염증을 제거하기 위해서다.

- 계속해서 운동을 하자. 필요하다면 흥미를 유지하기 위해 계속 변화를 주자. 리그에 등록하거나 피트니스 센터 및 스튜디오의 등록증이나 수업을 연장하고 그룹 운동에 참여하는 등 장기적인 일정을 잡아보자. 그러면 제거 과정이 끝난 후에도 습관을 유지할 수 있다. 그리고 운동에 관해서 내 몸이 무엇을 좋아하고 싫어하는지 유의해서 살피자. 모든 사람은 서로 다르기 때문에 반응도 저마다 다르다. 활발한 활동이 필요한 사람, 차분한 활동이 필요한 사람이 있는가 하면 두 활동을 적절히 섞었을 때 제일 효과가 좋은 사람도 있다. 내 몸은 무엇을 선호하는지 구분할 수 있는가?

- 아직도 삶에서 밀어내고 싶은 염증성 습관이 있다면 이번 주에도 선택한 대체 행동을 실천해보자.

- 저녁 의식을 이어가면서 다시 한번 프로그램을 종료한 후에 명상 등을 어떻게 이어갈 것인지, 이어가고 싶은지 고민해보자. 수면이나 뇌에 효과가 느껴지는가? 앞으로 무엇을 하고 싶은지 생각해보자(너무 오래 생각하지 말자. 잠을 자야 하니까).

주간 활력 조언

이번 주만 지나면 1주밖에 남지 않았다! 항염증 생활을 할 때면 시간이 확실히 빠르게 지나간다. 여러분은 물론 여러분이 지금까지 성취해온 모든 것이 실로 자랑스럽기 그지없다. 이번 주에는 이 프로그램이 끝난 후에 해야 할 일에 대해 생각하기 시작하자. 어떤 습관과 훈련, 음식, 레시피 및 태도를 영원히 유지하고 싶은가? 필요하면 언제든 꺼내서 사용할 수 있도록 뒷주머니에 넣어놓고 싶은 것은 어떤 것인가? 나에게 맞지 않는 것은 어떤 것인가? 미래를 지향하는 마음을 갖되, 지금 당장의 계획을 강인하게 유지하는 데에 방해가 되지는 않도록 하자. 이번 주와 다음 주가 아직 남아 있고, 그러고 나면 제거했던 음식을 재도입하는 테스트를 해야 한다. 예전에 좋아하던 음식을 다시 들여오게 될 수도 있지만, 그렇다고 나머지 항염증 생활방식을 꼭 내버려야 하는 것은 아니다. 이 모든 결정을 내리는 데에 도움이 되는 몸이 해주는 말에 귀를 기울이자.

이 주의 사치: 선택적 DIY 스파데이

이번 주에는 스파데이를 즐길 자격이 있다. 하루를 골라서 마사지나 매니큐어 및 페디큐어, 헤어스타일 변화(원한다면 흰머리를 염색해도 좋다), 왁싱, 레이키 요법, 적외선 사우나, 자쿠지 목욕 등 무엇이든 자신이 좋아하는 스파 서비스를 받아보자. 아주 간단하든 정교하든 원하는 대로 하면 된다. 진짜 스파에 갈 수 없거나 가고 싶지 않다면 DIY로 스파데이를 즐겨 보자. 앱솜 솔트Epsom salts와 에센셜오일(라벤더, 장미, 일랑일랑 등이 긴장 완화에 효과가 좋다.)을 가득 푼 따뜻한 목욕물에 몸을 담그고 양초, 음악과 함께 휴식을 취해보

7주차 식단

	아침 식사	건강회복음료	점심 식사	간식	저녁 식사
월요일					
화요일					
수요일					
목요일					
금요일					
토요일					
일요일					

자. 파트너 또는 친구와 서로 마사지를 하는 것도 좋다. 원한다면 발을 물에 푹 불렸다가 각질을 제거하고 손발톱 손질을 하자. 머리를 감고, 오래 걸리지만 그만한 가치가 있는 머리를 손질하는 시간을 갖자. 따뜻한 온수 욕조가 있는 인근 수영장에 가서 몸을 담가보자. 또는 1시간 정도 발을 위쪽에 올리고 좋아하는 음악을 들으면서 긴장을 풀고 휴식을 취하자. 사치스러운 기분을 만끽하자. 우리에게는 그럴 자격이 있다.

염증성 습관 7: 사회적 고립 또는 소셜미디어(SNS) 중독

인간은 의심의 여지없이 사회적 존재이지만, 인간관계와 의사소통은 어렵고 심지어 고통스러울 수도 있다. 관계 방정식에서 사람을 제거해버리는 것보다 더 나은 해결책에는 어떤 것이 있을까? SNS는 오랜 친구와 연락을 유지하거나 과거에 알던 사람, 멀리 사는 사람과 일상 속의 사소한 일들을 공유하는 즐거운 방법이 될 수 있지만, 이것이 주요한 사회 활동이 되면 문제가 될 수 있다. SNS 엔지니어는 프로그램 자체를 중독성 있게 만들었다. 이들은 FOMO('상실에 대한 두려움fear of missing out'의 줄임말)를 활용한다. 세상에서 발생한 큰 사건을 놓치게 되면 어쩌지? 누군가에게 일어난 일을 모르고 넘어가면 어쩌지? 누군가 나를 그리워하면 어쩌지? 게시물에 누군가가 좋아요를 누르거나 긍정적인 댓글을 달면 마치 마약처럼 도파민이 방출된다.[23] 기분이 좋아진다. 얘들이 날 좋아하고 있어. 이 사람들이 날 정말 좋아하는 거야.

(당분간) 끊어야 하는 이유

SNS는 알림을 확인하려고 지금 하는 일을 계속해서 중지하게 만들면서 사람을 방해한다. 이로 인해 장시간 일에 집중하는 능력을 유지하기 힘들다. 이 능력은 연습하지 않으면 잃기 쉽다. 또한 SNS는 인간 의사소통의 공감성을 떨어뜨린다. 사람들은 SNS를 통해 대면할 때는 하지 못하는 말을 한다. 이는 괴롭힘이나 증오 표현, 복잡한 문제의 지나친 단순화, 분열, 그리고 궁극적으로 우울증 및 실제 사회적 접촉으로부터의 고립을 초래할 수 있다.[24] 또한 친구 및 가족과의 실제 관계에도 영향을 끼칠 수 있다. 배우자와 아이들이 그들보다 휴대전화에 더 관심이 있다고 느낄지도 모른다. 그게 진정 우리가 원하는 일일까?

끊는 방법

세상에는 SNS를 그만두거나 최소 99일, 1개월, 심지어 하루 동안이라도 이들 없이 시간을 보내도록 도전해서 휴식을 취할 수 있게 만드는 인기 있는 트렌드가 여러 개 있다. 처음 시도를 하면 고립된 기분이 들지만, 곧 스스로의 인생과 잃어버린 사회적 기술을 되찾게 된다. 시도해볼 생각이 있는가? 오늘 하루(딱 하루만), SNS에서 완전히 벗어나보자. 업무용 이메일은 괜찮지만 페이스북, 트위터, 인스타그램, 틱톡, 핀터레스트, 링크드인, 유튜브, 심지어 카카오톡도 절대로 열어보지 말자. 오늘은 왼쪽이나 오른쪽으로 화면을 넘기는 일이 없을 것이다. FOMO를 JOMO('상실에 대한 기쁨joy of missing out')로 바꾸자. 스스로에 대한 심리학적 실험이라고 생각하자. 하루 만에 주변을 둘러싼 실체적 세계를 얼마나 깨우칠 수 있는지 보면 놀랄 것이다. 내일이면 다시 휴대전화를 잡겠지만, 가능하면 제거8 단계가 끝난 이후에도 1주일에 하루 정도 소셜미디어 없는 날을 정하는 식으로 주기적으로 이 과정을 이어갈 것을 권장한다.

대체 행동

휴대전화를 손에 쥐고 확인하지 못하면 말 그대로 금단 증상을 보이는 사람이 많다. 그렇다, 문제가 있는 상태. 이럴 때 대체 행동을 하면 도움이 된다. 긴장하거나 황망하거나 SNS를 확인해야 한다는 강박이 느껴지면 이는 실제 인간관계가 필요하다는 뇌의 신호다. 그보다 만족스러운 활동을 통해 뇌에 보상을 주자.

추가 행동

다시금 사람과 실제로 대면하며 접촉할 수 있도록 만드는 다음 전략을 시도해보자.

• 물리적으로 함께 있는 친구나 가족과 대화를 나눈다.

• 가능하면 휴대전화가 없는 곳에서 진짜 사람과 함께 인생에 대한 대화를 나누는 것이 더 좋다.

• 펜과 종이를 사용해서 편지를 쓴다. 진짜 봉투에 담아서 우표를 붙여서 보낸다.

• 다른 가족 구성원도 같은 문제를 겪고 있지 않은지 확인한다. 특히 어린이와 청소년 중에도 이와 관련된 문제를 겪는 경우가 많으므로 가족과 함께 'SNS 정화'에 도전하는 것도 좋다.

7주차가 지난 후의 상태는? 이제 1주일밖에 남지 않았다! 목표를 전부 혹은 일부 달성한 기분이 드는가?

_____

_____

_____

_____

제거8 단계: 8주차
시작하기 전에 사전 준비를 마친다(157쪽 참고).

기본 일상

- 놀랍게도 벌써 마지막 주에 접어들었지만 아직 긴장을 놓아서는 안 된다. 8주차의 마지막 날까지 완수하기 전이므로 지금까지 해왔던 모든 일을 더욱 열심히, 마지막까지 이어가자. 강인하게 마무리해야 한다. 즉 이번 주에도 매일 아침마다 명상이나 기도, 고요하게 앉아 있는 시간을 가지자. 또한 지금까지 얼마나 먼 길을 걸어왔는지 돌아보고 우리 앞의 모든 놀라운 일들을 기대하며 그에 대해 명상을 해보자! 훌륭한 만트라를 기억하는가? 이번 주에도 멋지게 되뇌어보자.

- 꽉 짜여진 식사계획을 수행할 마지막 주다. 다음 주부터는 한동안 먹지 않았던 음식을 다시 도입하게 될 것이다. 그때 몸으로부터 최상의 답변을 얻

을 수 있으려면 이번 주에 다시 염증이 일어나지 않도록 하는 것이 중요하므로 허용 식품 목록을 100% 충실하게 유지하도록 한다.

- 도구상자에서 처방한 도구를 이용할 마지막 주이지만, 도구는 나중에도 필요할 때면 언제든지 사용할 수 있다. 이런 표적 자원은 염증 증상이 언제든 다시 나타나면 항상 비밀 무기로 사용할 수 있다.

- 이번 주에도 계속해서 움직이자. 이제 운동이 자연스러운 삶의 일부가 되었을 것이다.

- 끊고 싶은 염증성 습관이 하나 더 있다면 이번 주에도 열심히 끊어보자. 지난 염증성 습관 7가지 중 1가지가 다시 재발했다면 그 대체 행동을 찾아보고 다시 시작하자. 내재된 습관은 끊기 어렵고 시간이 걸리기 때문에 모든 것을 완벽하게 극복하리라고 기대하지는 않지만, 몸의 소리에 귀를 기울이면 더 나은 습관을 기르는 데에 도움이 된다.

- 매일 밤 잠자리에 들기 전에 명상, 기도, 또는 감사하는 마음에 집중하는 생각을 하자. 제거 과정에서 나를 도와준 사람이 있는가? 가족? 친구? 의사나 의료 종사자? 지지 모임이나 치료사? 지난 8주일간 새로운 사람을 만났는가? 살면서 이 프로그램을 계속할 수 있게 도와준 대상이 있다면 누구 혹은 무엇인가? 배우자 혹은 응원하는 친구? 재정? 유연한 직장? 감사하는 마음은 일종의 우리 삶을 바라보는 균형 감각을 갖추도록 도와준다. 삶과 건강은 일종의 여정이며, 우리는 이 여정을 홀로 겪지 않는다.

8주차 식단

	아침 식사	건강회복음료	점심 식사	간식	저녁 식사
월요일					
화요일					
수요일					
목요일					
금요일					
토요일					
일요일					

주간 활력 조언

드디어 마지막 주에 들어섰다. 이제 스스로를 칭찬하며 장애물 없는 항해를 나설 때다. 이번 주에는 자신이 하는 모든 일에 최선을 다하자. 일찍 끝내려고 들지 말자. 또한 제거 항목을 하나씩 없앤 8일간 쓴 기록과 처음 1주차를 끝낸 후 쓴 기록을 되돌아보자. 그 당시를 떠올려보자. 어떤 변화가 생겼는가? 변화가 점진적으로 일어나면 이전의 느낌을 되새기기 전까지는 알아차리지 못하기도 한다. 이 프로그램을 시작하기 전의 기분은 어땠는가?

지난 8주 동안 변화한 모든 것은 내 몸과의 의사소통이다. 이것을 이해하는 것이 중요하다. 상태가 좋아지고 특정 증상이 감소하거나 사라졌다면 당신의 몸은 당신에게 당신이 한 것, 또는 하지 않게 된 어떤 것(또는 모든 것)이 마음에 든다고 말할 것이다. 특정 증상이 아직도 맴돌고 있다면 이는 몸이 당신이 한 어떤 일을 여전히 싫어하고 있거나 아직 완전히 치유되지 않았다는 메시지를 보내는 것이다. 이 모든 것은 좋은 정보이므로 이번 주에는 귀 기울여 듣고 또 들어야 한다. 제거한 식품을 다시 도입하기 전까지 면밀하게 상태를 조정해야 하므로 몸이 하는 말을 듣는 능력을 제대로 다듬어야 한다. 이제 그 능력을 집중적으로 사용하게 될 것이다.(체중은 아직 재지 않는다. 다음 주부터 재기 시작하거나 신경 쓰이지 않는다면 완전히 건너뛰어도 좋다.)

이 주의 사치: 스스로에게 선물 주기

이번 주에는 지금까지 한 모든 노력에 대한 보상으로 스스로에게 선물을 주자. 새 옷이나(아마 사이즈가 작아졌을 것이다.) 스카프, 넥타이, 보석류 등의 액세서리, 새 지갑, 문구류나 멋진 크리스탈, 양초, 작은 전자기기처럼 가지고 싫었던 무언가 등이다. 경험이나 서비스, 단순한 휴가라도 좋다. 작거나 크거나 비싸거나 완전 무료일 수도 있다. 새것이나 중고이거나 상관없지만 평소에 즐겨 하던 것이 아니면 된다. 가장 친한 친구가 진정으로 사랑하고 소중히 여길 것을 마음을 담아 고른다고 생각해보자. 포장을 해도 좋다. 친구(나 자신)에게 하듯이 내가 나에게 어떤 의미인지 적은 카드를 곁들여도 좋다. 조금 과하게 준비해보자. 그럴 자격이 있다.

염증성 습관 8: 상위목적 결여

마지막 염증성 습관은 조금 철학적인 문제다. 오늘은 이 삶에서 더 높은 상위목적이 무엇인지 고찰해보기를 바란다. 바로 깨닫는다면 더할 나위 없이 훌륭한 일이다. 아니면 한동안 생각해봐야 할 수도 있다. 아직 하나도 사는 목적이 없다는 사실을 깨닫게 될 수도 있다. 만일 상위목적이 아직 없다면 지금이 무엇을 목적으로 삼을지 생각하기 시작할 시간이다. 나 자신보다 더 큰 무언가를 위해 살아가고 기여하는 것의 장점을 이해하면 건강 여정을 이어갈 동기를 가지게 되기 때문이다.

상위목적이란 무엇을 의미할까? 영적인 수행이 될 수도 있다. 인생의 사명일지도 모른다. 다른 무엇보다도 하고 싶은 일, 아침에 일어나게 만드는 어떤 일일 수 있다. 그게 무엇이든지 간에 나 자신의 삶에 의미를 부여해준 것이다.

상위목적을 가져야 하는 이유는 뭘까? 상위목적을 가지면 건강이 개선되고 질병 또는 수술로부터 회복되는 속도가 좋아지며 뇌졸중 위험을 포함한 뇌 기능 개선에 도움이 된다고 입증된 바 있다.[25] 그 자신의 웰빙에 깊이 관련된 것이다. 상위목적을 가지고 있지 않다고 응답한 사람은 건강 위기 이후 극복을 어려워하거나 우울증이 더 잦고 삶의 만족도가 감소하는 등의 경향을 보인다.

상위목적을 세우는 방법

남은 1주 동안 열심히 생각해보기를 바란다. 스스로의 삶에 의미를 갖게 만드는 것이 있는가? 나 자신보다 더 큰 무언가를 적극적으로 믿는가? 우리 삶에 사명선언문이 있다면 거기에 무엇을 포함시킬 것인가? 이미 몇 가지 답을 알고 있다면 마음의 최전선에 배치하자. 사명선언문을 작성하자. 길어야 할 필요는 없다. 선언문은 우선순위를 명확하게 하는 데에 도움이 된다. 나는 무엇을 위해 사는가? 확신할 수 없다면 이 질문을 계속 마음에 품고 있자. 계속 스스로에게 질문을 던지자. 마침내 무언가가 나타날 것이며, 시간이 지나면서 바뀔 수는 있지만 지금 당장은 무엇이 되었든 그것이 우선순위가 된다.

추가 활동

다음은 더 높은 목적을 발견하는 데에 도움이 되는 몇 가지 사항이다. 장기적인 일이지만 이번 주에는 최소한 하나 정도는 할 수 있도록 딱 한 발짝만 내딛어보자.

•예배 장소나 종교 모임에 참석하거나 관심이 가는 종교적 전통을 공부해 본다.

•평소 배우고 싶었던 새로운 것을 배운다. 피아노 치는 법이나 스페인어나 프랑스어, 이탈리아어, 중국어 회화, 태권도, 태극권이나 요가, 뜨개질이나

목공 등이다. 고상해야 할 필요는 없다(고상해도 상관없지만). 그저 열정이 느껴지면 된다. 다양한 활동을 시도해서 어떤 것에 공명이 느껴지는지 확인해보자.

- 한때는 즐겨 했지만 그만두게 된 것을 찾아보자. 가고 싶었던 여행을 계획하기 시작하거나 쓰기 시작한 책을 끝내고, 마침내 학위를 받을 수도 있다. 춤을 추거나 시를 쓰고 풍경을 그리거나 기타를 연주하는 등 그런 일들을 사랑했다면 다시 시작할 시간을 마련해보자.

- 어린이나 동물, 기아 난민, 빈곤층 등 내 마음을 사로잡는 대상을 돕는 기관에서 자원봉사를 할 수 있다. 봉사 활동이 삶의 관점을 어떻게 바꾸는지 확인해보자. 일단 대상을 찾으면 스스로 알아서 깨닫게 될 것이다.

찾아낸 상위목적에 대해 스스로와 대화를 해보자.

_____

_____

8주차가 지난 후의 상태는? 우리는 해냈고, 이제는 지난 8주를 되돌아보고 진행 상황을 살펴볼 기회다. 삶에서 무엇이 바뀌었는가?

_____

_____

이제 제거8 단계를 완료했으니 PART 7로 이동해서 8주 동안 제거했던 음식을 다시 도입하는 방법에 대해서 알아보자.

PART 6

실천

항염증 레시피

앞으로 4~8주 동안 그 어떤 음식을 포기하더라도 그 외에 모든 건강하고 맛있는 요리를 즐길 수 있게 될 것이다. PART 6에서는 먼저 코어4 단계의 레시피를, 그런 다음 제거8 단계의 레시피를 소개한다. 그러고는 건강회복음료와 국물 레시피가 이어진다. 이 책의 일부 레시피에 사용해도 좋고 그대로 마셔도 좋은 음료들이다.

155쪽 156쪽의 식단 계획표는 이 책에 소개한 모든 레시피를 활용해서 작성한 것이나 본인의 취향에 따라 더하고 빼서 다양하게 수정해보자. 물론 모험심을 발휘해서 모두 그대로 먹어봐도 좋다! 주중에 요리할 시간이 부족하다면 거의 모든 레시피는 미리 만들어서 냉장 및 냉동 보관한 뒤 순식간에 조리할 수 있다는 점을 참고하자. 이 요리들은 절대 식단을 제한하려는 레시피가 아니다. 우리의 건강과 입맛을 돕기 위한 레시피다. 마음 내키는 대로 입맛에 따라 고르고 따져서 식사를 해보자.

참고: 재료는 코어4 단계 혹은 제거8 단계 기준에 만족하는 시판 제품이며, 맞춤형 식품 목록을 만족시키는 재료만 사용하고 제거 식품 목록에 속하는 재료는 일절 들어가지 않도록 만든 것이어야 한다. 라벨을 꼼꼼하게 확인한다.

코어4 단계

아침 식사

코코넛땅콩호박포리지

조리 시간: 10분 | 분량: 2~3인분

| 재료 |
• 땅콩호박(냉동) 껍질 벗겨서 깍둑 썬 것 280g
• 코코넛밀크(무가당, 캔) ¼컵+서빙용 약간
• 시나몬가루 ½작은술
• 오렌지제스트 ¼작은술
• 석류씨 ⅓컵
• 호두 잘게 썰어서 구운 것 ¼컵

| 만드는 법 |
1 땅콩호박은 전자레인지에 돌려서 익히고 볼에 담은 뒤 매셔로 곱게 으깬다.
2 코코넛밀크, 시나몬가루, 오렌지제스트를 넣어 섞고 종이타월을 덮은 뒤 전자레인지에서 2분 정도 따뜻하게 데운다. 중간에 1번 잘 섞는다.
3 취향에 따라 코코넛밀크를 두르고 석류씨와 호두를 뿌린다.

비곡물 팬케이크

조리 시간: 20분 | 분량: 4인분

| 재료 |

- 카사바가루 ½컵
- 코코넛가루 ½컵
- 시나몬가루 1작은술
- 천일염 ⅛작은술
- 베이킹파우더(알루미늄 프리) 1작은술
- 오렌지제스트(또는 레몬제스트) 1작은술(생략 가능)
- 아몬드밀크(또는 헴프밀크, 코코넛밀크) ¾~1컵
- 바나나(완숙) 으깬 것 1개 분량
- 달걀 2개
- 바닐라익스트랙 1작은술
- 코코넛오일 1큰술+약간
- 토핑: 기, 블루베리, 딸기나 바나나 송송 썬 것, 무가당코코넛크림 등(생략 가능)

| 만드는 법 |

1 카사바가루, 코코넛가루, 시나몬가루, 천일염, 베이킹파우더, 오렌지제스트를 볼에 넣어 섞고 따로 둔다.
2 아몬드밀크, 바나나, 달걀, 바닐라익스트랙을 믹서에 곱게 갈고 1에 아몬드밀크를 넣은 뒤 잘 섞는다.
3 무쇠팬이나 묵직한 팬에 코코넛오일을 두르고 중강불로 달군다.
4 반죽을 ¼컵 정도 붓는다. 반죽이 너무 두꺼우면 살짝 두르듯이 펴고 위쪽에 기포가 올라오고 바닥이 노릇해질 때까지 2분 정도 굽는다. 뒤집어서 반대쪽도 노릇해질 때까지 1~2분 정도 더 굽는다. 필요하면 팬에 코코넛오일을 조금 더 두른다.
5 취향에 따라 토핑을 얹고 따뜻하게 먹는다.

후무스 브렉퍼스트볼

조리 시간: 30분 | 분량: 4인분

| 재료 |

- 올리브오일(또는 아보카도오일) 3큰술
- 화이트와인식초 1큰술
- 머스터드 1작은술
- 샬롯 곱게 다진 것 1큰술
- 천일염 ⅛작은술
- 후추 굵게 간 것 약간

- 모둠 녹색채소 140g
- 주키니후무스(260쪽 참고)
- 닭고기 잘게 썬 것 2컵
- 해바라기씨 볶은 것 1~2큰술
- 레드페퍼플레이크(생략 가능)

*닭고기 대신 돼지고기 채 썬 것 2컵 또는 베이컨 익혀서 잘게 부순 것 ¼컵 또는 달걀 반숙 4개로 대체해도 괜찮다.

| 만드는 법 |

1 올리브오일, 화이트와인식초, 머스터드, 샬롯, 천일염, 후추를 볼에 담고 거품기로 골고루 섞어서 비네그레트드레싱을 만든다.

2 녹색채소를 볼에 담고 비네그레트드레싱을 가볍게 두른 뒤 골고루 버무린다.

3 주키니후무스를 얕은 볼 4개에 적당량 담고 그 위에 녹색채소를 담은 뒤 닭고기를 올린다.

4 해바라기씨와 레드페퍼플레이크를 뿌린다.

멕시칸아보카도베이크드에그

조리 시간: 25분 | 분량: 4인분

| 재료 |

• 아보카도 익은 것 2개

• 달걀 4개

• 커민가루 ¼작은술

• 굵은 소금 ⅛작은술

• 대추토마토 다진 것 1컵

• 적양파 다진 것 ¼컵

• 고수 다진 것 1큰술

• 라임즙(생) 2작은술

| 만드는 법 |

1 아보카도를 길게 반으로 잘라서 씨를 제거하고 1cm 두께만 남기고 과육을 파낸
   다. 과육은 따로 담아둔다.

2 아보카도를 머핀 컵이나 라미킨에 담는다.

3 달걀을 하나씩 커스터드 컵이나 소형 볼에 담고 아보카도의 빈 공간에 채워질
   만큼 부은 뒤 커민가루와 소금을 뿌린다.

4 220℃로 예열한 오븐에 3을 넣고 흰자가 굳고 노른자가 걸쭉해질 때까지
   15~20분 정도 굽는다.

5 아보카도 과육을 굵게 다져서 볼에 담고 토마토, 양파, 고수, 라임즙을 섞어 살사
   를 만든다.

6 4 위에 살사를 올린다.

견과류코코넛그래놀라

준비 시간: 15분 | 조리 시간: 20~25분 | 분량: 6~8인분

| 재료 |

- 대추야자 씨 제거한 것 4개
- 코코넛오일 3큰술
- 바닐라익스트랙 1작은술
- 시나몬가루 1작은술
- 천일염 ½작은술
- 아몬드 1컵

- 피칸 1컵
- 호두 1컵
- 코코넛플레이크(무가당) ½컵
- 해바라기씨 ¼컵
- 호박씨(페피타) ¼컵

| 만드는 법 |

1 대추야자를 볼에 담고 뜨거운 물을 잠기도록 부은 뒤 10분 정도 지나면 건진다.

2 대추야자와 코코넛오일을 푸드프로세서로 곱게 갈아서 페이스트를 만들고 바닐라익스트랙, 시나몬가루, 천일염을 넣은 뒤 다시 간다.

3 대추야자페이스트에 아몬드, 피칸, 호두를 넣고 짧은 간격으로 여러 번 갈아서 잘 섞는다.

4 큰 베이킹팬에 알루미늄포일을 깔고 3의 그래놀라를 펼쳐 담는다.

5 위에 코코넛플레이크와 해바라기씨, 호박씨를 뿌린다.

6 160℃로 예열한 오븐에 5를 넣고 골고루 바삭해질 때까지 20~25분 정도 굽는다.

7 팬을 꺼내 완전히 식힌다.

버섯채소해시와 선샤인달걀

준비 시간: 20분 | 조리 시간: 30분 | 분량: 4인분

| 재료 |

- 양송이버섯 송송 썬 것 226g
- 당근 다진 것 2개 분량
- 감자 4등분한 것 12개 분량
- 샬롯 다진 것 1컵
- 올리브오일 3큰술
- 커민가루 1작은술
- 시나몬가루 ½작은술

- 훈제파프리카가루 ½작은술
- 천일염 1작은술
- 후추 간 것 ½작은술
- 어린 케일(또는 시금치, 아루굴라) 4컵
- 달걀 4개
- 이탈리안파슬리 다진 것(생략 가능)

| 만드는 법 |

1 버섯, 당근, 감자, 샬롯을 볼에 넣어 섞고 올리브오일, 커민가루, 시나몬가루, 파프리카가루, 천일염, 후추를 작은 볼에 넣어 골고루 섞어 소스를 만든 뒤 채소에 두르고 골고루 버무린다.

2 베이킹팬에 채소를 부어서 펼친다.

3 선반을 오븐 중간에 설치하고 베이킹팬에 유산지 또는 알루미늄포일을 간다.

4 230℃로 예열한 오븐에 2를 넣고 감자가 부드러워지고 전체적으로 노릇노릇해질 때까지 20분 정도 굽는다.

5 오븐을 200℃로 낮추고 팬에 케일을 넣은 뒤 골고루 뒤섞으며 숨이 죽도록 한다. 필요하면 팬을 다시 오븐에 넣고 2~3분 정도 더 익힌다.

6 4에 우묵하게 4개의 우물을 파고 달걀을 하나씩 조심스럽게 깨서 올린다.

7 흰자가 굳고 노른자가 원하는 만큼 익을 때까지 오븐에 넣어 8~10분 정도 더 굽는다.

8 취향에 따라 파슬리를 뿌린다.

＊달걀을 빼면 비건 요리가 된다.

고구마해시

준비 시간: 15분 | 조리 시간: 15분 | 분량: 4인분

| 재료 |

- 기(또는 올리브오일) 3큰술
- 고구마 껍질을 벗겨 길게 4등분한 뒤 0.5cm 두께로 썬 것 450g
- 갈색 양송이버섯 송송 썬 것 1컵
- 노란색 양파 다진 것 1개 분량
- 빨간색 파프리카 다진 것 ½컵
- 천일염 ½작은술
- 훈제파프리카가루 ½작은술
- 후추 간 것 ¼작은술
- 닭고기사과소시지(무설탕) 완전히 익힌 후 길게 4등분한 뒤 0.5cm 두께로 썬 것 2개 분량
- 케일 송송 썬 것 2컵
- 달걀 4개

| 만드는 법 |

1 30cm 크기의 무쇠팬에 기 2큰술을 두르고 중강불에 올려서 뜨겁게 달군 뒤 고구마를 깐다.

2 뚜껑을 닫고 중간에 고구마를 1번 뒤집으면서 6~8분 정도 굽는다.

3 버섯, 양파, 파프리카, 천일염, 파프리카가루, 후추를 넣고 조심스럽게 섞은 뒤 뚜껑을 닫지 않은 채로 3분 정도 익힌다.

4 소시지와 케일을 넣고 뚜껑을 닫지 않은 채로 케일이 숨이 죽고 채소가 부드러워질 때까지 3~5분 정도 더 익힌다.

5 다른 코팅팬에 남은 기 1큰술을 두르고 중강불에서 달군 뒤 달걀을 넣은 다음 불의 세기를 약하게 낮춘다. 흰자가 굳고 노른자가 걸쭉해질 때까지 3~4분 정도 익힌다.

6 4를 접시에 나눠 담고 달걀프라이를 하나씩 올린다.

코어4 단계

점심 식사

소시지와 땅콩호박면

조리 시간: 20분 | 분량: 2~3인분

| 재료 |

• 올리브오일(또는 기) 2큰술

• 마늘 얇게 저민 것 2쪽 분량

• 땅콩호박면(생 또는 냉동) 340g

• 키엘바사소시지(무가당) 저민 것 또는 닭고기사과소시지 2개 분량

• 어린 시금치(또는 아루굴라, 케일) 1컵

• 천일염 약간

• 후추 간 것 약간

• 피칸 구워서 굵게 다진 것 ¼컵

| 만드는 법 |

1 팬에 올리브오일을 두르고 중강불로 달군 뒤 마늘을 넣고 노릇노릇해질 때까지
  자주 저으면서 1분 정도 익힌 다음 볼에 담아 따로 둔다.

2 달궈진 팬에 땅콩호박면을 넣고 뚜껑을 닫은 뒤 자주 저으면서 5분 정도 더 익
  힌다.

3 2에 키엘바사소시지를 넣고 뚜껑을 닫은 뒤 소시지가 따뜻해지고 면이 부드러워
  질 때까지 5분 정도 더 익힌다.

4 3에 1의 마늘과 시금치를 넣고 조심스럽게 저어 숨이 죽도록 한다.

5 천일염과 후추로 간을 맞추고 피칸을 뿌린다.

케일샐러드와 땅콩드레싱

조리 시간: 25분 │ 분량 4인분

│드레싱 재료│

- 크리미땅콩버터(천연 땅콩 사용한 것, 무가당, 무염 또는 가염) ¼컵
- 쌀식초(무염) 2큰술
- 파인애플주스 2큰술
- 코코넛아미노스 2큰술(코코넛으로 만든 간장으로 글루텐프리다)
- 참기름 ½작은술
- 생강 간 것 ½작은술
- 라임제스트 ¼작은술
- 물 1~2큰술(생략 가능)

│샐러드 재료│

- 어린 케일 굵게 썬 것 5컵
- 적양배추 채 썬 것 1½컵
- 풋콩 익혀서 껍질을 제거한 것 1컵
- 당근 굵게 간 것 ¾컵
- 망고 깍둑 썬 것 1개 분량
- 빨간색 파프리카 깍둑 썬 것 1개 분량
- 오이 길게 반 갈라서 송송 썬 것 ¼개 분량
- 실파 송송 썬 것 2대 분량
- 고수 ¼컵+여분(장식용)
- 땅콩(무염) 볶은 것 ½컵

│만드는 법│

1 땅콩버터, 쌀식초, 파인애플주스, 코코넛아미노스, 참기름, 생강, 라임제스트를 푸드프로세서나 믹서에 넣고 곱게 간다. 필요에 따라 물 1~2큰술로 농도를 조절한다.

2 케일을 큰 볼에 담고 **1**의 드레싱을 절반 정도 두른 뒤 깨끗한 손으로 케일을 2~4분 정도 문질러 부드럽게 만든다.

3 양배추와 풋콩, 당근, 망고, 파프리카, 오이, 실파, 고수를 넣고 남은 드레싱을 두른 뒤 골고루 버무린다.

4 땅콩을 뿌리고 취향에 따라 고수를 올린다.

망고참치샐러드팝오버

조리 시간: 30분 | 분량: 6인분

| 팝오버 재료 |

- 기(또는 코코넛오일) 1큰술
- 달걀 4개
- 코코넛밀크 ½컵
- 코코넛가루 3큰술
- 천일염 고운 것 ¼작은술

| 참치샐러드 재료 |

- 수제 마요네즈(239쪽 참고 또는 시판 아보카
  도오일 마요네즈) ½컵
- 라임즙(생) 2작은술
- 알바코어참치 통조림(자연산) 국물 제거한 것
  140g
- 망고 깍둑 썬 것 1½컵
- 적양파 다진 것 ¼컵
- 지카마 깍둑 썬 것 ½컵
- 바질 다진 것 3큰술
- 천일염 약간
- 후추 간 것 약간

*지카마 대신 순무나 비트를 사용해도 된다.

| 만드는 법 |

1 팝오버틀이나 6cm 크기 머핀틀 6개에 기 ½작은술씩을 담는다.
2 오븐을 220℃로 예열하고 반죽을 준비하는 동안 팝오버틀이나 머핀틀을 오븐에
  넣어둔다.
3 달걀, 코코넛밀크, 코코넛가루, 천일염을 믹서에 넣고 곱게 간다.
4 오븐에서 뜨겁게 데운 틀을 조심스럽게 꺼내서 3의 반죽을 반씩 채운다.
5 오븐에 넣고 반죽이 부풀어 노릇노릇하게 익을 때까지 20~25분 정도 굽는다. 오
  븐에서 꺼내면 식힘망에 올려 식힌다.
6 마요네즈와 라임즙을 볼에 담고 잘 섞는다.
7 참치, 망고, 적양파, 지카마, 바질을 넣고 골고루 버무린 뒤 천일염과 후추로 간한다.
8 톱니칼로 팝오버를 길게 반으로 자르고 접시에 단면이 위로 오도록 담는다.
9 7의 참치샐러드를 한쪽 팝오버 가운데 부분에 소복하게 담아낸다.

수제 마요네즈

| 재료 |

• 달걀 1개

• 레몬즙(생) 1작은술

• 사과식초 1작은술

• 머스터드가루 ½작은술

• 소금 ¼작은술

• 아보카도오일(또는 맛이 연한 올리브오일) 1컵

*달걀은 실온에 둔 것을 사용한다.

| 만드는 법 |

1 믹서에 달걀 1개, 레몬즙, 사과식초, 머스터드가루, 소금을 담고 짧은 간격으로
돌려서 잘 섞는다.

2 믹서를 돌리면서 아보카도오일을 입구로 가늘게 부어서 전체적으로 유화되도록
한다.

*완성한 마요네즈는 밀폐용기에 담아서 냉장고에서 1주일 정도 보관할 수 있다.

코코넛커리와 콜리플라워라이스

준비 시간: 5분 | 조리 시간: 15분 | 분량: 3~4인분

| 재료 |

- 기 1큰술
- 생강 다진 것 1작은술
- 마늘 다진 것 1쪽 분량
- 커리가루 1작은술
- 가람마살라 ½작은술
- 렌틸 찐 것 255g
- 닭뼈국물(312쪽 참고) ¾컵
- 코코넛밀크 ¾컵
- 천일염 ½작은술
- 플럼토마토 씨 제거하고 깍둑 썬 것 1개 분량
- 어린시금치 굵게 썬 것 1줌 분량
- 콜리플라워라이스 익힌 것 적당량

| 만드는 법 |

1 기를 냄비에 두르고 중강불에 올려 녹인 뒤 생강과 마늘을 넣고 저으면서 1분 정도 익힌다.
2 커리가루와 가람마살라를 넣고 향이 올라올 때까지 저으면서 30초~1분 정도 익힌다.
3 렌틸과 닭뼈국물, 코코넛밀크, 천일염을 넣고 한소끔 끓인 뒤 토마토를 넣는다. 불을 낮추고 약간 졸아들 때까지 3~4분 정도 뭉근하게 익힌다.
4 어린시금치를 넣어 섞고 숨이 죽을 때까지 2~3분 정도 뭉근하게 익힌다.
5 콜리플라워라이스에 4의 커리를 올린다.

훈제연어샐러드

조리 시간: 15분 | 분량: 4인분

| 연어샐러드 재료 |

- 모둠 샐러드 채소 140g
- 오이 얇게 저민 것 1개 분량
- 훈제연어(무설탕, 또는 결대로 찢은 익힌 연어) 2장(113g) 분량
- 적양파 곱게 채 썬 것 ½개 분량
- 달걀(완숙) 웨지로 자른 것 2개 분량
- 케이퍼 국물 제거한 것 1큰술

| 드레싱 재료 |

- 수제 마요네즈(239쪽 참고) ½컵
- 쌀식초(또는 생 레몬즙) 2큰술
- 딜(또는 차이브) 다진 것 2큰술+약간(장식용, 생략 가능)
- 천일염 ¼작은술
- 후추 간 것 ⅛작은술

*수제 마요네즈 대신 아보카도오일로 만든 시판 마요네즈로 대체해도 된다.

| 만드는 법 |

1 마요네즈와 쌀식초, 딜, 천일염, 후추를 볼에 넣고 골고루 섞어 드레싱을 만든다.
2 접시에 1의 드레싱을 조금씩 바르고 샐러드 채소를 올린다.
3 오이와 훈제연어, 적양파, 달걀, 케이퍼를 올린 뒤 취향에 따라 딜로 장식한다.

고구마BLT샌드위치

조리 시간: 30분 | 분량: 4인분(1인분 2개)

| 번 재료 |

- 고구마 껍질 벗긴 것 3개(최대한 둥근 빵 모양)
- 코코넛오일 2큰술
- 천일염 ¼작은술

| 필링 재료 |

- 베이컨(무설탕) 8장
- 치폴레마요네즈 3큰술
- 토마토 8등분으로 저민 것 1개 분량
- 양상추잎 8장

*치폴레마요네즈 대신 수제 마요네즈(239쪽 참고)나 치폴레칠리가루를 섞은 시판 마요네즈(아보카도오일 마요네즈) 등을 사용해도 된다.

| 만드는 법 |

1 고구마를 깨끗하게 씻고 종이타월로 물기를 충분히 제거한 뒤 가장 두꺼운 부분을 1cm 두께로 썰어 총 16장을 만든다.

2 베이킹시트 2개에 유산지를 깔고 고구마를 깐 뒤 코코넛오일과 천일염을 뿌린다.

3 200℃로 예열한 오븐에서 고구마가 샌드위치 필링의 무게를 버틸 수 있을 정도로만 부드러워질 때까지 20~25분 정도 굽는다.

4 팬에 베이컨을 넣고 중강불에서 바삭해질 때까지 8분 정도 구운 뒤 종이타월에 얹어 기름기를 제거한 다음 반으로 어슷하게 썬다.

5 고구마 한쪽 면에 마요네즈를 바르고 베이컨 2장, 토마토 1장, 양상추잎 1장을 올린다. 나머지 고구마를 마요네즈를 바른 부분이 아래로 가도록 그 위에 덮는다. 필요하면 이쑤시개로 고정한다.

월도프샐러드랩

조리 시간: 15분 | 분량: 4인분

| 재료 |

• 사과 깍둑 썬 것 1컵

• 셀러리 송송 썬 것 2대 분량

• 포도 씨 없는 것 2~4등분한 것 ½컵

• 닭고기 익혀서 잘게 썬 것 1컵(생략 가능)

• 피칸 구워서 잘게 썬 것 ½컵

• 체리(무가당) 말린 것 ¼컵

• 수제 마요네즈(239쪽 참고, 또는 시판 마요네즈(아보카도오일 마요네즈 등)) ½컵

• 사과식초 1큰술

• 타라곤 다진 것 1~2큰술

• 천일염 ½작은술

• 후추 간 것 ¼작은술

• 양상추잎 8장

*체리 대신 크랜베리 말린 것을 사용해도 된다.

| 만드는 법 |

1 사과, 셀러리, 포도, 닭고기, 피칸, 체리를 볼에 넣고 섞는다.

2 마요네즈, 사과식초, 타라곤, 천일염, 후추를 볼에 넣고 섞는다.

3 1의 샐러드에 2의 드레싱을 두르고 골고루 버무린다.

4 양상추잎에 3의 샐러드를 담는다.

코어4 단계

저녁 식사

고구마나초

조리 시간: 40분 | 분량: 4인분

| 재료 |

- 베이컨(무설탕) 1cm 크기로 썬 것 4장 분량
- 고구마 껍질 벗긴 것 2개
- 빨간색 파프리카 깍둑 썬 것 1개 분량
- 천일염 약간
- 후추 간 것 약간
- 달걀 4개
- 아보카도 깍둑 썬 것 1개 분량

- 실파 송송 썬 것 2대 분량
- 할라페뇨 송송 썬 것(취향에 따라 씨 제거) 1개 분량
- 고수 다진 것(생략 가능)
- 살사 적당량

| 만드는 법 |

1 40×25cm 베이킹팬에 베이컨을 깔고 230℃로 예열한 오븐에서 바삭해질 때까지 8~10분 정도 굽는다. 그물국자로 베이컨을 건져서 종이타월에 올리고 기름기를 제거한다. 팬에 고인 베이컨 기름은 2큰술만 남기고 버린다.

2 고구마를 채칼로 0.3cm 두께로 저미고 베이킹팬에 고구마를 깐 뒤 앞뒤로 뒤집어가며 베이컨 기름을 골고루 묻힌다.

3 파프리카를 올리고 천일염과 후추로 간한 뒤 오븐에 넣어 고구마가 부드럽고 가장자리가 노릇노릇해질 때까지 15분 정도 굽는다.

4 온도를 200℃로 낮추고 달걀을 조심스럽게 깨서 고구마 위에 얹는다. 노른자가 깨지지 않도록 주의하며 흰자가 굳을 때까지 8~10분 정도 굽는다.

5 4의 나초 위에 베이컨, 아보카도, 실파, 할라페뇨, 고수를 올리고 살사를 곁들인다.

콜리플라워호두타코

준비 시간: 15분 | 조리 시간: 20분 | 분량: 4인분

|재료|

- 선드라이드 토마토(기름에 절이지 않은 것)
  ½컵
- 콜리플라워 송이로 뗀 것 2컵
- 호두 2등분한 것 1컵
- 해바라기씨 ¼컵
- 마늘 다진 것 2쪽 분량
- 커민가루 1작은술
- 칠리가루 2작은술

- 훈제파프리카가루 ½작은술
- 천일염 ½작은술
- 양상추잎 8장
- 아보카도 저민 것 1개 분량(또는 아보카도
  1컵)
- 살사 약간(서빙용)
- 고수 다진 것 약간(서빙용)

|만드는 법|

1 선드라이드 토마토를 볼에 넣고 뜨거운 물을 잠기도록 부은 뒤 5분 정도 불린다.
  토마토는 건지고 불린 물은 남겨둔다.
2 콜리플라워, 호두, 해바라기씨, 불린 선드라이드 토마토, 마늘, 커민가루, 칠리가
  루, 파프리카가루, 천일염을 푸드프로세서에 넣고 토마토 불린 물 1큰술을 넣어
  작은 완두콩 크기가 될 때까지 간다.
3 가장자리가 있는 대형 베이킹시트에 2를 붓고 230℃로 예열한 오븐에서 콜리플
  라워가 부드러워지고 전체적으로 노릇노릇해질 때까지 20분 정도 굽는다.
4 양상추잎에 3의 타코필링을 담고 아보카도와 살사, 고수를 올린다.

생강마늘새우양배추볶음

준비 시간: 10분 | 조리 시간: 20분 | 분량: 4인분

| 재료 |

- 당근 어슷 썬 것 4개 분량
- 빨간색 파프리카 굵게 다진 것 1개 분량
- 올리브오일 1큰술
- 굵은 소금과 후추 굵게 간 것 약간씩
- 코코넛아미노스 3큰술
- 참기름 2작은술
- 생강 다진 것 1큰술

- 마늘 다진 것 3쪽 분량
- 새우 껍데기와 내장 제거한 것 450g
- 양배추 웨지 모양으로 얇게 썬 것 1통 분량
- 김치 국물을 제거한 것 ½~1컵
- 실파 송송 썬 것(장식용)
- 참깨 볶은 것(장식용)

| 만드는 법 |

1 오븐 가운데 단에 선반을 설치하고 가장자리가 있는 베이킹시트에 유산지를 깐다.

2 시트에 당근과 파프리카를 담고 올리브오일을 두른 뒤 소금과 후추로 가볍게 간을 해 골고루 버무린다.

3 200℃로 예열한 오븐에서 10분 정도 굽는다.

4 코코넛아미노스와 참기름, 생강, 마늘을 볼에 담고 잘 섞는다.

5 당근과 파프리카를 팬 한쪽으로 밀고 새우와 양배추를 넣은 뒤 소금과 후추로 간한다.

6 4를 두른 뒤 양배추 위에 김치를 얹고 채소가 부드럽지만 아삭할 정도로 익고 새우가 불투명해질 때까지 10분 정도 굽는다.

7 실파와 참깨를 뿌린다.

페스토를 채운 닭가슴살과 토마토소스

준비 시간: 30분 | 조리 시간: 25분 | 분량: 4인분

| 페스토닭가슴살 재료 |

- 바질잎 2컵
- 잣 ¼컵
- 마늘 굵게 다진 것 2쪽 분량
- 레몬즙(생) 2작은술
- 천일염 ¼작은술
- 영양 효모 1작은술(생략 가능)
- 올리브오일 3큰술
- 닭가슴살 저민 것 4장 분량(각 170g)

| 토마토소스 재료 |

- 올리브오일 1큰술
- 리크 다진 것(흰 부분) ½컵
- 마늘 다진 것 1쪽 분량
- 홀플럼토마토 통조림 다진 것 1캔(500g)
- 천일염과 후추 굵게 간 것 약간씩
- 발사믹식초 ¼작은술

*시금치페스토를 만들려면 바질 2컵 대신 가볍게 담은 어린시금치 1½컵에 가볍게 담은 생 바질 ½컵을 더한다.

| 만드는 법 |

1 바질, 잣, 마늘, 레몬즙, 천일염, 영양 효모를 푸드프로세서에 담고 바질이 굵게 다져질 때까지 간다. 푸드프로세서를 돌리면서 올리브오일을 천천히 가늘게 부어서 전체적으로 매끄럽게 잘 섞는다.

2 닭가슴살을 각각 랩 2장으로 감싸고 고기 망치의 편편한 부분을 이용해 0.5cm 두께가 되도록 두드려 편다.

3 각 가슴살 가운데 1의 페스토를 ¼씩 나누어 올리고 가장자리를 0.5cm 정도 남기고 고르게 바른다.

4 좁은 쪽을 기준으로 롤처럼 돌돌 말아 필요하면 이쑤시개로 찔러서 모양을 고정시킨다. 완성한 닭가슴살은 여민 곳이 아래로 가도록 접시에 담는다.

5 팬에 올리브오일을 두르고 중강불에 올려 달군 뒤 리크를 넣고 거의 부드러워질

때까지 5분 정도 저으면서 익힌다.

6 마늘을 넣고 리크가 완전히 부드러워질 때까지 1분 정도 더 익힌다.

7 토마토를 국물째 붓고 가끔 저으면서 5분 정도 뭉근하게 익힌 뒤 천일염과 후추로 간한다.

8 발사믹식초를 넣어 섞고 속을 채운 닭가슴살을 담은 뒤 뚜껑을 닫고 중강 불에서 70℃ 정도가 될 때까지 15~20분 정도 익힌다.

9 닭가슴살에서 이쑤시개를 제거하고 적당히 저며서 남은 소스를 붓는다.

녹색채소를 곁들인 연어구이

준비 시간: 20분 | 조리 시간: 15분 | 분량: 4인분

| 연어구이 재료 |

- 연어 필레 2cm 두께 4장(각 140g)
- 굵은 소금 1작은술
- 후추 굵게 간 것 ½작은술
- 올리브오일 1큰술
- 기 1작은술

| 샐러드 재료 |

- 오렌지주스(생) 3큰술
- 엑스트라버진 올리브오일 2큰술
- 화이트와인식초(또는 사과주식초) 1작은술
- 천일염과 후추 굵게 간 것 약간씩
- 라디키오 심을 제거하고 잎만 적당히 뜯은 것 1통 분량
- 아루굴라 1컵
- 비트잎(또는 갓) ½컵
- 이탈리안파슬리 다진 것 2큰술
- 체리 씨 제거하고 반으로 자른 것 1컵

| 만드는 법 |

1 연어에 소금과 후추로 간한다.
2 무쇠팬에 올리브오일과 기를 두르고 중강불에 올려서 뜨겁게 달군 뒤 연어 껍질이 아래로 오도록 올리고 껍질이 노릇노릇해질 때까지 4분 정도 굽는다.
3 스패출러로 연어를 뒤집어서 만져서 탄탄하게 느껴질 때까지 3분 정도 더 굽는다.
4 오렌지주스와 올리브오일, 화이트와인식초를 볼에 담고 골고루 잘 섞은 뒤 천일염과 후추로 간한다.
5 라디키오, 아루굴라, 비트잎, 파슬리를 넣고 가볍게 버무린다.
6 접시 4개에 5를 나누어 담고 3을 올린 뒤 체리를 뿌린다. 따뜻한 상태로 먹는다.

뿌리채소커리

준비 시간: 15분 | 조리 시간: 15분 | 분량: 4인분

| 재료 |

- 채소국물 2½컵
- 코코넛크림 ¾컵
- 그린커리페이스트(또는 레드커리페이스트)
  2큰술
- 천일염 ¼작은술
- 코코넛오일 1큰술
- 고구마 껍질 벗기고 깍둑 썬 것 1½컵

- 파스닙 껍질 벗기고 깍둑 썬 것 ½컵
- 노란색 양파 얇게 저민 것 ¼컵
- 병아리콩 통조림 물에 헹군 것 1캔(400g)
- 콜리플라워라이스(냉동) 340g
- 캐슈너트(무가염) 구워서 굵게 다진 것 ¼컵
- 고수 다진 것 2큰술

*코코넛크림은 코코넛밀크보다 되직한 캔 상품이다. 여기서는 무가당 제품만 사용한다. 전지유 코코넛밀크 캔 상단부에 하얗게 고이는 크림 또한 코코넛크림이다. 무가당 코코넛크림을 구하지 못했다면 대체해서 사용할 수 있다.

| 만드는 법 |

1 채소국물, 코코넛크림, 커리페이스트, 천일염을 볼에 담고 거품기로 잘 섞는다.
2 코팅팬에 코코넛오일을 두르고 중강불에서 달군 뒤 고구마와 파스닙을 넣고 가끔 저으면서 3분 정도 익힌다.
3 양파를 넣고 1분 정도 더 익힌 뒤 1과 병아리콩을 넣고 한소끔 끓으면 불을 낮춘다. 뚜껑을 닫고 채소가 부드러워질 때까지 가끔 저으면서 10분 정도 뭉근하게 익힌다.
4 콜리플라워라이스를 데우고 그릇에 담은 뒤 3의 커리를 올린다.
5 캐슈너트와 고수를 뿌린다.

소고기쌀국수

조리 시간: 30분 | 분량: 4인분

| 재료 |

- 소고기 스테이크용(유기농, 목초비육) 340g
- 코코넛오일 2큰술
- 천일염과 후추 굵게 간 것 약간씩
- 소뼈국물 5컵(312쪽 참고)
- 코코넛아미노스 2작은술
- 피시소스 2작은술
- 생강 다진 것 1큰술

- 당근 채 썰거나 굵게 간 것 2개 분량
- 주키니면 1봉(300~340g)
- 실파 송송 썬 것 ¼컵
- 세라노(또는 할라페뇨 저민 것) 1개 분량
  (생략 가능)
- 허브(민트, 바질, 고수) 다진 것 ½컵
- 라임 웨지로 썬 것 1개 분량

| 만드는 법 |

1 소고기를 길게 반으로 썰고 결 반대 방향으로 길고 얇게 저민 뒤 다시 길게 반
  으로 썬다. 원한다면 자르기 더 쉽도록 20분 정도 미리 냉동해둔다.
2 4L 더치오븐이나 대형 냄비에 코코넛오일을 두르고 중강불에서 녹인 뒤 소고기
  를 넣고 천일염과 후추로 가볍게 간한다. 앞뒤로 색이 날 정도로만 2분 정도 익힌
  다. 소고기를 건져 따로 둔다.
3 소뼈국물과 코코넛아미노스, 피시소스, 생강을 조심스럽게 붓고 중강 불에서 한
  소끔 끓인다.
4 3에 당근과 주키니면을 넣고 채소가 부드럽지만 아삭할 정도로 2분 정도 삶는다.
5 4에 소고기를 넣고 그릇에 수프를 나눠 담은 뒤 실파와 세라노, 허브를 얹는다.
  라임 조각을 곁들인다.

코어4 단계

간식

버팔로치킨딥

준비 시간: 10분 | 조리 시간: 20분 | 분량: 8인분

| 재료 |

- 기 1큰술
- 노란색 양파 다진 것 ½컵
- 마늘 다진 것 2쪽 분량
- 수제 마요네즈(239쪽 참고 또는 시판 마요네즈(아보카도오일 마요네즈 등)) ⅔컵
- 코코넛크림(무가당) 1캔(150g, ⅔컵)
- 디종머스터드 1큰술
- 훈제파프리카가루 ¼작은술
- 마늘가루 1작은술
- 양파가루 ½작은술
- 천일염 ½작은술
- 핫소스 ¼컵
- 레몬즙(생) 1큰술
- 닭고기 익혀서 결대로 찢은 것 2½~3컵
- 채소 길게 썬 것(셀러리, 주키니, 당근 또는 파프리카)

| 만드는 법 |

1 팬에 기를 두르고 중강불에 올려 달군 뒤 양파와 마늘을 넣고 양파가 부드러워질 때까지 4~5분 정도 익힌다.
2 마요네즈와 코코넛크림, 머스터드, 파프리카가루, 마늘가루, 양파가루, 천일염, 핫소스, 레몬즙을 볼에넣고 잘 섞는다.
3 닭고기를 넣어 버무리고 1의 양파와 마늘을 넣어 잘 섞은 뒤 2L 베이킹그릇에 담는다.
4 175℃로 예열한 오븐에 덮개를 씌우지 않은 채로 넣고 가장자리가 보글거리고 전체적으로 뜨거워질 때까지 20분 정도 굽는다.
5 채소 길게 썬 것을 곁들인다.

콜리플라워플랫브레드

준비 시간: 10분 | 조리 시간: 15분 | 분량: 6인분(1인당 플랫브레드 4장)

| 재료 |

• 콜리플라워 송이 4컵
• 달걀 1개
• 올리브오일 2큰술
• 아몬드가루 ½컵
• 천일염 ½작은술
• 카이엔페퍼 ⅛작은술
• 영양 효모 1큰술

| 만드는 법 |

1 콜리플라워를 푸드프로세서에 넣어 곱게 다진다. 단, 퓨레가 되지는 않을 정도로 짧은 간격으로 간다.
2 달걀, 올리브유, 아몬드가루, 천일염, 카이엔페퍼, 영양 효모를 넣고 뚜껑을 닫은 뒤 곱게 잘 섞이도록 간다.
3 베이킹시트 2개에 유산지를 깔고 2를 2큰술 올린 뒤 숟가락 뒷면으로 0.3cm 두께가 되도록 바른다. 나머지도 같은 과정을 반복한다.
4 220℃로 예열한 오븐에 3을 넣은 뒤 윗면이 노릇노릇해질 때까지 10~15분 정도 굽는다. 넓은 스패츌러를 이용해 뒤집어가며 노릇노릇해질 때까지 2~3분 더 굽는다.
5 완성된 플랫브레드를 식힘망에 올려 식히고 따뜻하게 또는 실온으로 낸다.

매콤한 견과류크랜베리

조리 시간: 25분 | 분량: 2½컵(1인분 ¼컵)

| 재료 |

- 칠리가루 1작은술
- 천일염 ¾작은술
- 마늘가루 ¼작은술
- 후추 간 것 ¼작은술
- 커민가루 ⅛작은술
- 올리브오일(또는 아보카도오일) 1큰술
- 통아몬드 1컵
- 통캐슈너트(또는 마카다미아너트) ½컵
- 피칸 ½로 자른 것 ½컵
- 호박씨 ¼컵
- 크랜베리(또는 체리) 말린 것 ⅓컵

| 만드는 법 |

1 칠리가루, 천일염, 마늘가루, 후추, 커민가루를 볼에 담고 올리브오일을 넣어 골고루 섞는다.
2 아몬드와 캐슈너트, 피칸, 호박씨를 넣고 골고루 버무린다.
3 가장자리가 있는 베이킹시트에 유산지를 깔고 2를 펼쳐서 담는다.
4 160℃로 예열한 오븐에 넣고 중간에 1번 뒤섞으면서 견과류가 살짝 바삭바삭해질 때까지 12~15분 정도 굽는다.
5 오븐에서 꺼내고 크랜베리를 넣어 잘 섞은 뒤 식힌다.

*밀폐용기에 담고 실온에서 1주일 정도 보관 가능하다.

초콜릿코코넛헴프에너지볼

준비 시간: 10분 | 냉동 시간: 20분 | 분량: 12인분

| 재료 |

- 대추야자 씨를 제거한 것 8개
- 헴프시드 ¼컵
- 코코아가루(무가당) ¼컵
- 코코넛(무가당) 슬라이스 2큰술
- 코코넛오일 녹인 것 1큰술
- 바닐라익스트랙 ¼작은술
- 천일염 ¼작은술
- 다크초콜릿(무가당) 곱게 다진 것 2큰술

*대추야자가 너무 건조하면 뜨거운 물을 잠기도록 부어서 10분 정도 불린다. 건져서 종이 타월로 두드려 물기를 제거한다.

| 만드는 법 |

1 대추야자를 푸드프로세서에 넣고 한 덩어리로 뭉쳐질 때까지 짧은 간격으로 간다.

2 헴프시드와 코코아가루, 코코넛, 코코넛오일, 바닐라, 천일염, 초콜릿을 넣고 전체적으로 잘 섞이고 거의 부드러운 질감이 될 때까지 간다. 아주 끈적한 반죽이 되어야 한다. 수분이 부족해서 공 모양으로 뭉치기 힘들면 물을 1작은술씩 넣으며 짧은 간격으로 갈아 농도를 조절한다. 너무 질면 헴프시드를 1작은술씩 더하면서 짧은 간격으로 갈아 농도를 조절한다.

3 베이킹시트나 접시에 유산지를 깔고 스쿱 또는 손으로 반죽을 12등분해 공 모양으로 빚는다. 손에 물을 묻히면 반죽을 빚기 더 쉽다.

4 베이킹시트에 반죽을 올리고 냉동실에서 단단해질 때까지 20분 정도 차갑게 식힌다.

5 완성한 에너지볼은 밀폐용기에 담고 냉장실에서 1주일 정도, 냉동실에 1개월 정도 보관할 수 있다.

바삭한 병아리콩로스트

준비 시간: 10분 | 조리 시간: 1시간 30분 | 분량: 8인분

| 재료 |
- 통조림 병아리콩 물에 헹군 것 2캔(400g)
- 올리브오일 2큰술
- 천일염 1작은술
- 원하는 향신료 또는 혼합 향신료(커리가루, 칠리가루, 가람마살라, 훈제파프리카가루, 저크블렌드 등)(생략 가능)

| 만드는 법 |
1 병아리콩을 물에 헹구고 채소탈수기에 돌려 물기를 제거한다.
2 베이킹팬에 종이타월을 깔고 병아리콩을 부은 뒤 종이타월을 1장 더 올리고 굴려서 여분의 물기를 제거한다. 물기가 완전히 말라서 보송보송해야 한다.
3 종이타월을 제거하고 베이킹팬에 병아리콩을 깐 뒤 올리브오일을 두르고 천일염을 뿌린 다음 골고루 버무린다.
4 175℃로 예열한 오븐에서 30분 정도 굽고 향신료를 뿌려서 골고루 버무린 뒤 오븐을 끄고 병아리콩이 말라서 바삭바삭해질 때까지 1시간 정도 그대로 둔다.
5 완전히 식히고 밀폐용기에 보관한다.

과카몰리를 채운 파프리카

조리 시간: 30분 | 분량: 6인분(1인분 파프리카 반으로 자른 것 2개씩)

| 재료 |

• 미니 파프리카 6개

• 아보카도 익은 것 1개

• 실파 곱게 다진 것 1큰술

• 라임즙(생) 1큰술

• 고수 다진 것 2작은술

• 할라페뇨 다진 것 1작은술

• 마늘 다진 것 1쪽 분량

• 천일염 ¼작은술

• 베이컨 바삭하게 구워 잘게 부순 것 3장 분량

• 대추토마토 저민 것 6개 분량

| 만드는 법 |

1 파프리카는 길게 반으로 잘라 씨와 심을 제거한다.

2 아보카도를 길게 반으로 잘라 씨를 제거하고 숟가락으로 과육을 파내 볼에 담는다.

3 아보카도 과육을 포크로 곱게 으깨고 실파, 라임즙, 고수, 할라페뇨, 마늘, 천일염을 넣은 뒤 섞는다.

4 파프리카에 3을 2~3작은술씩 담고 베이컨과 토마토를 올린다.

주키니후무스오이롤

조리 시간: 15분 | 분량: 4~5인분

| 재료 |

- 주키니 껍질을 벗기고 굵게 다진 것 2개 분량
- 마늘 반으로 자른 것 1쪽 분량
- 레몬즙(생) 2큰술
- 타히니 3큰술
- 엑스트라버진 올리브오일 1큰술
- 커민가루 ½작은술
- 훈제 또는 파프리카가루 ⅛작은술
- 천일염 ¼작은술
- 오이 1개
- 레몬제스트(생략 가능)

| 만드는 법 |

1 주키니와 마늘, 레몬즙, 타히니, 올리브오일, 커민가루, 파프리카, 천일염을 푸드 프로세서에 담고 고운 크림 같은 상태가 될 때까지 간다.

2 채소 필러나 가장 얇은 세팅의 채칼로 오이를 얇고 길게 깎고 껍질이 대부분인 처음 것과 마지막 것은 버린다. 씨가 나올 때까지 깎아내기를 앞뒷면으로 반복한다.

3 오이 슬라이스한 것 가운데 후무스를 2작은술씩 담고 조심스럽게 돌돌 만다. 취향에 따라 레몬제스트로 장식한다.

*주키니후무스 대신 과카몰리를 사용하면 제거8 단계에서도 먹을 수 있는 음식이 된다.

제거8 단계
아침 식사

스테이크와 고구마해시브라운

준비 시간: 15분 | 조리 시간: 15분 | 분량: 2인분

| 스테이크와 해시브라운 재료 |

• 고구마 껍질을 벗기고 채 썬 것 1개 분량
• 실파 다진 것 2대 분량
• 올리브오일 6큰술
• 천일염 약간
• 후추 굵게 간 것 약간
• 소고기 스테이크용(1cm 두께의 립아이) 2장
  (각 140g)

| 홀스래디시소스 재료 |

• 홀스래디시 2큰술
• 비달걀 마요네즈(278쪽) 2큰술
• 차이브 곱게 다진 것 1작은술
• 레몬제스트 ½작은술
• 굵은 소금 ½작은술
• 후추 굵게 간 것 ⅛작은술

| 만드는 법 |

1 고구마와 실파를 볼에 담고 올리브오일 3큰술을 두른 뒤 소금과 후추로 간한 다음 골고루 버무린다.

2 무쇠팬을 중강불에 달구고 뜨거워지면 올리브오일 2큰술을 두른 뒤 가장자리를 2.5cm 정도 남기고 고구마를 골고루 편다(고구마는 익을수록 납작해진다). 바닥이 노릇노릇하고 바삭해질 때까지 8~10분 정도 굽고 뒤집는다. 여분의 올리브오일을 두르고 반대쪽도 노릇노릇하고 바삭해질 때까지 4~5분 정도 더 굽는다.

3 2를 꺼내 가장자리가 있는 베이킹팬에 담고 120℃로 예열한 오븐에서 따뜻하게 보관한다.

4 홀스래디시, 마요네즈, 차이브, 레몬제스트, 소금, 후추를 볼에 넣고 섞는다.

5 팬에 올리브오일 1큰술을 두르고 중강불에 달군 뒤 스테이크를 올려서 앞뒤로 2분씩 굽는다. 미디엄으로 굽는다면 내부 온도는 62℃ 정도다.

6 스테이크에 4의 홀스래디시소스를 바르고 3의 해시브라운을 곁들인다.

방울양배추연어구이

조리 시간: 15분 | 분량: 2인분

| 재료 |

- 베이컨 3장
- 샬롯 송송 썬 것 1개(대) 분량
- 방울양배추 채 썬 것 255~280g
- 사과 껍질과 심을 제거하고 굵게 간 것 ½개 분량
- 연어 익혀서 결대로 찢은 것 1~1½컵
- 천일염 ¼작은술
- 후추 굵게 간 것 ¼작은술
- 코코넛아미노스 1작은술
- 아보카도(완숙) 깍둑 썬 것 ½개 분량
- 레몬제스트 1작은술
- 딜, 바질, 이탈리안파슬리 다진 것

| 만드는 법 |

1 팬에 베이컨을 담고 중강불에 올린 뒤 1번 뒤집어가며 바삭바삭해질 때까지 5~8분 정도 굽는다. 종이타월에 얹어서 기름기를 제거하고 식으면 잘게 부순다. 팬에 고인 베이컨 기름은 1큰술만 남기고 버린다.

2 달궈진 팬에 샬롯을 넣고 부드럽고 바삭해질 때까지 3~4분 정도 볶는다.

3 방울양배추를 넣고 뚜껑을 닫은 뒤 2분간 익히고 뚜껑을 열고 방울양배추가 아삭하면서 부드러워질 때까지 중간중간 뒤적이면서 3분 더 익힌다.

4 사과와 연어를 넣고 천일염과 후추, 코코넛아미노스로 간한 뒤 연어와 사과가 따뜻해질 때까지 2~3분 정도 익힌다.

5 잘게 부순 베이컨, 아보카도, 레몬제스트, 딜 등의 허브를 뿌린다.

콜리플라워구이와 버섯양파스크램블

준비 시간: 20분 | 조리 시간: 30분 | 분량: 2인분

| 재료 |

- 콜리플라워(심이 붙은 것) 잎만 따낸 것 1통 (900g)
- 올리브오일 2큰술
- 천일염 ¼작은술
- 후추 굵게 간 것 ¼작은술
- 노란색 양파 잘게 썬 것 ½컵
- 양송이버섯 저민 것 140g
- 마늘 다진 것 1쪽 분량
- 이탈리안파슬리 다진 것 ¼컵
- 살구 다져서 말린 것(아황산염 처리를 하지 않은 것) 2큰술
- 오렌지제스트 2작은술

| 만드는 법 |

1 콜리플라워를 칼로 윗부분부터 2.5cm 두께로 가로로 2장을 자른다. 남은 콜리플라워는 다른 요리에 사용한다.

2 베이킹시트에 콜리플라워를 담고 솔로 올리브오일 1큰술을 앞뒤로 바른 뒤 천일염과 후추를 뿌린다.

3 가장자리가 있는 베이킹시트에 알루미늄포일을 깔고 220℃로 예열한 오븐에 2를 넣고 15분 정도 굽는다. 조심스럽게 뒤집으며 부드러워질 때까지 10~15분 정도 더 굽는다.

4 팬에 올리브오일 1큰술을 두르고 중강불에 올린 뒤 뜨거워지면 양파를 넣고 자주 저어가며 부드러워질 때까지 3~4분 정도 익힌다.

5 버섯과 마늘을 넣고 버섯에서 즙이 나오고 노릇노릇해질 때까지 자주 저으면서 4~5분 정도 익힌다. 필요하면 여분의 올리브오일을 두르고 천일염으로 간한다.

6 파슬리와 살구, 오렌지제스트를 볼에 넣고 섞는다.

7 3의 콜리플라워에 5의 버섯양파스크램블을 곁들이고 6을 뿌린다.

파워그린스무디

조리 시간: 5분 | 분량: 2인분

| 재료 |

• 바나나 썬 것 1개 분량
• 코코넛밀크(전지유) 통조림 ⅓컵
• 물 1컵
• 망고(냉동) 1컵
• 복숭아(냉동) ½컵
• 생강 1cm 두께로 저민 것
• 터메릭가루 ¼작은술
• 모둠 녹색채소 140g

| 만드는 법 |

1 바나나, 코코넛밀크, 물, 망고, 복숭아, 생강, 터메릭, 녹색채소를 믹서에 넣는다.
2 곱게 간다.

새우오크라볶음과 콜리플라워그리츠

조리 시간: 30분 | 분량: 4인분

| 그리츠 재료 |

- 기 3큰술
- 마늘 다진 것 2쪽 분량
- 코코넛아미노스 1작은술
- 닭뼈국물(312쪽 참고) ½컵
- 콜리플라워라이스(냉동) 340g
- 천일염 1작은술
- 후추 굵게 간 것 1작은술

| 새우오크라볶음 재료 |

- 베이컨 2장
- 기 1큰술
- 노란색 양파 굵게 다진 것 ¾컵
- 천일염 ¾작은술
- 후추 굵게 간 것 ¾작은술
- 오레가노 말린 것 1작은술
- 마늘가루 ½작은술
- 오크라(생) 송송 썬 것 450g(또는 냉동 오크
  라 잘게 썬 것 340g)
- 새우 껍질과 내장 제거한 것 450g
- 레몬즙(생) 1큰술
- 이탈리안파슬리 다진 것 약간(생략 가능)

| 만드는 법 |

1 팬에 기를 두르고 중강불에 올려서 녹인 뒤 마늘을 넣고 30초 정도 익힌다.

2 코코넛아미노스, 닭뼈국물, 콜리플라워라이스를 넣어 섞고 천일염과 후추로 간
한 뒤 자주 저으면서 콜리플라워라이스가 부드러워질 때까지 5분 정도 익힌다.
원한다면 스틱 블렌더로 콜리플라워라이스를 곱게 갈아도 좋다. 뚜껑을 닫고 따
뜻하게 보관한다.

3 팬을 중강불에 올리고 베이컨을 바삭하게 구운 뒤 접시에 종이타월을 올리고 베
이컨을 올려서 기름기를 제거한 다음 식으면 잘게 부순다. 팬에 고인 베이컨 기

름은 1큰술만 남기고 따라낸다.

4 팬에 기름을 두르고 양파를 넣어 부드러워질 때까지 자주 저으면서 8~10분 정도 익힌다.

5 오레가노는 잘게 부순 뒤 볼에 담고 천일염, 후추, 마늘가루를 넣고 섞는다.

6 4에 오크라를 넣고 5를 뿌린 뒤 중강불로 올리고 자주 저으면서 3분 정도 익힌다.

7 새우를 넣고 새우가 불투명해지고 오크라가 부드럽지만 아삭함을 유지할 정도가 될 때까지 자주 저어가며 3분 정도 볶은 뒤 레몬즙을 넣고 섞는다.

8 접시 4개에 2를 나눠 담고 7을 올린 뒤 취향에 따라 파슬리로 장식한다.

소시지사과구이

준비 시간: 25분 | 조리 시간: 35분 | 분량: 4인분

| 재료 |

- 기 2큰술+여분(코팅용)
- 사과 4개
- 사과주스(100%, 생착즙 살균) ¾컵+3큰술
- 천일염 1½작은술
- 마늘가루 1작은술
- 양파가루 1작은술
- 세이지가루 1작은술
- 타임 말린 것 ½작은술
- 후추 간 것 ¼작은술
- 돼지고기(기름기 없는 것 또는 칠면조고기) 다진 것 450g
- 칡전분 1½작은술
- 땅콩호박라이스(냉동, 포장 설명에 따라 익힌 것) 280g

| 만드는 법 |

1 사과를 세로로 반을 자르고 껍질 부분을 얇게 썰어서 사과가 똑바로 서 있을 수 있도록 한다.

2 사과의 심을 파내서 씨를 제거하고 껍질을 0.6~1cm 정도 남긴 뒤 속을 파내고 과육은 곱게 다진다.

3 팬에 기 1큰술을 두르고 중강불에 녹인 뒤 사과 과육을 넣어 부드러워질 때까지 자주 저으면서 3~5분 정도 익힌다.

4 3을 불에서 내려 볼에 담고 사과주스 1큰술, 천일염 1작은술, 마늘가루, 양파가루, 세이지, 타임, 후추를 넣은 뒤 잘 섞고 식힌다.

5 돼지고기를 넣고 너무 많이 치대지 않도록 주의하면서 조심스럽게 잘 섞은 뒤 속을 파낸 사과에 헐렁하게 채운다.

6 33×22cm 베이킹그릇에 기를 약간 바르고 5를 담은 뒤 덮개를 씌우지 않은 채로 220℃로 예열한 오븐에 넣고 고기 내부 온도가 돼지고기 기준 71℃, 칠면조 기준 73℃가 될 때까지 35~40분 정도 굽는다.

7 사과주스 2큰술과 칡전분을 냄비에 담고 거품기로 골고루 잘 섞은 뒤 사과주스 ¾ 컵을 넣어 섞는다.

8 7을 중강불에 올려 저어가며 보글보글 끓을 때까지 익히고 불의 세기를 낮춘 뒤 저으면서 1분 정도 더 익힌다.

9 익힌 땅콩호박라이스에 남은 기 1큰술과 천일염 ½작은술을 더해서 버무린 뒤 식사용 접시에 나눠 담는다.

10 6을 올리고 8의 소스를 두른다.

고구마대추야자스무디

조리 시간: 5분 | 분량: 1컵

| 재료 |

- 바나나 슬라이스한 것(냉동) ½컵
- 당근 굵게 채 썬 것 ⅓컵
- 사과주스 ⅓컵
- 얼음 2~3개
- 대추야자 씨 제거하고 다진 것 2개 분량
- 고구마 익혀서 으깬 것 ⅔컵
- 시나몬가루 약간

| 만드는 법 |

1 바나나와 당근, 사과주스, 얼음, 대추야자를 믹서에 넣고 부드러운 상태가 될 때까지 간다.
2 고구마를 1에 넣고 부드러워질 때까지 간다.
3 유리컵에 담고 시나몬가루를 뿌린다.

*바나나를 저며서 냉동 보관하면 언제든지 스무디를 만들 수 있다. 바나나의 껍질을 벗긴 다음 1cm 두께로 송송 썬다. 저민 바나나에 오렌지주스를 약간 뿌려서 잘 버무리면 갈변을 막는다. 물기를 제거하고 유산지를 깐 베이킹시트에 펼쳐 담아서 냉동한다. 냉동한 바나나는 냉동용 밀폐용기 또는 지퍼백에 담아서 냉동 보관한다.

제거8 단계
점심 식사

콜리플라워브로콜리타불리

준비 시간: 10분 | 조리 시간: 30분 | 분량: 4인분

| 재료 |

- 올리브오일 3큰술+약간
- 콜리플라워브로콜리라이스(냉동) 280~340g(또는 콜리플라워라이스 5컵)
- 천일염 1작은술
- 레몬즙(생) 3큰술
- 칼라마타올리브 씨 제거하고 굵게 다진 것 ¼컵
- 오이 잘게 썬 것 1개 분량
- 실파 송송 썬 것 2대 분량
- 민트 다진 것 ¼컵
- 파슬리 다진 것 ½컵
- 레몬 조각 약간(생략 가능)

| 만드는 법 |

1 팬에 올리브유를 두르고 중강불에 올린 뒤 콜리플라워브로콜리라이스를 넣고 천일염 ½작은술을 뿌린 다음 가끔 저으면서 부드럽지만 아삭함은 유지될 정도로 5분 정도 익힌다.

2 알루미늄포일이나 유산지를 넓게 깔고 1을 펼쳐 담아서 식힌다.

3 남은 천일염 ½작은술과 레몬즙을 볼에 넣어 잘 섞고 식힌 콜리플라워브로콜리라이스, 올리브, 오이, 실파, 민트, 파슬리를 넣어 조심스럽게 버무린다.

4 여분의 올리브오일을 두르고 취향에 따라 레몬 조각을 곁들인다.

*콜리플라워브로콜리라이스는 전날 미리 조리해도 좋다. 덮개를 씌워서 사용하기 전까지 냉장 보관한다.

닭고기주키니면수프

조리 시간: 30분 | 분량: 4인분

| 재료 |

- 닭가슴살 반으로 가른 것 450g
- 올리브오일 3큰술
- 노란색 양파 다진 것 1개 분량
- 셀러리 깍둑 썬 것 2대 분량
- 당근 깍둑 썬 것 1개 분량
- 닭뼈국물(312쪽 참고) 4컵
- 물 2컵
- 타임 말린 것 ½작은술
- 천일염 ½작은술
- 후추 간 것 ¼작은술
- 주키니면 2컵
- 파슬리 곱게 다진 것 2큰술

| 만드는 법 |

1 종이타월로 닭고기를 두드려서 물기를 제거한다.

2 냄비에 올리브오일 2큰술을 두르고 중강불에 올려서 달군 뒤 닭고기를 넣고 중간에 뒤집으면서 노릇노릇해질 때까지 6~8분 정도 익힌다.(아직 완전히 익히지 않는다).

3 닭고기를 도마에 옮기고 깍둑 썬 뒤 따로 담는다.

4 냄비에 남은 올리브오일 1큰술을 두르고 중강불에 달군 뒤 양파, 셀러리, 당근을 넣고 양파가 부드러워지기 시작할 때까지 저으면서 4분 정도 익힌다.

5 닭뼈국물과 물, 타임, 천일염, 후추를 넣고 한소끔 끓인 뒤 3의 닭고기를 넣고 뚜껑을 닫고 고기가 익을 때까지 6~8분 정도 익힌다.

6 주키니면을 넣고 뚜껑을 닫은 뒤 면이 부드럽지만 아직 아삭할 정도가 될 때까지 1~2분 정도 익힌다.

7 파슬리를 넣고 섞는다.

레몬생선수프

준비 시간: 10분 | 조리 시간: 10분 | 분량: 2인분

| 재료 |

- 닭뼈국물(312쪽 참고) 3컵
- 레몬제스트 1작은술
- 천일염 ¼작은술
- 대구 필레(또는 기타 탄탄한 흰살 생선) 226g
- 콜리플라워라이스 ½컵
- 레몬즙(생) 2작은술
- 어린 아루굴라 줄기 제거한 것 2컵
- 당근 채 썬 것 ½컵
- 민트잎 아주 곱게 채 썬 것 2큰술
- 실파(흰 부분과 녹색 부분) 채 썬 것 1대 분량

| 만드는 법 |

1 닭뼈국물과 레몬제스트를 냄비에 담고 한소끔 끓인 뒤 불 세기를 낮춰서 김이 오르지만 끓지는 않을 정도가 되도록 한다.
2 천일염, 생선, 콜리플라워라이스를 넣고 생선과 콜리플라워라이스가 적당히 부드러워질 때까지 5분 정도 익힌다.
3 생선을 건져서 한입 크기로 나눈다.
4 국물에는 레몬즙을 넣고 섞는다.
5 볼에 국물을 나눠 담고 생선, 아루굴라, 당근, 민트, 실파를 올린다.

연어비트펜넬샐러드

조리 시간: 15분 | 분량: 4인분

| 재료 |

• 모둠 녹색채소 140g

• 펜넬 구근 심을 제거하고 깎은 것 1개 분량

• 어린 통비트(냉장) 익혀서 잘게 다진 것 226g

• 연어 익혀서 결대로 찢은 것 340g

• 엑스트라버진 올리브오일(또는 아보카도오일) ¼컵

• 오렌지주스(생) ¼컵

• 발사믹식초 2큰술

• 샬롯 다진 것 1큰술

• 천일염 ¼작은술

• 후추 굵게 간 것 ¼작은술

| 만드는 법 |

1 접시에 녹색채소를 나눠 담고 펜넬과 비트, 연어를 올린다.

2 올리브오일, 오렌지주스, 발사믹식초, 샬롯, 천일염, 후추를 볼에 담고 거품기로
   골고루 섞는다.

3 샐러드에 2의 드레싱을 두르고 남은 드레싱은 덮개를 씌운 뒤 냉장 보관한다.

새우크로켓과 코울슬로

조리 시간: 30분 | 분량: 2인분

| 코울슬로 재료 |

- 비달걀 마요네즈(278쪽 참고) ½컵
- 사과식초 1큰술
- 딜 말린 것 ½작은술
- 천일염 ½작은술
- 후추 간 것
- 코울슬로 믹스(양배추와 당근) 4컵
- 실파 송송 썬 것 1대 분량

| 새우크로켓 재료 |

- 새우(생) 껍질과 꼬리, 내장을 제거한 것 226g
- 칡전분 2큰술
- 적양파 곱게 다진 것 2큰술
- 셀러리 곱게 다진 것 2큰술
- 파슬리 다진 것 1큰술
- 비달걀 마요네즈 2큰술
- 레몬즙(생) 1큰술
- 천일염 ¼작은술+약간
- 마늘가루 ¼작은술
- 후추 간 것
- 코코넛가루 ½컵
- 기 2큰술
- 레몬 조각 약간(생략 가능)

| 만드는 법 |

1 마요네즈, 사과식초, 딜, 천일염, 후추를 볼에 담고 골고루 섞는다.

2 코울슬로 믹스와 실파를 볼에 담고 1의 드레싱을 두른 뒤 골고루 버무린다. 새우 크로켓을 만드는 동안 냉장 보관한다.

3 새우를 종이타월로 두드려 물기를 제거하고 철제 칼날을 설치한 푸드프로세서 에 담은 뒤 곱게 다져질 때까지 짧은 간격으로 돌린다.

4 3을 중형 볼에 옮겨 담고 칡전분과 양파, 셀러리, 파슬리, 마요네즈, 레몬즙, 천일

염, 마늘가루를 넣은 뒤 후추를 뿌리고 골고루 잘 섞는다.

5 코코넛가루와 천일염 ⅛작은술, 후추 ⅛작은술을 작은 접시에 넣어 잘 섞고 4를 ⅓컵 크기 계량컵으로 하나씩 퍼서 다른 접시에 담는다.

6 손으로 새우크로켓 반죽을 패티 모양으로 빚고 5에서 만든 코코넛가루를 골고루 묻혀서 다른 접시에 담은 뒤 나머지 패티도 같은 과정을 반복한다. 패티는 4개 정도가 나온다.

7 팬에 기를 두르고 중강불에 올려서 녹인 뒤 패티를 올리고 3분 정도 구운 다음 뒤집어서 반대편도 2~3분 정도 굽는다.

8 7의 새우크로켓에 2의 슬로와 취향에 따라 레몬 조각을 곁들인다.

비달걀 마요네즈

| 재료 |

- 아보카도 1개
- 올리브오일 ¼컵
- 코코넛버터 1큰술
- 사과주식초(또는 레몬즙) 1큰술
- 마늘가루 ¼작은술
- 소금 ¼작은술

| 만드는 법 |

1 믹서나 푸드프로세서에 아보카도 과육, 올리브오일, 코코넛버터, 사과주식초, 마늘가루, 소금을 담는다.
2 뚜껑을 닫고 빠른 속도로 곱게 섞는다.
3 잘 저은 뒤 밀폐용기에 담아서 냉장 보관한다. 1주일 정도 보관할 수 있다.

스테이크당근국수와 치미추리소스

조리 시간: 30분 | 분량: 4인분

| 치미추리소스 재료 |
- 이탈리안파슬리 1컵
- 오레가노잎 2큰술
- 마늘 4쪽
- 레드와인식초 3큰술
- 레몬즙(생) 1큰술
- 굵은 소금 ½작은술
- 엑스트라버진 올리브오일 ½컵

| 스테이크당근국수 재료 |
- 소고기 스테이크용(유기농, 목초비육) 450g
- 천일염 ½작은술+약간
- 후추 간 것 ¼작은술+약간
- 올리브유 1큰술
- 당근면(냉동) 340g
- 어린 아루굴라(또는 시금치) 4컵

| 만드는 법 |

1 파슬리, 오레가노, 마늘을 푸드프로세서에 넣고 곱게 다져질 때까지 돌린 뒤 레드와인식초, 레몬즙, 소금, 올리브유를 넣고 짧은 간격으로 돌려서 잘 섞는다.

2 브로일러를 예열하고 오븐 선반은 열원에서 10~12.5cm 떨어진 곳에 설치한다.

3 소고기에 앞뒤로 2.5cm 간격의 대각선 격자무늬로 칼집을 얇게 넣은 뒤 천일염과 후추로 간한다.

4 브로일러팬에 3을 담고 브로일러에 넣어서 중간에 1번 뒤집어가며 미디엄(62℃) 기준 13~16분 정도 굽는다.

5 4를 도마에 옮겨 담고 알루미늄포일을 덮은 뒤 5분 정도 휴지한다.

6 먼저 결 반대 방향으로 얇게 저미고 한입 크기로 썬다.

7 팬에 올리브오일을 두르고 중강불에 올린 뒤 당근면을 넣고 자주 저으면서 부드러워질 때까지 6~8분 정도 익힌다.

8 아루굴라를 넣고 골고루 섞어서 숨이 죽도록 한 뒤 천일염과 후추로 간한다.

9 얕은 볼에 당근면을 나눠 담고 스테이크를 올리고 1의 치미추리소스를 두른다.

채소 아보카도 코코넛랩

조리 시간: 10분 | 분량: 2인분

| 재료 |

• 익은 아보카도 굵게 썬 것 1개 분량

• 레몬즙(생) 1큰술

• 천일염 ¼작은술

• 커민가루 ¼작은술

• 채소(콜리플라워, 브로콜리, 비트, 양파, 방울양배추, 고구마, 당근 등) 구운 것 1컵

• 코코넛랩 2장

• 새싹 채소 약간

| 만드는 법 |

1 아보카도, 레몬즙, 천일염, 커민가루를 볼에 담고 포크로 으깨면서 잘 섞는다.

2 필요하면 구운 채소를 전자레인지에서 30~45초 정도 데운다.

3 코코넛랩에 1을 2~3큰술씩 바른다.

4 채소를 반씩 나눠 아보카도 위에 수북하게 올리고 새싹 채소를 얹는다.

*으깬 아보카도가 남았으면 냉장 보관하고 딥이나 스프레드로 사용한다.

제거8 단계

저녁 식사

닭고기채소볶음면

조리 시간: 30분 | 분량: 4인분

| 재료 |

- 국수호박 반으로 잘라 씨 제거한 것 1개
  (1.1~1.3kg)
- 코코넛아미노스 ¼작은술
- 사과식초 2큰술
- 파인애플주스 1큰술
- 천일염 ½작은술
- 후추 간 것 ¼작은술
- 코코넛오일 4큰술
- 닭가슴살(또는 허벅지살) 2.5cm 크기로 썬
  것 450g

- 마늘 다진 것 3쪽 분량
- 생강 간 것 1큰술
- 노란색 양파 다진 것 1컵
- 표고버섯 저민 것 140g
- 셀러리 송송 썬 것 1컵
- 어린 청경채 어슷 썬 것 2개 분량
- 실파 송송 썬 것 2대 분량
- 고수 다진 것 ¼컵

| 만드는 법 |

1 국수호박을 반으로 자르고 전자레인지용 유리나 베이킹그릇에 단면이 아래로
   오도록 담는다. 너무 크면 하나씩 따로 조리한다.

2 그릇에 물을 2.5cm 깊이로 붓고 전자레인지에서 호박이 부드러워질 때까지 15분
   정도 가열한 뒤 그릇을 식힘망에 올려 한김 식힌다.

3 포크로 호박 속살을 파낸다. 6컵 정도가 나온다.

4 코코넛아미노스와 사과식초, 파인애플주스를 볼에 넣고 섞은 뒤 따로 담아둔다.

5 큰 팬에 코코넛오일 2큰술을 두르고 중강불에 올려 녹인 뒤 닭고기를 넣고 건드
   리지 않은 채로 불투명해질 때까지 2분 정도 익힌다.

6 골고루 저으면서 천일염과 후추로 간하고 마늘과 생강을 섞는다. 닭고기가 완전
   히 익을 때까지 3분 정도 더 볶고 볼에 담는다.

7 같은 팬에 남은 코코넛오일 2큰술을 두르고 중강불에 녹인 뒤 양파를 넣고 자주 저으면서 부드러워질 때까지 2분 정도 볶는다.

8 버섯과 셀러리, 청경채를 넣고 채소가 부드럽지만 아삭할 정도로 자주 저으면서 3~4분 정도 익힌다.

9 닭고기를 다시 팬에 넣고 4의 소스를 넣은 뒤 골고루 섞는다.

10 전체적으로 따뜻해질 때까지 가열하고 파낸 국수호박 속에 담은 뒤 실파와 고수를 뿌린다.

타라곤관자구이와 아스파라거스샐러드

조리 시간: 20분 | 분량: 4인분

| 아스파라거스샐러드 재료 |

• 엑스트라버진 올리브오일 2큰술

• 레몬즙(생) 4작은술

• 샬롯 다진 것 2작은술

• 천일염 ⅛작은술

• 후추 간 것 ⅛작은술

• 아스파라거스 손질한 것 450g

| 타라곤관자구이 재료 |

• 관자(생 또는 냉동) 450g

• 천일염 ½작은술

• 후추 간 것 ¼작은술

• 올리브오일 1큰술

• 기 3큰술

• 마늘 저민 것 2쪽 분량

• 레몬즙(생) 1큰술

• 타라곤잎 다진 것 4작은술

| 만드는 법 |

1 올리브오일과 레몬즙, 샬롯, 천일염, 후추를 볼에 담고 거품기로 잘 섞는다.

2 필러로 아스파라거스를 길고 얇게 깎고 1에 넣어 골고루 버무린다.

3 관자는 종이타월로 두드려서 물기를 제거하고 천일염과 후추를 뿌린다.

4 팬에 올리브오일과 기 1큰술을 두르고 중강불에 올려서 달군 뒤 관자를 넣고
   바닥이 노릇노릇해질 때까지 3분 정도 굽는다. 뒤집어서 반대쪽도 노릇노릇해지
   고 살짝 불투명해질 때까지 2~3분 더 구운 뒤 접시에 담고 중강불로 낮춘다.

5 뜨거운 팬에 남은 기 2큰술을 두르고 마늘과 레몬즙을 넣은 뒤 마늘이 노릇해
   지고 향이 올라올 때까지 1~2분 정도 익힌 다음 타라곤을 넣어 섞는다.

6 관자 위에 5의 마늘버터소스를 두르고 아스파라거스샐러드를 곁들인다.

코코넛생강호박수프

조리 시간: 30분 | 분량: 4인분

|재료|

- 기 2큰술
- 노란색 양파 굵게 다진 것 1컵
- 배(바틀렛Bartlett 등) 반으로 잘라 굵게 다진
  것 1개 분량
- 땅콩호박(냉동) 1170g(4컵)
- 생강 간 것 1큰술
- 터메릭가루 1작은술
- 정향가루 ⅛작은술
- 천일염 1작은술
- 후추 굵게 간 것 ¼작은술
- 코코넛밀크(무가당) 1캔(370~400g)
- 닭뼈국물(312쪽 참고) 2컵
- 베이컨 또는 프로슈토칩(298쪽 참고)
  (생략 가능)

|만드는 법|

1 더치오븐에 기를 두르고 중강불에 올려서 녹인 뒤 양파를 넣고 가끔 저어가며
  부드럽고 캐러멜화될 때까지 8~10분 정도 익힌다.
2 배와 호박을 넣고 호박이 살짝 노릇노릇해지고 배가 부드러워질 때까지 익힌 뒤
  생강, 터메릭, 정향, 천일염, 후추, 코코넛밀크, 육수를 넣고 잘 섞는다. 자주 저으
  면서 뜨겁게 데운다.
3 스틱 블렌더로 조심스럽게 완전히 간다. 또는 수프를 한김 식히고 적당량씩 조심
  스럽게 푸드프로세서나 믹서에 옮겨 담은 뒤 곱게 간다. 수프가 너무 되직하면
  물을 2큰술씩 더하면서 원하는 농도로 조절한다.
4 취향에 따라 베이컨이나 프로슈토칩을 뿌린다.

생선구이와 지카마타코

준비 시간: 30분 | 조리 시간: ½두께 기준 4~6분 | 분량: 4인분(1인분 타코 4개)

| 생선구이 재료 |

• 생선(대구) 필레 450g
• 아보카도오일 ¼컵
• 샬롯(또는 적양파) 다진 것 3큰술
• 마늘 다진 것 1쪽 분량
• 라임제스트 1작은술
• 라임즙(생) 2큰술
• 오렌지즙(생) 2큰술
• 오레가노 말린 것 1작은술
• 천일염 ¼작은술
• 후추 간 것 ⅛작은술

| 지카마타코 재료 |

• 지카마 껍질을 벗긴 것 1개
• 로메인양상추 채 썬 것
• 토핑: 망고·오이·아보카도 깍둑 썬 것, 래디시 저민 것, 적양파, 생고수 다진 것, 라임 약간씩
* 지카마 대신 순무나 비트를 사용해도 된다.

| 만드는 법 |

1 아보카도오일, 샬롯, 마늘, 라임제스트, 라임즙, 오렌지주스, 오레가노, 천일염, 후추를 볼에 넣고 골고루 섞는다.

2 생선 필레의 두께를 재고 대형 지퍼백에 생선을 담은 뒤 1의 절임액을 붓고 밀봉한다. 주기적으로 지퍼백을 뒤집어서 생선이 골고루 재워지도록 한다. 실온에서 15분 정도 재운다.

3 지카마는 가로로 반을 자르고 가장자리를 손질해서 지름 10cm 크기나 채칼에 맞는 크기로 둥글게 다듬는다. 채칼을 제일 얇은 두께로 맞추고 지카마를 둥글게 슬라이스해 16장을 만든다. 채칼이 없으면 칼로 아주 얇게 저민다. 필링을 둥글게 감쌀 수 있을 정도로 얇아야 한다. 잘라낸 지카마에 덮개를 씌워서 따로 두고 남은 지카마는 잘 싸서 다른 요리에 사용할 때까지 냉장 보관한다.

4 생선을 꺼내고 그릴을 중강불에 달군 뒤 생선을 올리고 뚜껑을 닫지 않은 채로 중간에 1번 뒤집어가며 결대로 잘 부서질 때까지 1cm 두께 기준 4~6분 정도 굽는다.

5 접시에 옮겨 담고 큼직하게 결대로 찢는다.

6 지카마 위에 양상추, 생선, 원하는 토핑을 올리고 라임을 곁들인다.

소고기버거와 적양배추

준비 시간: 25분 | 조리 시간: 45분 | 분량: 4인분

| 양배추 재료 |

• 올리브오일 2큰술

• 적양파 다진 것 1컵

• 적양배추 곱게 채 썬 것 6컵

• 사과 깍둑 썬 것 2개 분량

• 사과주스 ¾컵

• 사과식초 3큰술

• 정향가루 ⅛작은술

• 생강가루 ¼작은술

• 시나몬가루 ⅛작은술

• 후추 간 것 ½작은술

• 천일염 ½작은술

| 버거 재료 |

• 소고기(유기농, 목초비육) 다진 것 450g

• 양파 곱게 다진 것 ¼컵

• 레몬제스트 1작은술

• 후추 간 것 ¾작은술

• 천일염 ½작은술

• 올스파이스가루 ½작은술

• 올리브오일 1큰술

• 소뼈국물(312쪽 참고) ½컵

| 만드는 법 |

1 냄비에 올리브오일을 두르고 중약불에 올린 뒤 양파를 넣고 부드럽고 살짝 노릇해질 때까지 6~8분 정도 익힌다.

2 양배추를 넣고 부드럽지만 아삭할 정도가 될 때까지 6~8분 정도 익힌다.

3 사과와 사과주스, 식초, 정향가루, 생강가루, 시나몬가루, 후추, 천일염을 넣고 한소끔 끓인 뒤 불을 낮춘 다음 뚜껑을 닫고 가끔 저으면서 30분 정도 익힌다.

4 뚜껑을 열고 국물이 살짝 줄어들 때까지 익힌다.

5 다진 소고기와 양파, 레몬제스트, 후추, 천일염, 올스파이스를 볼에 담고 조심스럽게 골고루 섞은 뒤 4등분해서 1cm 두께의 패티 모양으로 빚는다.

6 팬에 올리브오일을 두르고 중강불에 올린 뒤 5의 패티를 넣고 중간에 1번 뒤집으며 겉은 노릇노릇하고 속까지 전부 익을 때까지 8분 정도 굽는다.

7 패티를 접시에 담고 알루미늄포일을 느슨하게 덮는다.

8 팬에 소뼈국물을 붓고 바닥의 노릇노릇한 파편을 모두 긁어내고 반으로 졸아들 때까지 4분 정도 익힌다.

9 버거에 졸인 8의 소스를 두르고 4의 양배추를 곁들인다.

가자미구이와 콜라비당근사과슬로

조리 시간: 30분 | 분량: 4인분

| 슬로 재료 |

• 엑스트라버진 올리브오일 3큰술

• 레몬즙(생) 1큰술

• 샬롯 다진 것 2작은술

• 타임 2작은술

• 천일염 ⅛작은술

• 후추 굵게 간 것 ⅛작은술

• 콜라비 곱게 채 썬 것 1개 분량(2컵)

• 당근 채 썬 것 1컵

• 사과 채 썬 것 1개 분량

| 가자미구이 재료 |

• 허브드프로방스 1큰술

• 양파가루 1작은술

• 굵은 소금 1작은술

• 후추 간 것 ½작은술

• 올리브오일 2큰술+약간

• 가자미 필레 껍질 제거한 것 4장(각 170g)

| 만드는 법 |

1 올리브오일, 레몬즙, 샬롯, 타임, 천일염, 후추를 볼에 담고 거품기로 잘 섞는다.

2 콜라비, 당근, 사과를 넣고 골고루 버무린다.

3 허브드프로방스와 양파가루, 소금, 후추를 볼에 넣고 골고루 섞는다.

4 팬에 올리브오일을 두르고 중강불에 올려서 달군 뒤 가자미를 넣어서 5분 정도
   굽는다. 생선을 뒤집고 필요하면 올리브오일을 더 두른다.

5 3의 양념을 뿌리고 필레 가운데 부분이 반투명해질 때까지 5~7분 정도 더 굽
   는다.

6 가자미에 2의 슬로를 곁들인다.

올리브포도소고기구이

준비 시간: 10분 | 조리 시간: 20분 | 분량: 4인분

| 재료 |

- 적포도 ½등분으로 자른 것 1컵
- 칼라마타올리브 씨 제거하고 반으로 썬 것 ⅓컵
- 샬롯 굵게 다진 것 1큰술
- 올리브오일 4작은술
- 천일염 ¾작은술
- 소고기(등심) 1cm 정도 두께로 썬 것 340~400g
- 모둠 통후추 으깬 것 ½작은술
- 로즈메리잎 다진 것 2작은술
- 타임잎 말린 것 ¼작은술
* 폭찹은 립아이, 포터하우스를 사용하면 된다.

| 만드는 법 |

1 조리하기 15분 전에 폭찹을 냉장고에서 꺼낸다.
2 포도, 올리브, 샬롯을 볼에 넣고 섞은 뒤 올리브오일 2작은술을 두르고 천일염 ¼작은술을 뿌린 다음 골고루 버무린다.
3 소고기를 종이타월로 두드려서 물기를 제거하고 남은 올리브유 2작은술을 앞뒤로 문질러 바른 뒤 남은 천일염 ½작은술과 으깬 통후추로 앞뒤에 간한다.
4 무쇠팬을 중강불에 달구고 소고기를 넣고 앞뒤로 노릇하게 지진다.
5 소고기 주변에 2를 둘러 담고 로즈메리와 타임을 전체적으로 뿌린다.
6 175℃로 예열한 오븐에 팬을 넣고 조리용 온도계로 소고기 가운데를 찌르면 62℃가 될 때까지 15~25분 정도 굽는다.
7 그릇에 소고기와 포도를 담고 알루미늄포일을 덮은 뒤 3분 정도 휴지시킨다.

제거8 단계

간식

채소롤과 랜치드레싱

조리 시간: 20분 | 분량: 10개

| 재료 |

- 칠면조 저민 것(또는 로스트비프) 170g
- 오이 껍질 벗겨서 길게 10등분한 것 1개
- 지카마 껍질 벗겨서 길게 10등분한 것 ½개
- 당근 껍질 벗겨서 길게 10등분한 것 1개
- 수제 랜치드레싱(294쪽 참고)

*지카마 대신 순무나 비트를 사용해도 된다.

| 만드는 법 |

1 깨끗한 작업대에 칠면조를 1장 깔고 오이 1개, 지카마 1개, 당근 1개를 얹는다.
2 채소를 감싸면서 돌돌 말고 랜치드레싱을 곁들인다.

*저민 칠면조나 로스트비프 대신 양상추잎을 사용하면 비건 간식이 된다.

수제 랜치드레싱

| 재료 |

- 비달걀 마요네즈(278쪽 참고) 1컵
- 코코넛밀크 ½컵
- 딜 곱게 다진 것 1큰술(또는 딜 말린 것 1작은술)
- 차이브 곱게 다진 것 1큰술
- 레몬즙(생) 2작은술
- 양파가루 ½작은술
- 마늘가루 ¼작은술
- 후추 간 것 ¼작은술

*캔에 담긴 코코넛밀크는 분리된 상태다. 소형 볼에 모두 부은 다음 골고루 저은 뒤 계량해야 한다.

| 만드는 법 |

1 볼에 비달걀 마요네즈, 코코넛밀크, 딜, 차이브, 레몬즙, 양파가루, 마늘가루, 후추를 담고 골고루 잘 섞는다.
2 밀폐용기에 담아 냉장 보관한다.
3 남은 드레싱은 밀폐용기에 담아 냉장 보관한다. 1주일 정도 보관할 수 있다.

훈제연어오이카나페

준비 시간: 15분 | 냉장 시간: 30분 | 분량: 8개

| 재료 |

• 비달걀 마요네즈(278쪽 참고) ¼컵

• 딜 다진 것 2작은술+약간(장식용)

• 레몬제스트 ¼작은술

• 레몬즙(생) ¼작은술

• 마늘가루 ⅛작은술

• 백후추 간 것 ⅛작은술

• 훈제연어 다진 것 170g

• 오이 1개(또는 엔다이브잎 8장)

| 만드는 법 |

1 마요네즈와 딜, 레몬제스트, 레몬즙, 마늘가루, 백후추를 볼에 넣고 연어를 더해서 잘 섞는다.

2 덮개를 씌워서 냉장고에 30~60분 정도 재운다.

3 오이는 어슷하게 썰어서 8장을 만든다. 남은 오이는 랩으로 싸서 냉장 보관한다.

4 오이에 2의 연어를 올리고 딜로 장식한다.

*훈제연어의 포장 정보를 꼼꼼하게 읽고 감미료나 기타 성분이 포함된 제품인지 확인한다. 오로지 연어와 소금만 사용해서 장작에 훈제한 온훈제연어가 좋다.

무화과올리브타프나드

조리 시간: 10분 | 분량: 6~8인분

| 재료 |

- 무화과 말려서 다진 것 ⅓컵
- 칼라마타올리브 씨 제거한 것 ½컵
- 그린올리브 씨 제거한 것 ⅓컵
- 엑스트라버진 올리브오일 1~2큰술
- 발사믹식초 2작은술
- 로즈메리 다진 것 ½작은술
- 타임 다진 것 ¼작은술
- 마늘 다진 것 1쪽 분량
- 프로슈토칩(298쪽 참고)

| 만드는 법 |

1 무화과를 푸드프로세서에 담고 간 뒤 칼라마타올리브와 그린올리브, 올리브오일 1큰술, 발사믹식초, 로즈메리, 타임, 마늘을 넣고 올리브가 곱게 다져질 때까지 간다. 필요하면 남은 올리브오일 1큰술로 농도를 조절한다.
2 프로슈토칩을 곁들인다.

*이 타프나드에 곁들이는 프로슈토칩을 만들 때는 구운 뒤 양념을 하지 않는다. 프로슈토칩 대신 채소칩이나 플랜테인칩을 곁들이면 비건 요리가 된다.

레몬파스닙구이

준비 시간: 5분 │ 불리는 시간: 10분 │ 조리 시간: 30분 │ 분량: 4인분

│ 재료 │

- 파스닙 껍질 벗긴 것 450g
- 올리브오일(또는 아보카도오일) 2큰술
- 타임잎 1큰술
- 레몬제스트 1작은술
- 천일염 ½작은술
- 후추 간 것 ¼작은술
- 수제 랜치드레싱(294쪽 참고)

│ 만드는 법 │

1 파스닙은 7.5cm 길이, 0.5cm 두께 긴 막대 모양으로 썰고 볼에 얼음물을 담은 뒤 파스닙을 넣고 10분 정도 담가둔다.

2 파스닙을 건져서 종이타월로 물기를 제거하고 볼에 담은 뒤 올리브오일을 둘러 골고루 버무린 다음 천일염과 후추를 뿌려 마저 버무린다.

3 베이킹시트에 유산지를 깔고 파스닙을 고르게 깐다.

4 230℃로 예열한 오븐에서 파스닙을 가끔 뒤집어가면서 부드럽고 노릇노릇해질 때까지 30분 정도 굽는다.

5 파스닙구이에 타임과 레몬제스트를 뿌린 뒤 랜치드레싱을 곁들인다.

3가지 프로슈토칩

준비 시간: 5분 | 조리 시간: 10분 | 분량: 4인분

| 재료 |

• 프로슈토디파르마 아주 얇게 저민 것 1통(85~113g)
• 원하는 양념
  1: 마늘가루와 후추 간 것
  2: 타임잎과 레몬제스트
  3: 허브드프로방스

| 만드는 법 |

1 오븐 가운데 선반을 설치한다.
2 베이킹팬에 유산지를 깔고 프로슈토를 펼쳐서 담은 뒤 175℃로 예열한 오븐에서
   바삭바삭해질 때까지 10~15분 정도 굽는다. 타지 않도록 유심히 살핀다. 칩은 식
   으면서 더 바삭해진다.
3 바닥에 알루미늄포일이나 유산지, 종이타월 등을 깔고 식힘망을 얹은 뒤 칩을
   올리고 원하는 양념을 뿌린다.

*프로슈토칩은 잘게 부숴서 수프 또는 샐러드에 뿌려 먹어도 좋다.

채소피클

준비 시간: 25분 | 냉장 시간: 24시간 | 분량: 16인분(각 ¼컵)

| 재료 |

• 손질한 채소(비트 저민 것, 당근 채 썬 것, 오이 채 썬 것, 적양파 채 썬 것, 래디시 채 썬 것, 펜넬 구근
  채 썬 것 등) 450g 병 2개 분량
• 통후추 10알
• 마늘 으깬 것 2쪽 분량
• 생강 저민 것 2개(두께 0.3cm)
• 사과식초 1컵
• 사과주스 100% 1컵
• 천일염 1½작은술

| 만드는 법 |

1 유리병에 채소를 켜켜이 담고 통후추, 마늘, 생강을 나눠 담는다.
2 사과식초, 사과주스, 천일염을 냄비에 담고 한소끔 끓인다.
3 2를 1의 채소에 붓고 1시간 정도 식힌다.
4 뚜껑을 닫고 냉장 보관하며 3주 정도 보관 가능하다.

이탈리안미트볼

준비 시간: 20분 | 조리 시간: 25분 | 분량: 16인분(미트볼 각 2개)

| 재료 |

• 소고기(유기농, 목초비육) 다진 것 340g

• 돼지고기(유기농) 다진 것 225g

• 영양 효모 2큰술

• 소뼈국물(312쪽 참고) 3큰술

• 코코넛가루 2큰술

• 마늘 다진 것 2쪽 분량

• 천일염 1작은술

• 이탈리안시즈닝 1½작은술

• 파슬리 다진 것 1큰술

• 후추 간 것

| 만드는 법 |

1 소고기, 돼지고기, 영양 효모, 소뼈국물, 코코넛가루, 마늘, 천일염, 이탈리안시즈
닝, 파슬리를 볼에 넣고 후추를 뿌려서 버무린다. 손으로 전체적으로 잘 섞는다.

2 반죽을 32등분해서 2.5cm 크기의 공 모양으로 빚는다.

3 알루미늄포일을 깐 베이킹팬에 담는다.

4 175℃로 예열한 오븐에서 겉이 노릇노릇하고 속이 다 익을 때까지 25분 정도 굽
는다.

건강회복음료와
국물

건강회복음료는 오전 중의 휴식 시간(우리 몸에 이렇게 좋은 음료가 있는데 누가 커피를 마시고 싶을까?)이나 치유력이 필요할 때면 언제든지 마시기 좋다. 최대한 많은 치료용 선택지를 제공하고 싶은 마음에 식단표에 기재된 것보다 다양한 레시피를 소개하기로 했다. 적어도 본인의 특정 문제를 해결할 수 있는 레시피는 꼭 시음해보기를 바란다.

다음 건강회복음료 레시피는 코어4와 제거8 단계 모두에 적용 가능하다. 차와 터메릭밀크는 잠자리에 들기 전 긴장을 풀고 평온한 수면을 유도하는 데 탁월한 효과를 발휘한다. 참고로 일반 식료품점에서는 쉽게 구하기 어려운 낯선 재료가 많이 들어간다는 점을 미리 알아두자. PART 3의 도구상자에서 소개된 재료 또한 여럿 포함돼 있다. 다양한 상품을 갖춘 건강식품 전문점에 문의하거나 온라인 쇼핑몰에서 유명 건강식품 및 보충제 회사 제품을 찾아보도록 하자.

*주서기가 없다면 고속 믹서에 정수를 적당량 부어서 농도를 조절해가며 곱게 갈아 주스를 만들 수 있다. 필요한 물의 양은 상황에 따라 달라지기 때문에 한번에 ¼컵씩 더하면서 상태를 확인한다.

모두 몇 분만 투자하면 충분히 만들 수 있으며, 모든 레시피는 1인분 분량이나 양을 2배로 늘려 만들어도 무방하다.

트로피컬스파이스주스

염증 문제로 고통받는 사람에게 완벽한 영양을 담은 파인애플 베이스의 주스다. 파인애플에는 천연 효소 능력이 뛰어난 화합물인 브로멜린이 풍부하여 소화뿐 아니라 관절통, 알레르기 및 천식에도 도움이 된다. 브로멜린은 통증과 염증 감소에 탁월한 효과를 보이며 터메릭은 커큐민 함량이 높은 유명한 항염증제다. '향신료' 느낌을 더하는 시나몬은 혈당 수치를 조절하고 식욕을 감소시키는 데 도움이 되므로 체중 감량용 주스 레시피를 원하는 사람에게 제격이다.

| 재료 |

• 터메릭 뿌리 15개(개당 7.5cm 크기. 대형 식료품점 또는 건강식품 전문점에서 구입할 수 있다.)

• 시나몬가루 1큰술

• 오이 2개

• 파인애플 1개

| 만드는 법 |

1 주서기나 믹서에 모든 재료를 넣는다.

2 물을 약간 넣고 간다.

그린퀸주스

달콤하고 영양가가 높아서 염증성 질환이 있는 사람에게 맞는 건강 그린주스다. 케일은 티아민과 단백질, 엽산, 리보플라빈, 마그네슘, 철분, 인은 물론 비타민A와 K, C, B6의 훌륭한 공급원이다. 모두 뛰어난 항염증 효과를 자랑하는 비타민이다. 또한 통증을 완화하는 맛있는 생강과 불필요한 염증 원인 퇴치에 강력한 힘을 발휘하는 비타민C가 풍부한 레몬을 더했다.

| 재료 |
• 케일 1단
• 키위 2개
• 레몬 조각 1개
• 생강 저민 것 1개

| 만드는 법 |
모든 재료에 물을 약간 넣고 주서기에 내리거나 믹서에 간다. 믹서를 사용할 경우 키위 껍질을 벗겨서 넣는다.

블루베리블래스트주스

블루베리가 들어간 그린주스로 염증을 줄이면서 활력을 북돋기 때문에 운동하기 전에 섭취하면 좋다. 항산화물질이 함유된 베리 중에서는 블루베리의 효능이 가장 뛰어나다. 안토시아닌이 풍부해서 염증을 줄이는 데 도움이 되며 그 외에도 다양한 건강상 이점이 많다.

| 재료 |
• 오렌지 껍질과 씨 제거한 것 2개
• 시금치잎 2컵
• 블루베리 2컵

| 만드는 법 |
1 주서기나 믹서에 모든 재료를 넣는다.
2 물을 약간 넣고 간다.

회춘 셀러리주스

아주 간단하지만 효과는 강력한 주스다. 셀러리에는 장에 좋은 미네랄과 영양소가 풍부하다. 셀러리를 지속적으로 섭취하는 간단한 방법으로 수천 명의 환자가 놀라운 변화를 보이는 것을 직접 목격한 바 있다. 계속 마실수록 주스가 위장 내 천연 산인 HCL을 복원해서 소화 및 미생물군 균형에 도움을 준다. 아침마다 공복에 최대 450g의 신선한 셀러리주스를 권장한다. 양을 천천히 늘려가자. 클렌징 효과가 뛰어나서 한번에 섭취량을 너무 늘리면 화장실에서 많은 시간을 보내야 할 수도 있다.

| 재료 |
• 셀러리(유기농) 1~2단

| 만드는 법 |
1 주서기나 믹서에 셀러리를 넣는다.
2 물을 약간 넣고 간다.

생강유근피차

생강과 유근피는 항염증제로 장 내벽을 치유하는 효과가 있다.

| 재료 |
• 생강 1작은술
• 정수물 2컵
• 유근피가루 1작은술

| 만드는 법 |
1 생강을 갈아서 찻주전자에 담고 물을 부어 끓인다.
2 체에 거르고 유근피가루를 넣은 뒤 잘 섞어 녹인다.

│ 부신 균형 아이스티 │

강장식물성 약물차로 염증 진정에 도움이 되며 특히 뇌-부신축HPA 균형을 잡는 데
에 뛰어난 효과를 발휘한다.

| 재료 |
- 아슈와간다가루 1작은술
- 시나몬가루 1작은술
- 홀리 바질가루 1작은술
- 홍경천가루 1작은술

| 만드는 법 |
1 모든 가루를 섞고 뜨거운 물 1~2컵을 붓는다.
2 15분 정도 우리고 얼음컵에 붓는다.

│ 위장 회복 스무디 │

위장 치료 효과가 있는 스무디다. 개인적으로도 거의 매일 이 스무디를 마신다.

| 재료 |
- 코코넛밀크(전지유) 1컵
- 콜라겐가루(해양 또는 목초비육) 2큰술
- 엑스트라버진 코코넛오일 1큰술
- 프로바이오틱가루 ½작은술
- 비글리시리진 감초(DGL) 1작은술
- 아연카르노신 1작은술
- L-글루타민가루 1큰술
- 케일 다진 것 2컵
- 베리(냉동, 유기농) ½컵

| 만드는 법 |
1 믹서에 모든 재료를 넣는다.
2 곱게 간다.

부신 균형 강장 스무디

| 재료 |

• 브라질넛 4개(제거8 진행 시 생략)
• 코코넛밀크(전지유) 1컵
• 베리(냉동, 유기농) 1컵
• 시금치 1컵
• 아슈와간다가루 1작은술

• 콜라겐 펩타이드 1스쿱
• 코코넛오일(또는 MCT오일) 1큰술
• 마카가루 1큰술
• 홍경천가루 1작은술

| 만드는 법 |

1 믹서에 모든 재료를 넣는다.
2 곱게 간다.

갑상선 강화 스무디

갑상선 기능을 집중적으로 개선하고 염증을 줄이는 스무디다. 호르몬 도구상자를 사용할 경우 추가하기 좋다.

| 재료 |

• 아보카도 1개
• 셀러리 1대
• 베리(냉동, 유기농) 1컵
• 코코넛밀크(전지유) 1컵
• 모둠 녹색채소 1컵

• 콜라겐프로틴 1스쿱
• 덜스플레이크 2큰술
• 엑스트라버진 코코넛오일 1큰술
• 마카가루 1큰술
• 브라질넛(제거8 진행 시 생략) 2개

| 만드는 법 |

1 믹서에 모든 재료를 넣는다.
2 곱게 간다.

| 조절T세포 자극 스무디 |

조절T세포는 몸의 염증 균형을 강화하는 동력원이다. 슈퍼푸드 스무디로 아낌없이 도움을 주도록 하자.

| 재료 |

- 코코넛밀크(전지유) 1컵
- 녹색채소 3줌
- 베리(냉동) 1줌
- 황기가루 1작은술
- 흑쿠민씨오일 1작은술
- 고양이발톱* 1작은술
- 카카오가루(생) 1작은술
- 커큐민가루 1작은술

*cat's claw 페루의 전통 약재로 다양한 염증 진정 효과가 있다.

| 만드는 법 |

1 믹서에 모든 재료를 넣는다.
2 곱게 간다.

| 성호르몬 강화 음료 |

좋은 지방과 약용 허브가 가득한 건강회복음료로 호르몬에 활력을 끼얹어 보자.

| 재료 |

- 코코넛밀크(전지유) 1컵
- 카카오가루 1작은술
- 벨벳콩가루 1작은술
- 실라짓가루 1작은술
- 시나몬가루 ½작은술

| 만드는 법 |

1 모든 재료를 믹서에 넣고 곱게 간다.
2 냄비에 옮겨 담고 중강불에 올려서 따뜻해질 때까지 3~5분 정도 데운다.

안티에이징 블루그린라테

바닷빛 색조를 띤 남조류와 스피룰리나는 염증을 감소시킬 뿐 아니라 세포를 보호하고 젊어 보이게 만드는 독특한 항산화물질이 함유돼 있다.

| 재료 |

- 코코넛밀크(전지유) 1컵
- 남조류(또는 스피룰리나가루) 1작은술
- 시나몬가루 ½작은술
- 바닐라익스트랙(유기농) ½작은술

| 만드는 법 |

1 모든 재료를 냄비에 넣고 따뜻하게 가열하면서 골고루 잘 녹인다.
2 머그잔에 담고 여분의 시나몬가루를 뿌린다.

피부미백 라벤더토닉

진주는 강장 왕국에서 아름다움의 왕을 담당하고 있다. 머리카락과 손톱을 강화하고 피부에 영양을 공급하는 강력한 아미노산 공급원이다. 라벤더 또한 피부 안팎을 진정시키는 효과가 있다.

| 재료 |

- 물 1½컵
- 레몬즙 1작은술
- 진주가루 1작은술
- 라벤더에센셜오일(식용) 2~3방울

| 만드는 법 |

1 컵에 레몬즙, 진주가루, 라벤더에센셜오일을 넣고 물을 붓는다.
2 잘 섞는다.

항염증 터메릭밀크(골든밀크)

터메릭은 염증의 불길을 잡는 데 탁월한 효능을 발휘한다. 코코넛 등의 지방, 후추 등의 향신료와 함께 사용하면 효능이 증폭되고 생체 이용률이 높아진다. 생강 또한 훌륭한 항염증 및 위장 치료제다. 오전 중에 마셔도 좋지만 야식에 익숙한 사람이 라면 특히 저녁에 마시는 것을 추천한다.

|재료|

• 코코넛밀크 1컵
• 터메릭 1작은술
• 시나몬가루 ½작은술
• 생강가루 ¼작은술
• 후추 간 것 약간

|만드는 법|

1 모든 재료를 믹서에 넣고 곱게 간다.
2 냄비에 붓고 중강불에 올려서 3~5분 정도 따뜻하게 데운다.

가랑갈국물

같은 뿌리줄기 식물이라 외형도 매우 비슷하지만 생강과 가랑갈은 서로 다른 식재료다. 보기에는 똑같아도 고유한 맛과 질감이 있다. 가랑갈은 일반 생강보다 겉이 딱딱해서 갈지 못하고 송송 썰어서 사용해야 한다. 또한 생강의 매운맛에 비해 풍미가 강한 편으로, 감귤류와 솔잎향이 가미된 날카로운 맛이 미각을 자극한다. 태국과 말레이시아, 인도네시아 요리에서 즐겨 사용해서 태국 생강이라고도 부르며 아유르베다 의학 및 기타 아시아 문화에서 치료제로 수 세기 동안 사용돼왔다. 가랑갈국물에는 뼈국물의 콜라겐 및 기타 영양소가 부족하지만 다양한 방식으로 위장을 치유하는 강력한 화합물이 여럿 들어 있다. 의심의 여지없이 가랑갈국물은 위장 건강을 개선하는 최고의 방법 중 하나다. 신선한 가랑갈은 건강식품 마트 또는 온라인 쇼핑몰에서 구입할 수 있다. 신선한 가랑갈이 없으면 말린 가랑갈이나 가랑갈가루를 찾아보자. 일반적으로 신선한 가랑갈 1큰술은 말린 가랑갈 또는 가랑갈가루 ¼작은술로 대체할 수 있다.

| 재료 | 분량: 3L

- 채소국물 12컵
- 가랑갈 송송 썬 것 1조각(2.5cm 크기) 분량
- 레몬그라스 3대
- 실파 송송 썬 것 3대 분량
- 셀러리 3대(잎 부분 포함)
- 카피르라임잎 4장
- 천일염 ½작은술
- 후추 간 것 1작은술
- 고수 3~4줄기

| 만드는 법 |

1 깊은 냄비에 채소국물을 담고 중강불에 올려서 한소끔 끓인다.
2 가랑갈, 레몬그라스, 실파, 셀러리, 카피르라임잎을 넣고 10분 정도 끓인다.
3 불에서 내리고 20분 정도 그대로 둬서 영양분과 풍미가 우러나도록 한다.
4 국물을 체에 걸러서 건더기를 제거하고 천일염과 후추로 간한다.
5 신선한 고수를 얹고 뜨겁게 먹는다.

*식으면 유리병에 담아 냉동 보관한다.

기본 뼈국물

슈퍼 위장 치료제인 뼈국물에는 위장을 둘러싼 세포인 소장상피세포를 위한 많은 구성요소가 함유되어 있다. 기본적으로 글루코사민과 글리신, 젤라틴, 미네랄이 섞여 있어서 염증 반응을 보이는 시스템을 진정시키는 데 도움이 된다. 뼈국물은 장누수증후군과 설사, 변비 및 식품 과민증을 회복시키는 도구로 쓸 수 있다. 히스타민 불내증(320쪽)이 있는 사람은 국물을 낼 때 뼈를 조리하는 시간을 48시간보다 8시간에 가깝게 줄일 것을 권장한다. 참고로 압력솥을 이용하면 히스타민 생성이 최소화되고 훨씬 더 빠르게 국물을 낼 수 있다. 개인적으로도 자주 만들어서 언제나 냉동실에 보관하며 수프를 만드는 용도로 사용한다.

다음 뼈 중 하나를 선택한다.

| 재료 | 분량: 4L(물의 양에 따라 다름)
- 닭(유기농) 1마리(또는 1마리 분량의 몸통뼈 및 기타 뼈)
- 칠면조(유기농) 1마리(또는 1마리 분량의 몸통뼈 및 기타 뼈), 칠면조 가슴살
- 소뼈(목초비육) 1.36~2.25kg
- 생선가시, 새우 껍질 및 기타 갑각류 껍질(홍합, 대합, 게 등) 450g

| 국물 재료 |
- 마늘 6쪽
- 양파 1개
- 당근 잘게 썬 것 2개 분량
- 셀러리(유기농) 잘게 썬 것 3~4대 분량
- 생강 송송 썬 것 1개(2.5cm 크기)
- 사과식초 ¼컵
- 터메릭가루 1작은술(또는 터메릭 7.5cm 크기 1개)
- 파슬리 다진 것 1큰술
- 히말라야소금 1작은술

| 만드는 법 |

1 뼈를 물에 헹구고 깊은 냄비나 더치오븐, 슬로쿠커, 압력솥 등에 담은 뒤 냄비에 물을 ¾정도(또는 최고선까지) 채우고 허브와 채소 재료를 더한다. 사용하는 도구에 맞춰 다음 안내를 따라 조리한다.

2 스토브에서 조리할 경우 중강불에 올려 부글부글 끓을 때까지 가열한 뒤 불을 약하게 낮춰서 뚜껑을 닫고 최소한 8시간 동안 뭉근하게 익힌다. 물을 계속 보충해서 뼈가 항상 잠겨 있도록 한다.

슬로쿠커에서 조리할 경우 낮은 온도로 설정하고 뚜껑을 닫은 뒤 최소한 8시간 동안 조리하되 10시간을 넘기지 않는다.

압력솥에서 조리할 경우 사용 설명서의 국물 또는 수프 만드는 법에 따라 익힌다.

3 국물이 완성되면 완전히 식히고 고운 체에 걸러 볼에 옮겨 담고 건더기는 제거한다.

4 소독한 유리병에 담아서 냉장 보관하거나 오래 보관해야 하면 냉동 가능한 용기에 담아서 냉동 보관한다.

PART 7

<u>재도입</u>

좋아하는 음식 다시 먹기

지금까지 좋아했던 음식 없이 사는 삶이 어떤 것인지 알게 되었으니 이 다음은 내 몸도 정말 그 음식을 좋아하는지, 혹은 건강한 식단을 시작하기 전에 즐기던 음식이 내 생물학적 개체성과 상충되지 않는지 여부를 확인해볼 차례다. 지금부터 우리는 식단에 다시 포함시키고 싶은 음식을 체계적으로 재도입하는 법에 대해 알아볼 것이다. 단순한 테스트 기간이라고 생각하지 말자. 이것은 자아 성찰의 기간이다. 원래 자주 먹던 음식을 아직도 당연히 먹고 싶을 거라거나 예전과 똑같은 맛이 느껴질 것이라거나, 나아가 우리 몸이 옛날과 동일하게 반응할 거라고 넘겨짚지 말자. 한때 일상의 일부를 차지하던 음식도 다시 한번 곰곰이 따져봐야 한다. 정말로 그리운가? 아니면 없어도 잘 살 수 있을 것 같은가?

제거 단계를 거치고 나면 보통 음식 선호도가 변화한다. 사탕이나 감자칩, 스타벅스 캐러멜프라푸치노가 옛날만큼 매력적으로 느껴지지 않게 될 것이다. 전혀 입에도 대고 싶지 않을 수도 있다. 강력한 입맛 세정 및 전신 해독 과정을 거쳤으므로 좋아하던 음식을 다시 먹기 시작하면 무의식적으로 예전에 비해 너무 달거나 기름지고 인공적으로 느껴질 가능성이 있다. 제거 단계를 거치고 난 몸은 무엇보다 집중력이 강하고 분별력이 높으므로 예전의 취향보다 현재의 반응을 신뢰해야 한다. 지금 느껴지는 맛이 그 음식의 진정한 맛이다. 염증이 줄어들면서 몸의 감각이 제대로 조정된 것이다. 진정한 반응을 테스트할 시간이 되었다.

하지만 이상하게 느껴지더라도 바로 뱉어버리지는 말자. 음식이 몸 전체에 어떤 파급 효과를 주는지 확인해야 한다. 음식을 계속 씹거나 더 먹었을 때 어떤 맛이 느껴지는가? 삼키고 난 후의 증상은 어떤가? 15분 후에는 어떤 기분이 드는가? 1시간 후에는? 1일 후에는? 이 부분이 바로 이 장에서 다룰 내용이다.

제거 단계에서 완전히 빼버렸지만 다시 먹고 싶은 음식을 단계별로 다시 먹기 시작하면서 몸이 어떻게 반응하는지 확인하자. 특정 음식에 반응할 때와 그렇지 않을 때를 정확히 구분하는 방법에 대해 알아볼 것이다. 반응이 없고 다시 먹고 싶은 음식이 있다면 어떻게 재도입해서 새로운 삶을 꾸며 나갈 것인지에 대해서도 알아보자.

무엇을 다시 먹고 싶은가?

우리 클리닉의 환자에게는 대체로 무엇이든 다시 먹고 싶은 음식이 반드시 있지만, 먹지 않아도 살 수 있는 것과 살 수 없는 것을 가늠할 때는 예전에 비해서 그 대상을 느끼는 감각이 어떻게 달라졌는지 따져봐야 한다. 특정 음식에 대한 느낌을 꼼꼼하게 확인해보자. 글루텐 없이도 살 수 있지만 현미나 옥수수 등 글루텐이 없는 곡물은 허용하고 싶을 수도 있다. 설탕을 먹지 않아야 몸이 가뿐하지만 가능하면 견과류 버터와 검은콩, 스크램블드에그는 다시 먹고 싶을지도 모른다. 염소치즈나 신선한 토마토, 구운 감자, 렌틸수프, 아몬드 한 줌이 간절하게 먹고 싶다면, 다행히 이들 음식을 다시 먹어도 예전 증상이 재발하지 않기만 하면 마음 놓고 식단에 다시 포함시킬 수 있다. 모든 음식은 우리 마음이 그렇듯이 우리 몸이 이들을 사랑하기만 한다면 건강에 좋은 영양소 가득한 끼니가 될 수 있다.

물론 예전에 느끼던 증상이 사라져서 매우 편안하다면 식단을 바꾸지 않아도 좋다. 어떤 사람은 커피나 초콜릿, 치즈 없이 보내는 기간이 고작 4주나 8주임에도 마치 영원처럼 길고 지루하게 느끼지만, 또 다른 사람은 편안하게 8주를 보낸 후 이제 다시 먹어도 된다고 하면 패닉에 빠진 표정으로 나를 쳐다본다. 아직 마음의 준비가 되지 않은 것이다.

만일 자신의 몸이 다른 사람보다 조금 느리게 반응하는 것 같거나 8주 과정이 끝난 후에도 아직 변화하는 중으로 느껴진다면, 혹은 아직 정신적으로 준비가 되지 않았다면 계속 제거 식단을 유지해도 좋다. 전혀 상관없다! 음식을 두려워하며 살 필요는 없지만 이 프로그램에서 제공하는 음식은 몸에 영양을 공급하면서 건강 목표에 가까이 다가가고, 그 와중에 자신에게 이로운 것과 그렇지 않은 것을 알아내는 것을 도와준다. 아주 바람직한 일이니 자신에게 맞는다고 느껴지면 굳이 예전 음식을 재도입하지 않아도 된다. 필요하다고 생각된다면 제거 단계를 그만둬야 할 이유가 없다. 산뜻한 기분을 유지하고 싶다면 12~16주, 심지어 20주까지 계속해서 제거 식단을 고수하자. 원한다면 제거 단계를 평생 유지해도 좋다. 영양적으로 완전한 데다 내 몸이 장기적으로 필요로 하는 식단이기 때문이다. 지금까지의 식단을 유지할 예정이라면 채소와 건강한 지방, 깨끗한 지방을 섭취하는 데에 집중하자. 재도입은 예전 음식을 다시 먹고 싶은 사람에게만 해당되는 내용이다. 먹지 않아도 잘 살 수 있는 음식은 그저 선택의 문제에 속할 뿐이다.

그러나 다시 먹고 싶은 음식이 있다면 기꺼이 재도입해보자. 이 장에서는 올바른 방식으로 재도입 과정을 진행하는 방법을 소개한다.

아직 동일 증상이 있다면

제거 단계를 거치는 동안에도 약간의 신체적 증상이 남아 있는 경우가 있다. 그래도 낙담하지 말자. 계획을 미세 조정하면서 최적화하면 될 일이다. 건강한 삶을 위한 여정이라고 생각하자. 이런 경우에는 제거 단계를 조금 더 오래 진행해야 할 수도 있고, 아직 정확히 짚어낼 수 없는 과민증을 지니고 있을 수도 있다. 확신할 수 없다면 71쪽에서 작성한 지금 현재 가장 심각한 증상 8가지 목록을 꺼내보자. 아직 이들 증상이 남아 있는가? 그렇다면 다음 사항에 민감한 사람일 가능성이 있다.

1. 히스타민
2. 살리실산염
3. 포드맵

4. 옥살산염

　제거 단계 이후에도 지속되는 증상이 소화 문제, 피부 문제, 기분 변화, 신경 증상, 울혈 문제, 기타 염증 징후와 관련이 있다면 위 사항에 해당할 가능성이 있다. (위 사항 중 어느 것에도 해당되지 않는다면 이 장 마지막 부분의 개별 진단에 관한 정보를 참고하자.) 지금부터 하나씩 순서대로 알아보자.

히스타민

히스타민(및 기타 아민류)은 면역체계에서 생성되는 화합물로 알레르기 항원에 대한 방어를 촉발시킨다(신경전달물질로도 작동한다). 히스타민이 부적절하게 또는 과도하게 분비되면 인후 가려움증이나 코막힘 등의 알레르기 증상에서 피부 증상, 소화장애, 관절통 및 신경 증상에 이르기까지 히스타민에 민감한 사람들에게 여러 종류의 증상을 유발할 수 있다. 절인 육류나 콤부차, 와인, 사우어크라우트 등 발효 식품을 먹은 후에 이들 증상이 나타나면 본인이 히스타민에 민감하다는 신호일 수 있다.[1] 이 경우에는 재도입 단계를 시작하기 전에 추가로 2주간 히스타민이 풍부한 식품을 일체 제거한 다음 변화가 있는지 살펴본다. 만일 그러하다면 본인이 추구하는 건강의 변화가 생길 때까지 이러한 식품을 줄이거나 제거한다. 개별 치유 여정과 신체 사정에 따라 이러한 음식을 영구적 또는 장기적으로 제거해야 할 수도 있다. 소장세균과다증식SIBO과 같은 장 문제가 히스타민 불내증(그리고 포드맵 과민증, 323쪽 참고)의 원인일 수도 있다. 일부 히스타민 및 포드맵 불내증 환자에게는 SIBO를 다루는 단계가 필요하다.

고히스타민 식품

다음은 히스타민의 함량이 높아서 과부하를 유발할 수 있는 식품군이다.

- 알코올(특히 맥주와 와인)
- 뼈국물
- 통조림 식품
- 치즈(특히 숙성 치즈)
- 초콜릿
- 가지
- 발효 식품(케피어, 김치, 요구르트, 사우어크라우트)
- 콩류(특히 발효한 대두, 병아리콩, 땅콩)
- 버섯
- 견과류(특히 캐슈너트와 호두)
- 가공 식품
- 갑각류
- 훈제 육류 제품(베이컨, 살라미, 연어, 햄)
- 시금치
- 식초

히스타민을 방출시키는 식품

히스타민 함량은 낮지만 히스타민 방출을 유발해서 히스타민 불내증 환자에게 문제를 일으킬 수 있는 식품이다.

- 아보카도

- 바나나

- 감귤류(레몬, 라임, 오렌지, 자몽)

- 딸기

- 토마토

디아민산화효소DAO **차단제**

히스타민을 조절하는 효소를 차단해서 일부 사람에게 더 높은 수치를 유발할 수 있는 식품이다.

- 알코올

- 에너지 드링크

- 차(홍차, 녹차, 마테차)

살리실산염

살리실산염은 아스피린과 같은 진통제와 미용 및 피부 제품에서 발견되는 화합물이지만, 식품의 맥락에서 보면 많은 식물성 식품에서 자연적으로 발견되는 물질이다. 특정 식물성 식품에서 살리실산염은 식물을 보호하는 방어 메커니즘으로 작용한다. 살리실산염 불내증은 신경학적, 소화기 또는 피부 반응 등 히스타민 불내증과 유사한 증상을 보이기도 한다.[2] 살리실산염 불내증이 있는 것 같다면 살리실산염이 풍부한 다음 식품을 제거하고 상태를 확인하자.

- 아몬드
- 살구
- 아보카도
- 블랙베리
- 체리
- 코코넛오일
- 대추야자
- 말린 과일
- 엔다이브
- 오이피클
- 포도

- 그린올리브
- 구아바
- 꿀
- 가지과(고추, 가지, 토마토, 감자)
- 올리브오일
- 오렌지
- 파인애플
- 자두 혹은 말린 자두
- 탄젤로
- 귤
- 물밤

포드맵FODMAPs

고과당 과일이나 특정 채소, 콩류, 감미료 및 특히 밀 등의 곡물을 먹을 때 위장 증상이 나타나면 발효성 올리고당과 이당류, 단당류 및 폴리올의 각 앞 글자를 딴 '포드맵'에 과민증이 있을 가능성이 있다. 일부 사람에게 IBS 유형 증상(변비, 설사, 위경련 및 팽만감 등)을 유발할 수 있는 탄수화물군이다.[3] 본 인 얘기 같다면 2주 동안 강력한 포드맵 원인 물질을 제거한 다음 도움이 되 었는지 확인하자. 도움이 되었다면 이들 식품을 대부분 제거하거나 줄인 다 음 천천히 한 번에 하나씩 재도입하면서 포드맵 수치를 낮추는 방안을 고려 해보자(이 장의 재도입 기술을 활용하면 된다). 일부 포드맵은 소화시킬 수 있지 만 그 외의 포드맵에 불내증을 가지고 있을 수 있으므로 한 번에 하나씩(또는 목록이 워낙 많으므로 조금씩 나눠서) 테스트하며 증상이 개선되는지 확인하는 것이 좋다.

- 아티초크
- 아스파라거스
- 바나나
- 비트
- 양배추
- 캐슈너트
- 캐롭가루
- 콜리플라워
- 코코넛워터
- 소젖으로 만든 모든 유제품(치즈, 우유, 크림, 아이스크림, 사워크림, 요구르트)
- 모든 과일 주스
- 마늘
- 글루텐(밀, 보리, 호밀, 스펠트가 함유된 모든 제품)
- 깍지콩
- 고과당 과일(베리, 라임, 레몬, 멜론을 제외한 모든 과일)
- 꿀
- 콩류
- 버섯
- 모든 종류의 양파(샬롯, 실파 포함)

- 완두콩

- 사우어크라우트

- 대두

- 당알코올(단맛이 나는 슈거프리 제품에 종종 쓰이는 물질로 이눌린, 이소말트, 말티톨, 만니톨, 소르비톨, 자일리톨 등이 여기 속한다.)

옥살산염

옥살산염은 미네랄과 결합해서 옥살산칼슘과 옥살산철을 생성할 수 있는 식물성 화합물이다. 옥살산염에 민감한 사람의 경우 소화관, 신장 또는 요로 등에 염증이 발생하기도 한다.[4] 옥살산염 함량이 높은 식품은 다음과 같다.

- 비트
- 코코아
- 케일
- 땅콩
- 시금치
- 고구마
- 근대

채소를 익히면 옥살산염 함량을 낮출 수 있다.

기능의학 의사가 필요할 때

✧ 이러한 제거 노력으로 문제가 해결되지 않고 여전히 어려움을 겪고 있거나, 원하는 만큼 변화가 나타나지 않거나, 심각한 건강 문제가 있을 경우 이 책을 통해 제공할 수 있는 것보다 더 맞춤화된 개입이 필요할 수 있다. 함께 앉아서 증상을 평가하고 질문을 하고 문제의 근원을 파악하기 위하여 본인과 직접적으로 협력할 수 있는 자격을 갖춘 기능의학 의사와 상담하는 것이 좋다. 우리 클리닉에서는 웹캠 상담(www.drwillcole.com)을 통해 전 세계인과 상담을 진행하고 있으며, 온라인(functionalmedicine.org)을 통해서 가까운 기능의학 클리닉을 찾아보아도 좋다.

재도입 계획 짜는 법

✧ 테스트할 시간이다! 공부는 충분히 마쳤을까? 우리는 지난 4주 또는 8주간 이 시험을 위해 '공부'를 해왔으며, 이제 그 점수를 알아볼 시간이다. 지금까지 제거한 4개 또는 8개의 식품 항목을 이제 잠재적 염증성이 가장 낮은 것에서 가장 높은 것까지 하나씩 아주 구체적인 순서대로 테스트하면서 식품별 반응을 관찰할 것이다.

각 테스트에는 3일이 소요된다. 명심하자, 지금은 서두를 때가 아니다. 우리는 실험을 하는 중이며 이는 실험의 정확성을 유지하는 가장 좋은 방법이다. 식품은 매일 하나씩 재도입해야 한다. 예를 들어서 페퍼로니피자처럼 원하는 것이 모두 들어간 음식을 한꺼번에 먹기 시작하면 후에 끔찍한 복통이나 두통, 관절통이 오더라도 이것이 반죽에 들어간 곡물 또는 달걀 때문인지, 유제품인 치즈나 토마토소스 때문인지 알 길이 없다. 이러한 염증 유발 요인은 하나씩 분리해야 한다. 테스트가 끝나고 나면 크러스트가 글루텐프리이거나 비유제품 치즈를 사용하거나 토마토소스 대신 화이트소스를 넣기만 하면 피자를 먹어도 된다는 사실을 알게 될 것이다. 오래 걸린다고 짜증 내기보다 몸의 반응을 정확하게 반영하기 위한 과정이라고 생각하자. 이 시간 동안 나 자신과 몸에 대해 인내심을 가지도록 하자. 그러면 모든 노력의 보상을 받게 될 것이다. 테스트를 하는 동안에는 기존 계획의 다른 규칙을 모두 준수하도록 한다. 그저 이미 제거한 음식을 하나씩 도입하는 것이라는 점을 기억하자.

반응이 나타나기까지 며칠이 걸릴 수도 있으므로, 가장 정확한 정보를 얻으려면 반드시 시간이 필요하다. 음식에 바로 반응을 보이지 않았더라도 다음 날 아침에 갑자기 끔찍한 위산역류를 겪거나 두 번째 날에 머리가 쪼개질 듯한 두통이 느껴지고, 이후 며칠간 서로 다른 반응이 연속적으로 나타날 수도 있다. 하지만 고맙게도 지난 몇 주일간 부지런하게 지낸 덕분에 이러한 증상을 다룰 준비를 제대로 갖추고 있을 테니 자기 성찰의 자세를 가지고 주의 깊게 관찰하자. 자신의 몸과 함께 서로의 미래에 대해서 길고 편안하고 확장된 대화를 나누게 될 것이다. "이봐, 몸아. 렌틸수프는 먹어볼까 해. 조금 먹은 다음에 우리가 이걸 좋아하는지에 대해 토론을 나눠보자구. 그리고 나면 염소치즈에 대한 얘기를 해봐도 좋고." 재도입한 모든 음식에 대한 모든 반응을 주의 깊게 추적하자. 음식에 대해서는 모두가 다르게 반응하기 때문에 각 음식을 재도입한 후 몸이 어떻게 느끼는지를 보고 알려면 이것이 가장 좋은 방법이다.

반응하고 있는지 아는 방법은?

염증이 높아서 언제나 증상이 있다면 특정 식품이나 영향에 반응하는 시점이나 반응 여부를 평가하기 어려울 수 있다. 하지만 이제는 구분하기 더 쉬울 것이다. 이제 시스템이 균형을 잡아서 깨끗하고 진정돼 있기 때문에 제거 단계를 시작하기 전보다 특정 음식에 더 극적으로 반응할 가능성이 있다. 반응이 느껴지면 몸이 항의하는 것으로, 즉 이 음식을 좋아하지 않는다는 메시지를 보내는 것으로 받아들이자. 이제 귀 기울여 듣게 되었으니 몸의 지혜를 마음에 새기자. 세상에는 맛있는 음식이 많으니 만일 몸이 일부 부정적으로 반응하더라도 그 음식을 버리고 더 행복하고 건강하게 살 수 있다.

반응은 다양한 형태로 나타날 수 있다. 음식을 테스트하기 시작한 후부터는 다음 증상이 나타나면 먹은 음식에서 비롯된 것인지 100% 확신하지 못하더라도 반응으로 간주되므로 반드시 기록해야 한다.

- 지난 4주 또는 8주간 사라졌던 과거 증상의 악화 또는 재발
- 두통 또는 편두통
- 소화기 증상(팽만감, 메스꺼움, 변비, 설사, 속쓰림, 복통)
- 모든 종류의 피부 문제(가려움, 발진, 두드러기, 여드름 발생, 갑작스러운 피부 건조

및 각질 발생)

- 특히 음식을 먹은 직후 눈 또는 입의 가려움, 따끔거림, 작열통
- 특히 음식을 먹은 직후 갑작스러운 코막힘, 가려움, 콧물
- 심박수 증가: 두근거림, 심계항진, 불규칙한 심장박동
- 특히 몸에 동시 또는 전신에 발생하는 관절통이나 관절 경직
- 전신 근육통 및 근육 경직
- 열감
- 집중력 저하, 기억력 감퇴 등 브레인 포그 증상(특히 지난 8주간 완화되었다가 갑자기 다시 나타나거나 눈에 띄게 악화되는 경우)
- 갑작스러운 피로감
- 우울증, 불안, 공황, 초조함, 파멸감 등 갑작스러운 기분 변화
- 부종(팔다리와 얼굴이 부어 보임, 반지가 맞지 않음, 옷이 피부에 자국을 남김)
- 0.5~1kg 정도의 갑작스러운 체중 증가
- 불규칙한 수면 또는 잠을 이루기 어렵고 쉽게 깸

몸이 하는 말을 마지막까지 들어야 한다는 것을 명심하고, 테스트한 식품 중 어느 것이든 반응을 보이면 해당 음식을 잠재적으로 영원히, 또는 최소한 추가적으로 8주 더 기꺼이 포기한 다음 다시 테스트하도록 하자. 그저 회복되기까지 시간이 더 필요할 뿐일 수도 있다.

1가지 식품을 테스트한 이후 증상이 없고 기분이 상쾌하면, 두려워하지 말고 해당 음식을 재도입하자. 내 몸이 문제가 없다고 말해줬으니 괜찮다.

이제 몇 가지 결정을 내릴 때다. 살면서 되찾고 싶은 것과 없어도 살 수 있

는 것에 대해 생각해보자. 재도입을 위해 테스트를 하고 싶은 모든 항목 옆에 체크 표시를 하자. 이때 테스트한 식품에 잠재적으로 내 몸이 반응을 보일 수 있으며, 재도입 테스트로 원하는 만큼 명확하게 결과가 나오지 않을 수도 있다는 점을 염두에 두어야 한다. 1가지 항목만 체크해도 좋고, 전부 체크해도 좋다.

코어4

☐ **곡물_** 반응을 보이는 사람이 많지만, 모두가 그렇지는 않다. 곡물을 재도입해서 빵과 밀가루, 토르티야, 베이글, 크래커 등 온갖 역사 깊은 주식 메뉴를 먹고 싶은가? 그렇다면 먼저 글루텐프리 곡물(쌀과 옥수수, 퀴노아 등)부터 시작해서 글루텐이 함유된 곡물(특히 밀)로 넘어가야 한다. 이 과정에서 몸이 하는 말에 면밀히 귀를 기울이자. 빵이 너무 먹고 싶다는 이유로 재발하는 증상을 무시하는 일은 없어야 한다.

☐ **유제품_** 만일 식물성 유제품이 영 마음에 차지 않고 커피에 다시 크림을 넣고 싶거나 진짜 치즈 또는 아이스크림을 먹고 싶다면 유제품 박스에 체크를 하자. 버터와 크림 테스트부터 시작해서 조금씩 범위를 늘려 나간다. 염소젖이나 양젖 제품은 소화할 수 있지만 소젖은 힘들 수도 있고, A2 카세인 유제품만 마실 수 있을 수도 있다(자세한 내용은 117쪽 참고).

☐ **감미료_** 특별한 경우를 제외하면 피하는 것을 권장하지만, 사람에 따라서는 완전히 제거해야 할 수도 있다. 재도입하고 싶다면 순수 메이플시럽이나 생꿀, 종려당, 대추야자설탕 등 천연 감미료부터 테스트하기 시작

한다. 천연 감미료는 아무 문제 없지만 백설탕에는 문제가 생길 수도 있다. 천연 감미료를 통과하고 나면 백설탕 테스트를 선택할 수 있지만, 몸이 반응을 보이지 않는다 하더라도 백설탕 섭취량은 제한하도록 하자. 시간이 흐르면서 정제당 섭취량이 너무 늘어나면 어느 누구 할 것 없이 거의 확실하게 염증이 증가한다. 고과당 옥수수시럽이나 기타 인공 감미료는 일절 재도입하지 않을 것을 권장한다. 테스트할 생각도 하지 말자. 영구제거 리스트에 올릴 것을 고려해보자. 누구에게도 이롭지 않다.

☐ **염증성 오일_** 설탕과 마찬가지로 반응을 보이지 않더라도 소량만 사용하는 것이 좋다. 가끔 레스토랑에서 식사를 하거나 포장 음식을 먹을 때 산업용 종자유를 섭취해도 괜찮을지 걱정이 된다면 카놀라오일이나 옥수수오일, 대두오일, 식물성기름 등에 몸이 어떻게 반응하는지 살펴보자. 적은 양이라면 섭취해도 문제가 생기지 않을 수 있다.

제거8

제거8 단계를 수행했다면 앞서 언급한 코어4 목록에 있는 4가지 음식과 더불어 다음 4가지 식품을 재도입해볼 수 있다. 이들 음식 중 상당수는 건강에 이롭고, 반응만 보이지 않는다면 자주 먹어도 좋다. 반응을 보인다면 이들 음식은 일부 사람에게는 잠재적으로 건강에 이롭지만 나에게는 개인적으로 효과를 보지 못하는 식품의 예시로 받아들이면 된다.

☐ **견과류와 씨앗류_** 간식으로 먹으면 맛있고 전채에서 디저트에 이르기까지 많은 식품에 들어가는 견과류와 씨앗류는 귀중한 영양분을 가지고

있지만 일부 사람에게는 소화가 힘들다. 재도입하고 싶다면 이 박스에 체크를 하자. 1품종씩, 누구에게나 건강하고 소화하기 쉬운 상태인 불린 것부터 시작해서 테스트를 할 것이다. 그런 다음 날것인 채로 먹어보고, 그런 다음 가끔 즐겨보고 싶다면 구워서 먹어본다. 일부 견과류와 씨앗류에는 문제가 없지만 그 외에는 반응을 보일 수도 있다. 예를 들어서 아몬드나 호두는 문제없이 먹을 수 있지만 캐슈너트나 피스타치오에는 반응을 보이는 사람도 많다. 또한 일정량만 먹으면 상관없지만 너무 많이 먹으면 증상이 나타날 수도 있다.

□ **달걀흰자 또는 달걀 전체_** 이 박스에 체크를 한다면 먼저 노른자부터 재도입하고, 별 문제가 없으면 전체 달걀을 시도할 수 있다. 달걀을 문제없이 먹을 수 있는 사람도 많지만 누구나 그런 것은 아니므로, 아침 식사로 달걀을 즐겨 먹는 편이라면 본인의 상태를 알아보자. 달걀노른자는 문제없이 먹을 수 있지만 달걀흰자는 염증을 일으킬 수도 있다. 일반적으로 달걀보다 오리알이 소화하기 조금 쉬운 편이다.

□ **가지과_** 관절염이나 피부염, 그리고 소화 문제로 고통받는 사람에게 가장 문제가 되는 대상인 가지과는 일반적으로는 크게 문제가 없는 훌륭한 항산화제 공급원이다. 살사나 후추스테이크, 피자에 얹은 가지가 그립다면 이 박스에 체크를 하자.

□ **콩류_** 소화시킬 수만 있다면 콩류는 훌륭한 단백질과 섬유질 공급원이 된다. 그다지 좋아하지 않는 사람도 있지만 콩류를 좋아하고 콩단백질 섭취를 선호한다면 이 박스에 체크를 하자. 콩류를 재도입할 때에는 보통 다른 것보다 소화시키기 편한 렌틸과 녹두부터 시작하는 것이 좋다.

그런 다음 검은콩이나 핀토콩, 흰콩 등 좋아하는 다른 콩류를 재도입하자. 대두는 앞으로도 정말 맛있게 먹고 싶다면 제일 마지막으로 재도입한다. 만일 대두를 소화시킬 수 있다면 풋콩이나 두유, 두부도 먹을 수 있지만 언제나 비GMO, 유기농 제품을 고르도록 한다. 어떤 반응이 나오건 '채식 핫도그'나 '채식 버거' 등 신선하지 않은 가공 대두 제품은 먹지 않을 것을 권장한다.

내가 가장 재도입하고 싶은 음식(8개 이하를 선택해도 무방하다)

1. _____

2. _____

3. _____

4. _____

5. _____

6. _____

7. _____

8. _____

몸의 반응 확인

각 테스트는 3일이 소요되며, 각 음식을 다음과 같이 도입하게 된다.

- 재도입 테스트 용지에 테스트 식품을 기록한다(344쪽 참고).
- 테스트 식품을 한 입 먹는다. 음식에 다른 것이 들어가거나 복잡한 요리의 일부러 먹어서는 안 된다. 예를 들어서 토마토소스라면 토마토소스스파게티나 피자크러스트와 함께 먹지 않고 소스만 먹어본다.
- 15분간 기다린다. 328~329쪽에 나열된 것과 같은 신체적 반응이 있는지 확인한다. 증상이 나타난다면 기록한다.
- 15분이 지난 후 식품 ¼컵(적당한 분량일 경우) 또는 세 입을 더 먹는다.
- 15분 더 기다린다. 추가 반응 또는 초기 반응의 악화가 나타나는지 기록한다. 이 시점에서 상태가 좋지 않게 느껴진다면 멈춘다. 일단 지금 당장은 내 몸이 이 식품을 좋아하지 않는다고 가정한다. 식단에서 최소 30일 더 제거한 다음 다시 테스트한다.
- 그래도 계속 상태가 괜찮으면 같은 식품을 ½컵 또는 여섯 입을 더 먹고 2시간을 기다린다. 2시간 동안 주의 깊게 상태를 살핀 다음 나타나는 모든 증상을 기록한다. 증상이 나타나면 테스트를 여기서 중지한다. 해당 식품에 반응을 보인다고 가정한다. 식단에서 30일 더 제거한 다음 다시 테스트하거나, 원한다면 식단에서 영원히 제거한다. 몸이 이 식품을 받아들이게 되려면 염증을 더 줄여야 할 수도 있다.
- 2시간 후에 모든 상황이 명확해지면 해당 식품을 1인분(본인이 보통 먹는 양) 섭취한 다음 3일간 기다린다. 이 3일 동안은 해당 식품을 다시 섭취하

지 않는다. 3일간 발생한 모든 반응을 기록한다. 그 사이에는 다른 식품은 테스트하지 않는다. 식단은 4주 또는 8주간의 제거 단계와 동일하게 유지해야 한다. 1가지 식품을 분리해서 테스트하는 중이므로 다른 식품을 추가해서 테스트하면 증상의 원인이 명확하지 않아 혼란이 가중된다.

• 3일 후에도 여전히 반응이 없다면 테스트에 성공한 것이다. 해당 식품을 다시 식단에 포함시킨다. 3일간 증상이 나타났다면 해당 식품을 의심해볼 수 있다. 최소한 30일 더 식단에서 제거한 다음 원한다면 다시 테스트를 해볼 수 있다. 일단은 몸이 그 음식을 좋아하지 않는다고 말하고 있으므로 안녕을 고한 다음, 나를 기분 좋게 만드는 다른 모든 식품에 집중하는 것이 가장 좋다.

다음 식품으로 다음 테스트를 시작한다.

참고

여기 나열된 분량은 치아시드와 아마씨, 버터, 향신료에는 적용되지 않는다. 해당 식품에 대해서는 같은 과정을 적용하되 소량으로 도입하고, 주어진 식사 중에 일반적으로 섭취하는 양만큼 점차 증가시키도록 한다.

이 과정은 우리의 몸이 음식 재도입에 어떻게 반응하는지를 확인하는 것이라는 점을 기억하자. 그간 먹지 못했던 음식을 처음 맛보면 정신없이 먹게 되기 쉬우므로 앞서 지정한 분량을 지키도록 주의해야 한다.

재도입 순서

일반적으로 가장 순하고 반응성이 낮은 식품을 먼저 테스트하고, 대부분의 사람들에게 가장 흔하게 반응을 보이는 식품을 마지막에 테스트한다. 제거8 단계를 수행했다면 1번부터 시작한다. 코어4 단계를 수행했다면 5번부터 시작한다. 이 순서대로 진행하는 것이 매우 중요하다. 재도입을 원하지 않는 식품이 있다면 다음 순서로 넘어간다.

1. **견과류 및 씨앗류(염증 가능성이 가장 낮은 것에서 높은 것까지 순서대로)_**

- 헴프밀크 등 무가당 씨앗류 밀크
- 무가당 해바라기씨버터나 타히니 등 씨앗류 버터
- 불린 아마씨나 치아씨를 더한 스무디(불리면 젤라틴되므로 뭔가에 더해서 먹는 것이 좋다. 그렇지 않으면 그다지 끌리지 않는 질감이 된다.)
- 기타 씨앗류. 최소한 8시간에서 하룻밤 정도 물에 불린 다음 헹궈서 건조기나 낮은 온도의 오븐에 다시 바삭하게 말린 다음 테스트한다.
- 불리지 않은 생씨앗류(다만 나는 이상적으로 모든 씨앗류는 렉틴을 분해하고 영양소를 생체 이용 가능하게 만들기 위해 불려야 한다고 생각한다. 다만 이 테스트를 통해 가끔 이런 형태로 제공되기도 하는 씨앗류를 소화 가능한지 확인할 수 있다.)
- 불리지 않은 구운 씨앗류. 해바라기씨나 호박씨, 참깨 등. 반응을 보이지 않더라도 섭취량을 적당히 조절하는 것이 좋다.
- 무가당 견과류 밀크(무첨가물). 아몬드밀크나 헤이즐넛밀크 등. 소화하기 가장 쉬운 형태다. 캐슈너트밀크는 아직 테스트하지 않는다.
- 부드러운 견과류 버터(다진 견과류가 들어 있는 크런치 버전이 아닌 것). 이 또

한 소화시키기 쉽다. 아몬드버터와 호두버터를 테스트해보자. 캐슈너트버터는 아직 테스트하지 않는다.

- 생견과류(통째로). 최소한 8시간에서 하룻밤 정도 물에 불린 다음 헹궈서 건조기나 낮은 온도의 오븐에 다시 바삭하게 말린 다음 테스트한다.
- 불리지 않은 생견과류. 다만 이상적으로는 모든 견과류 또한 씨앗류처럼 불려야 한다.
- 불리지 않은 구운 견과류. 아몬드, 호두, 피칸, 헤이즐넛, 마카다미아 등. 구운 씨앗류와 마찬가지로 반응을 보이지 않더라도 섭취량을 적당히 조절하는 것이 좋다. 견과류 중에서도 염증성이 높은 형태다.
- 피스타치오와 캐슈너트는 제일 마지막으로 테스트한다. 모든 견과류 중에서 가장 염증성이 높은 종류이기 때문이다.

2. **달걀_** 달걀을 테스트할 때는 먼저 노른자만 실험해본다. 3일 후에 전체 달걀을 테스트한다. 보통 달걀보다 오리알이 소화시키기 쉬운 편이다.

3. **가지과_** 다음 순서에 따라 테스트한다(확실하게 재도입하고 싶은 것만 테스트한다).

- 피망(파프리카 등 달콤한 고추류)
- 흰색, 보라색, 빨간색, 노란색 감자(껍질을 제거한 것)
- 흰색, 보라색, 빨간색, 노란색 감자(껍질째)
- 가지
- 생 토마토

- 토마토소스
- 카이엔페퍼와 파프리카가루 등 가지과 향신료(한 번에 하나씩 도입할 것)
- 고추(및 기타 매운 고추류)

4. 콩류_ 다음 순서에 따라 한 번에 하나씩 도입한다

- 렌틸 또는 녹두. 최소한 8시간 동안 불린 다음 헹궈서 조리하거나 압력솥에서 조리하여 렉틴을 분해해야 한다. 압력솥으로 익힌 특정 콩 통조림 브랜드를 활용하면 간편하게 섭취할 수 있다.
- 기타 모든 콩류(검은콩, 핀토콩, 흰콩, 팥 등). 최소한 8시간 동안 불린 다음 헹궈서 조리하거나 압력솥에서 조리하여 렉틴을 분해해야 한다.
- 유기농 콩 통조림. 헹군 다음 가열한 것.
- 유기농 땅콩. 구운 것과 땅콩버터 포함(무첨가제). 발렌시아 땅콩Valencia peanuts이 가장 소화시키기 수월한 편이다.

이제 대두를 다음 순서에 따라 테스트한다(비유기농 GMO 대두 식품은 어떤 유형이라도 절대 권장하지 않는다는 점을 알아두자).

- 풋콩
- 발효 유기농 비GMO 대두 제품: 템페, 미소, 낫토, 다마리 간장(글루텐이 함유된 일반 간장이 아닌 것)
- 비발효, 최소 가공한 유기농 비GMO 대두 제품: 생두부, 생두유
- 유기농 조리 제품. 홀푸드 채식버거 등 대두는 들어 있으나 현재 제거 중

인 다른 재료는 함유돼 있지 않은 것(분리대두단백이 함유된 제품은 섭취하지 않는다.)

커피와 홍차

커피 또는 홍차를 원래 즐겨 마시는 편이었다면 이제 재도입 테스트를 할 차례다. 카페인 음료에 대한 불내증 정도는 사람마다 다르다. 만일 커피나 홍차(특히 커피)를 마시고 나서 신경과민 또는 불안 증상이 나타나거나 소화기 증상이 나타나는 것이 느껴지면 마시는 양을 줄이도록 한다. 어떤 사람은 커피는 소량이라도 맞지 않지만 녹차나 백차, 허브티는 괜찮기도 한다. 이제 직접 테스트를 해서 내 몸이 어떤 것을 좋아하는지 확인해보자.

5. **유제품**_ 사람마다 다양한 형태의 유제품에 반응하는 정도가 모두 다르므로 유제품을 재도입하고 싶다면 다음 순서에 따라 진행한다(비유기농 일반 소젖 제품은 절대 재도입하지 않을 것을 권장한다는 사실을 참고하자).

- 목초비육 버터
- 목초비육 크림
- 발효한 목초비육 케피어 또는 요구르트, 염소젖이나 양젖 제품
- 발효한 목초비육 케피어 또는 요구르트. 주로 A2 카세인을 생산하는 소젖 (117쪽)으로 만든 제품
- 발효한 목초비육 케피어 또는 요구르트. 주로 A1 카세인을 생산하는 소젖 으로 만든 제품
- 염소젖 또는 양젖 치즈

• 염소젖 또는 양젖 우유 및 크림

• 소젖으로 만든 유기농 생치즈(생모차렐라치즈 등)

• 소젖으로 만든 유기농 일반 치즈(체다, 고다, 뮌스터 등)

• 유기농 일반 소젖 우유(전지유)

• 유기농 일반 소젖 우유(저지방)

6. **감미료**_ 천연 감미료에는 미량 영양소가 소량 포함돼 있고 혈당을 비교적
   덜 방해하는 편이지만 감미료를 너무 많이 사용하는 것은 좋은 생각이
   아니다. 하지만 인생에 약간의 단맛이 필요하다면 다음 순서로 감미료를
   테스트해보자.

• 천연 감미료부터 시작한다: 스테비아, 나한과, 자일리톨 등의 당알코올, 메
   이플시럽, 꿀, 대추야자당, 종려당, 아가베시럽 등 중에서 가장 많이 사용
   할 것 같은 것을 테스트한다. 사용하지 않을 것 같다면 굳이 테스트할 필
   요는 없다. 식단에 반드시 감미료를 추가해야 하는 것은 아니다. 이들 종
   류 또한 각각 따로 테스트를 진행해야 하며, 당알코올에 위장 반응을 보이
   는 사람이 많으니 재도입하고 싶다면 몸의 반응을 세심하게 살펴야 한다.

• 사탕수수당(백설탕)을 제일 마지막으로 테스트한다.

• 고과당 옥수수시럽과 인공 감미료 섭취는 권장하지 않는다. 고도로 정제
   된 고과당 제품은 간에 많은 부담을 준다.

7. **염증성 오일**_ 뚜렷한 반응을 보이지 않는다 하더라도 이들 제품은 자주
   사용하는 것을 권장하지 않는다. 카놀라오일이나 옥수수오일처럼 자주

사용하고 싶은 것을 테스트하자. 사용할 계획이 없다면 테스트하지 않아도 좋다. 식단에 전혀 필요하지 않은 식품들이다.

8. 곡물(글루텐프리 곡물, 쌀, 옥수수, 퀴노아 등)_ 다음 순서대로 테스트한다.

• 백미(조리 전에 불려서 물기를 제거한 것)

• 현미(조리 전에 불려서 물기를 제거한 것)

• 생 옥수수

• 글루텐프리 귀리로 만든 오트밀. 이미 제외한 첨가제가 들어있지 않은 것

• 통곡물(글루텐프리 귀리, 퀴노아, 기장, 아마란스 등). 조리 전에 불려서 물기를 제거한 것

• 가공된 옥수수 관련 식품. 옥수수 토르티야나 옥수수칩(염증성 오일에 튀기지 않은 것), 폴렌타(첨가제가 들어있지 않은 것)

• 글루텐프리 가루로 만든 제과제빵 식품(이미 제거한 첨가제가 들어있지 않은 것, 그리고 감미료가 첨가되지 않은 것). 글루텐프리 빵 또는 현미 토르티야 등

다음으로 글루텐이 함유된 곡물 또는 가루류(밀, 호밀, 보리, 스펠트 등)를 테스트한다. 어떤 것에는 반응하고 다른 것에는 반응하지 않을 수 있으니 한 번에 하나씩 도입한다. 순서는 다음과 같다.

• 최소한의 재료만 들어간 통곡물 사워도우빵 등 발효빵

• 유기농 최소 가공한 통곡물. 수프에 들어간 보리나 타불리샐러드의 불구르밀, 단순한 스펠트 또는 호밀빵 등

- 정제한 빵. 프랑스 바게트 또는 사워도우 흰빵
- 일반 빵, 프레츨이나 크래커, 베이글, 잉글리시머핀 등의 간식용 빵, 이미 제거한 재료가 들어가지 않은 구움과자류. 염증성 오일이나 경화지방을 첨가한 일반 간식(일절 추천하지 않는다.)

알코올 재도입

음주, 특히 과음이 건강에 좋지 않다는 것은 누구나 알고 있지만 어떤 사람에게는 소량의 술(때때로 마시는 와인 1잔 등)이 건강에 도움이 되기도 한다. 매일 퇴근 후에 와인을 1잔씩 마셔야 하는 사람이었다면 아마 지금쯤은 그런 나쁜 습관을 퇴치했겠지만, 그래도 적당한 수준으로 다시 재도입하고 싶다면 어떻게 해야 할까? 알코올을 가끔 즐길 수 있도록 재도입하는 짧은 8일간의 과정을 통해 음주가 나에게 이로운지 알아보자. 다른 음식을 테스트하고 있지 않은 기간에 원하는 술 1잔을 마신다. 이때 마시는 술은 다음 양을 초과해서는 안 된다.

- 레드와인 또는 화이트와인 170ml
- 맥주 340g(맥주에는 대체로 글루텐이 함유돼 있으므로 글루텐을 소화시키지 못하는 사람은 글루텐프리가 아닌 한 맥주는 마시지 않는다.)
- 증류주(보드카, 럼, 위스키, 데킬라 등) 30ml
- 리큐어 60ml(리큐어 중에는 당이 함유된 것도 있으므로 염증성 감미료를 소화시키지 못하는 사람은 해당 리큐어를 피하도록 한다. 고과당 옥수수시럽이 함유된 희석음료류도 제외한다.)

술을 마시는 동안 어떤 반응이든 나오면 즉시 중단한다. 반응이 없다면 7일을 기다린다. 그 기간 내에 아무런 반응이 없다면 알코올을 다시 식단에 도입하되, 적당히 마신다. 과음하면 염증을 일으키게 된다.

재도입 테스트

다음은 재도입하고 싶은 식품 개수에 맞춰서 필요한 만큼 복사하여 사용할 수 있는 재도입 테스트 예시이다.

마침내 진실이 드러났다! 제거 프로그램 중 재도입 부분을 성공적으로 완료한 것을 축하한다. 이제 어떤 음식이 나에게 이롭고 어떤 음식이 해로운지 알게 되었을 것이다. 우리 몸이 어떤 음식을 사랑하고 또 싫어하는지 정확히 알아냈다. 이것이 앞으로 살아갈 새로운 삶의 방식의 기반이 돼줄 것이다. 내가 사랑하고 내게 맞는 맛있는 음식으로 가득한 삶, 더 이상 나를 괴롭히며 염증에 불을 붙이고 멋진 자아를 조금이라도 상실하게 만드는 음식은 없는 그런 삶 말이다. 다음 장에서는 지금까지 알아낸 모든 정보를 인생에 적용하는 방법을 알아본다. 다이어트와 교리 없이 모든 것이 자유로운 인생을 만들어보자.

히스타민, 살리실산염, 포드맵, 옥살산염(320~325쪽)이 많이 함유된 식품이나 반응을 보일 것 같은 새로운 식품처럼 최상위 8개 식품군 외에 더 많은 음식을 테스트하고 싶다면 같은 방식을 적용하면 된다. 식품 과민증은 없다가도 갑자기 발생하곤 하므로 다시 필요해지면 평생 동안 언제든지 사용할 수 있는 도구다. 건강을 해치지 않고 강화하는 식품만 유지하는 가장 좋은 방법이다.

테스트 음식	
테스트	반응
한 입	
15분 후: 세 입이나 ¼컵	
15분 후: 여섯 입이나 ½컵	
2시간이 지나고: 1인분	
1인분: 첫째 날 (이 음식을 3일 동안은 먹지 말 것)	
둘째 날	
셋째 날	
재도입: 예/아니오	
참고	

증상 없이 성공적으로 재도입한 식품: 내 몸이 좋아하는 것

_____

_____

_____

_____

_____

_____

여전히 증상을 유발하는 식품: 내 몸이 좋아하지 않는 것

_____

_____

_____

_____

_____

_____

PART 8

설계

새로운 맞춤형 식단 및 생활계획 세우기

우리 모두는 유일무이한 존재이며, 이제 그 증거를 가지고 있다. 나에게는 이롭지만 남들에게는 꼭 그렇지만은 않은 식품 목록을 손에 넣었다. 그리고 다른 사람에게는 어떻든 나에게는 소화가 힘든 식품 목록도 있다. 오직 나에게만 적용되는 개인정보다. 또한 이 목록은 나에게 영양을 공급하고 건강을 확립하는 식이 환경 생성에 활용할 수 있다. 더 이상 나도 모르게 염증을 유발하는 방식으로 식사를 하지 않아도 된다. 이제 내 몸이 좋아하고 건강할 수 있는 음식을 선택할 수 있는 지식을 갖추게 되었기 때문이다.

지금까지 4~8일 동안 항염증성 생활방식에 돌입한 후 4~8주 동안 같은 방식으로 생활했으니 생각보다 제대로 훈련이 되었을 것이다. 이제 훈련 기간이 끝났으니 제거 프로그램 중 어떤 부분을 계속 이어가고 싶은지 고려할 때다. 어쩌면 그것이 앞으로 발전하기 위해 필요한 유일한 부분일지도 모른다.

맞춤형 생활계획을 세우자

제거식이요법을 성공적으로 마친 환자에게 가장 먼저 하는 조언은 맞춤형 생활계획을 세우라는 것이다. 내 몸이 좋아한다고 확인한 안전한 식품 목록을 정리하자. 그리고 어디를 가든 가지고 다니거나 자주 볼 수 있는 어딘가에 보관하자. 휴대전화에 적어두거나 종이에 써서 지갑에 넣어두고, 냉장고에 붙여두는 식이다. 얼마 뒤면 완전히 외우게 될 것이다. PART 7의 마지막 부분에서 만든 본인에게 이로운 재도입 식품 목록(345쪽)부터 시작한다. 여기에 4주 또는 8주의 염증 완화 기간 동안 맛있게 먹었던 모든 좋은 음식을 추가하자. 그리고 또 다른 맛있는 가능성을 찾아서 음식 목록(139쪽부터 시작)을 훑어보자. 이것이 나만의 맞춤형 생활계획이다. 무엇을 먹어야 할지 결정해야 할 때마다 이 목록을 참고해서 건강에 이로운 식사를 하자. 추가 식품(새로운 멋진 채소나 과일, 생선 등)을 발견하면 언제든지 여기 추가할 수 있다. 확신이 들지 않으면 언제나 동일한 제거식이요법을 적용해서 새로운 식품을 테스트하면 된다.

또 염증을 계속 억제하려면 피하기로 결정한 음식 목록 또한 작성할 것을 권장한다. 인생 계획의 뒷면에 적어둬도 좋다. PART 7의 마지막 부분에서 작성한 본인에게 이롭지 않은 식품 목록(345쪽)부터 시작한다. 그리고 히스타민과 포드맵, 살리실산염, 옥살산염(320~325쪽) 테스트에서 발견한 또 다른 반응성 식품을 여기 추가한다. 다른 이유로 먹지 않기로 결정한 식품을 추가해도 좋다. 예를 들어서 감미료에 딱히 반응을 보이지는 않더라도 어쨌든 제거하기로 결정했다면 여기 적는다.

PART 8. 설계_ 새로운 맞춤형 식단 및 생활계획 세우기 이들 식품 목록은 엄격한 다이어트 계획에 부자연스럽게 따르거나 다이어트 교리에 복종하지 않고 정상적으로 음식을 즐기는 삶을 살아가기 위한 시금석이다.

이제 우리는 새로운 삶에 발을 들여놓을 것이다. 내가 먹고 싶은 것은 무엇이든 먹을 수 있으며, 나 자신의 몸에 대한 지식으로 무장했으니 이제 정보에 기반한 결정을 내릴 수 있다.

이것이 진정한 식사의 효과다. 우리의 '계획'은 단순하다. 내 건강을 강화한다는 점을 확인한 식품 목록이 있다. 이들 음식을 더 먹는다. 그리고 나에게 염증을 일으킨다는 점을 확인한 식품 목록이 있다. 어떤 결과가 생길지 알게 되었으니 이제 그래도 먹고 싶은지 결정하자. 선택권은 나에게 있다! 제한적이라고 생각하지 말고 우리 앞에 무한한 가능성이 있다는 뜻으로 받아들이자.

기본 주간 식사계획 세우기

맞춤형 생활계획을 세우고 나면 이제 환자로 하여금 기본 주간 식단을 작성해서 무엇을 먹어야 할지 알 수 없거나 복잡한 계획을 세울 시간이 없을 때 참고할 수 있도록 돕는다. 각자의 생활계획에 따른 기본적인 주간 식사를 기준으로 한다. 빈 식단 계획 양식표(159쪽)에 이들 식단을 작성한다. 이 책의 식단 계획과 레시피에서 영감을 받아보자. 제거 단계에서 어떤 음식을 즐겨 먹었는가? 새로운 음식 경험을 바탕으로 색다른 레시피를 만들어냈는가? 마음에 드는 레시피가 있는가? 순식간에 손쉽게 만들 수 있는 아침, 점심, 저녁 식사와 간식 목록이 있고 필요한 재료를 언제나 주방에 갖추고 있다면 나에게 영양분을 공급하지 않는 음식을 먹게 될 상황에 처하지 않을 수 있다. 우리의 대비책이다.

꼼꼼하게 작성해서 제2의 본능이 될 때까지 주방에 붙여두자. 다시는 "무엇을 먹어야 할지 모르겠어요!" 하고 외칠 일이 없을 것이다.

창의성 유지하기

시간 여유가 있을 때마다 식사에 창의성을 발휘해보자. 예전에 좋아하던 음식을 더 나은 식재료를 이용해 항염증식으로 만들어보자. 무엇을 먹어야 할지 확신이 서지 않는다면 PART 6의 레시피를 훑어보면서 무엇이 내 몸에 이로웠는지 상기하며 아이디어를 얻자. 채소를 가지고 모험을 하자. 요리의 지평을 넓히자.

우리 환자 중에는 식당에 가거나 휴가를 떠나고 파티 혹은 친구 집에 초대받았을 때 어떻게 단호한 자세를 유지할 수 있을지 걱정하는 사람도 있다. 하지만 변한 것은 아무것도 없다. 언제나처럼 인생을 살면 된다. 유일한 차이점은 이제 특정 음식은 먹지 않는 편이 낫다는 사실을 알고 있는 것뿐이다. 주최자나 종업원에게 원하는 것을 말하자. 피해야 하는 식품 목록을 알려주자. 난리법석을 떨 필요는 없다. 포틀럭 파티라면 먹을 수 있는 음식을 지참하자. 누군가가 나에게 문제가 되는 음식을 권한다면 그저 정중하게 거절하면 된다.

일단 건강해지고 나면 음식이 되었건 생활습관이 되었건 대부분 건강에 도움이 되는 방식을 선택하고 대부분의 염증 원인을 피하면서 사는 것이 중요할 뿐이다. 살아가는 방식 또한 큰 영향을 미친다는 점을 기억하자. 얼마나 자주 어느 정도로 운동을 하는지, 얼마나 잘 자는지, 다른 이와 얼마나 깊게 교류하고 삶의 목적을 가지고 있는지 등을 되새기자. 너무 오래 앉아있거나 화면을 멍하니 응시하고 사회적 관계를 거부하며 강박적인 생각에 사로잡히거나 열정을 무시하는 등 예전의 염증성 습관이 돌아오기 시작하면 인지할 수 있도록 경계심을 유지하자. 이제 나에게 어떤 것이 이롭고 어떤 것이 해로운지 스스로 알고 있다. 주의를 기울이는 것은 성장하고 무시하는 것은 줄어들게 돼 있으니 내가 좋아하는 음식과 습관에 에너지를 투자하자. 이들이 나를 길러내서 건강이 계속 향상되도록 만들 것이다.

기본에 충실하기

'치팅'은 해도 괜찮을까? 우리 환자들도 종종 이런 질문을 한다. 환자는 주로 완벽해야 한다는 강박에 갇히거나 '금지된' 뭔가를 저지르면 어떤 일이 벌어질지 걱정하곤 한다. 음식에 관한 한 치팅이라는 개념은 지속 가능한 웰니스와 정반대에 있다. 어떤 것도 금지돼 있지는 않다는 점을 기억하자. 모든 것은 선택이다. 어떠한 음식이 나에게 이롭지 않다는 점을 알고 먹지 않기로 선택하는 것과 특정한 음식을 먹는 것을 스스로에게 금지하는 것에는 차이가 있다. 하나는 음식의 자유이고 다른 하나는 음식 감옥이다. 우리가 하는 것은 무엇은 먹어도 좋고 무엇은 먹어서는 안 된다고 규정하는 다이어트 방법이 아니다. 또한 이곳에 수치심은 존재하지 않는다. 오직 내 건강만이 존재할 뿐이다. 기분이 좋아지고 싶다면 내 기분을 좋게 만드는 것을 먹고 싶은 것이 당연하다. 기분을 나쁘게 만드는 것을 먹지 않는 것은 제한이 아니다. 아주 합리적인 결론이다.

하지만 종종 유혹이나 주변의 압력, 전통, 의식, 오래된 습관, 사회적 행사, 가족 관계, 구식 쾌락주의 등의 이유로 평소와 다른 행동을 하고 싶어질 수도 있다. 우리는 때때로 나중에 후회할 줄 알면서도 음식을 먹곤 하는데, 이제 인지력을 습득했으니 그러한 상황을 인지하는 데에도 큰 차이가 생길 것이다. 어떤 음식이 내 몸에 이로운지 알기 전에 하던 방식대로 무작위적인 식사를 하는 것이 아니라 정보에 입각해서 의식적인 선택을 할 수 있다. 염증을 일으키는 음식을 먹기로 결정할 수도 있지만 이제 그러면 어떤 반응을 일으킬지 알고 있으니 조금만 먹기로 할 수도 있다. 또는 주어진 상황 내에서 일어날 여파를 알고 그만한 가치는 있다고 결정할지도 모른다. 의사가 아니라 나 스스로 내린 결정이다. 남이 정해주는 것이 아니다.

또한 건강이 계속 좋아지면 튼튼해진 몸은 나에게 이롭지 않은 음식을 가끔 먹어도 어느 정도 받아들일 수 있게 된다. 생일 케이크 1조각이나 감자칩 몇 개 정도는 건강을 크게 뒤흔들지 않게 될지도 모른다. 음식 선택의 질과 안전성에 있어서 너무 많은 타협을 하면 몸의 메시지를 듣지 못하게 될 수 있으며, 그러면 의도치 않게 최선의 의도에서 벗어나 방황하기 시작하면서 건강이 다시 악화될 수 있다. 주의하지 않으면 증상이 다시 나타날 수 있으며, 어떤 음식이 증상을 유발한 원인인지 정확하게 파악하기 힘들게 된다.

이런 사태를 방지하려면 이 프로그램을 통해서 인식력을 유지하는 것이 가장 중요하다. 무엇을 먹을지 결정할 때마다, 충분한 수면을 취하지 않을 때마다, 스트레스를 받을 때마다, 그리고 하루 종일 앉아만 있거나 스크린을 너무 많이 쳐다보고 남과 교류하기 위한 연락을 하지 않기로 결정할 때마다 이를 인식하자. 내 몸의 피드백에 세심한 주의를 기울이면서 매번 음식을 먹을 때마다, 건강을 위하거나 건강을 위하지 않는 모든 행동을 취할 때마다 이를 인지하고 이 모든 것은 선택임을 상기하자. 매일 내리는 모든 선택 중에서 아마 음식과 관련된 것이 가장 통제하기 쉬울 것이다.

기분을 나쁘게 만드는 음식은 절대로 반드시 먹어야 할 필요가 없다. 만일 누군가가 그걸 먹고 있다면 어떨까? 가족이나 친구, 전통 등의 존재가 반드시 먹어야 한다고 강요하면 어떻게 해야 할까? 싸울 필요는 없다. 정중하게 거절하고 대화나 웃음, 활동, 재미, 내 인생 등 더 중요한 일에 집중하자.

처음에는 불가능하게 느껴질 수도 있다. 나 또한 익히 기억한다. 이런 생각이 들 수도 있다.

"크리스마스에 쿠키를 먹지 않을 수는 없어요! 어떻게 추수감사절에 호박 파이를 피할 수 있죠? 나 말고는 다들 피자를 주문하고 싶어하는데! 친구의 생일, 결혼식, 졸업 파티에는 케이크가 있어요! 핼러윈에는 사탕이 필요하지 않나요?"

하지만 이런 생각은 오래된 습관의 메아리일 뿐이라는 사실을 기억하자. 핼러윈에 반드시 사탕이 필요한 것은 아니며, 그 외의 다른 어떤 것도 필수는 아니다. 물론 그렇다고 해서 절대 먹을 수 없는 것은 아니지만, 반드시 먹어야 한다는 뜻도 아니다. 내 몸이 특정 음식에 어떻게 반응하는지 알고 있으므로 이러한 내면의 질문에 더 합리적이고 차분하게, 그리고 의지를 뒷받침할 증거를 가지고 응대할 수 있다. 포기하고 싶은 유혹이 느껴지면 그 지식을 기본으로 삼자. 불안하거나 박탈감이 느껴지고 무언가를 놓치고 있다는 기분이 들면 이 사실을 상기하자. 건강에 영양을 공급하는 음식을 먹는 것은 박탈이 아니다. 더없이 심오한 형태의 자유 중 하나다.

몸에 영양을 공급하는 음식을 먹는 것은 박탈이 아니다. 매일 아침 기분 좋게 일어날 수 있는 자유다. 브레인 포그와 소화 문제, 관절통과 근육통, 생활을 방해하는 만성질환 증상으로부터의 자유다. 건강이 좋아지면서 얻어낸 삶의 모든 면에 관한 자유다. 우리는 염증이 없는 삶을 손에 넣을 수 있으며, 이는 염증을 일으키는 음식을 먹으면서 얻는 덧없는 즐거움보다 훨씬 큰 보상이다. 내 몸이 사랑하는 음식이 기분을 좋게 만들기까지 한다? 완전히 새로운 즐거움이다.

다시 제거해야 한다면?

인생은 변화한다. 인생은 신체나 건강, 생화학, 생물학적 개체성과 마찬가지로 정적이 아니라 동적인 존재다. 불내증은 변함이 없더라도 언제든지 새로운 질환이 발생할 수 있으며, 염증 스펙트럼의 반대쪽 끝으로 되돌아가기 시작할 수도 있다. 시간이 흐르면서 스트레스와 나쁜 습관이 다시 생활 속에 스며들어오지만 눈치채지 못할 수도 있다. 또는 최선의 노력을 다했는데

도 건강 문제가 발생할 수 있다. 건강 문제를 유발할 수 있는 통제 불가능한 요인은 언제나 존재한다. 그러니 항상 주의를 기울이면서 나 자신의 건강을 위해 가능한 최선의 결정을 내려야 한다. 이것이 나를 위해 가능한 최상의 결과를 설계하는 방법이다. 각자의 몸에 귀를 기울이는 것이 가장 중요하다.

특히 스트레스가 많은 시기 또는 임신, 완경, 남성 갱년기(테스토스테론이 낮아진다.) 등 호르몬 전환기를 거칠 때는 몸의 메시지에 세심한 주의를 기울이는 것이 언제나 현재의 건강 상태를 추적하는 가장 좋은 방법이다. 하지만 때때로 바쁘고 힘들어서 우리 자신을 돌보는 것을 잊기도 하므로 한동안 메시지에 귀를 기울이지 않았다는 사실을 깨달았다면 다시 몸의 피드백을 들어보자. 심각한 스트레스를 겪었다면 특별한 주의를 기울이자. 염증성 식품이나 습관이 다시 돌아왔을 수도 있다. 몸은 변한다. 시간은 우리 모두를 변화시킨다. 염증 스펙트럼 내 우리의 위치는 언제나 그 순간의 상태일 뿐이며, 시간이 지나면 그 위치는 끊임없이 변한다.

언제든 필요가 느껴지면 다시 제거 프로그램을 시작해서, 살면서 생겨난 갖가지 사건으로 인해 다시 재발하기 시작한 염증을 가라앉힐 수 있다. PART 2의 설문지를 다시 풀어보자. 동일한 카테고리에서 염증이 재발할 수도 있고, 완전히 다른 결과가 나올 수도 있다. 처음에는 소화기나 관절, 근육에 문제가 있었지만 이제는 두뇌나 호르몬이 좋지 않을 수도 있다. 그럴 경우에는 다른 코어4나 제거8 단계를 수행해서 다시금 항염증적 인생을 되찾도록 하자.

다른 이유로 제거 단계를 다시 하고 싶어질 수도 있다. 새로운 음식을 테스트하거나 새로운 식이요법을 시도하면서 나에게 맞는 것인지 확인하고 싶을지도 모른다. 가는 길을 바꾸거나 다듬고 완성시키는 과정에서 언제든지 여기로 다시 돌아올 수 있다.

그러나 이제는 제거 도구가 있으므로 제거 단계가 다시는 필요하지 않을 수도 있다. 우리는 나만의 식품 목록을 손에 넣었다. 나만의 이상적인 라이프 스타일도 구축했다. 물론 스스로 해결할 수 없는 미스터리한 문제를 해결하기 위한 더욱 세밀한 맞춤형 프로그램에 대해서는 기능의학 전문가와 상담할 것을 언제나 권장한다.

오늘의 상태는 어떠한가?

4주 또는 8주 동안 항염증 생활을 한 다음 선택한 식품을 주의 깊게 재도입한 지금은 처음 이 책을 읽기 시작했을 때보다 훨씬 상태가 좋을 것이다. 오늘의 건강 상태를 재평가해서 수량화해보자.

스스로에게 물어보자.

- 오늘의 활력은 어떠한가?
- 통증 수준은 어떠한가?
- 수면 상태는 어떠한가?
- 집중력은 어떠한가?
- 소화 상태는 어떠한가?
- 이 여정을 시작한 이후로 삶에 어떤 변화가 있었는가?

71쪽에 처음 적었던 최악의 8가지 증상 목록을 기억하는가? 그 목록이 이제 어떻게 되었을까? 완전히 해결되었다면? 축하한다! 대부분 해결되었다면? 계속해서 탐구하고 테스트하고 실험을 거듭하면서 내 몸의 메시지를 조율해나가자. 고도의 건강 불균형이 저절로 교정되기까지는 오랜 시간이 걸릴 수 있지만, 지금까지 잘해왔다. 건강의 긍정적인 변화를 인식 및 주지하고 나면 새롭게 발견한 지식과 생활계획에 충실하고 싶은 의욕이 더욱 고취된다.

또한 PART 2로 돌아가서 설문지를 다시 풀어볼 것을 제안한다. 특히 가장 높은 점수가 나왔던 부분을 다시 살펴보자. 이제 염증이 상당히 진정되었고 염증성 식품을 정확하게 찾아냈으므로 점수가 이전보다 훨씬 낮아야 한다. 염증 스펙트럼 설문지를 다시 풀어보면 내가 지금까지 얼마나 개선되었는지, 그리고 염증 스펙트럼 내에서 만성질환으로부터 얼마나 멀어지고 건강에 얼마나 가까워졌는지 수량적으로 확인할 수 있다. 축하할 일이다!

하지만 올바른 방향으로 나아가고 있는 지금, 어떻게 해야 이 생활을 지속적으로 유지할 수 있을까? 식단에서 염증성 식품을 몰아내는 과정은 사고방식을 명확하게 잡고 음식 중독에 관련된 모든 습관에 맞서는 효과가 있다. 또한 지난 4주 또는 8주 동안 염증성 습관을 몰아내면서 정신과 몸의 관계를 치유하여 염증을 진정시키는 데에 도움이 되었을 것이다. 염증 유발 요인을 특정하여 식단에서 제거하면 몸이 재기동되면서 장과 호르몬을 치료하는 데에 도움이 된다. 아직 100% 건강해진 것처럼 느껴지지 않을지도 모르지만 그래도 괜찮다. 경험상 염증이 완전히 진정돼서 그 여파로부터 회복되기까지 최소 6개월 이상이 걸리는 사람도 있고, 건강 문제가 있는 사람의 경우 대부분의 주요 생활방식을 바꾼 후 만성적인 건강 문제를 겪는 상태에서 유의미한 수준으로 영구적인 변화를 맞이할 때까지 최대 2년이 걸리기도 한다. 신성한 여정이므로 인내심을 가지고 스스로에게 은혜를 베풀자. 내 마음에, 그리고 몸과 음식에 대한 스스로의 감정에 주의를 기울이자. 균형을 찾아가는 것, 이것이 인생이다.

여기가 이 책의 마지막 파트지만, 우리에게는 다음 파트의 시작이라 할 수 있다. 여러분의 염증 스펙트럼 계획은 자신에 대한 실제 정보를 기반으로 지속 가능한 라이프스타일 변화를 위한 발판이다. 내 몸이 좋아하는 것을 유지하면서 맞춤형 생활계획을 따르고, 배운 것을 존중하고 스스로를 상처 입히는 것들을 피하면서 건강이 계속해서 개선되는 것을 지켜보자.

이제 내 몸에 대한 로드맵이 생겼으니 신나게 앞으로 나아가자. 지금 하고 있는 일은 더 이상 '다이어트'가 아니다. 우리는 이제 내 몸이 무엇을 좋아하며 잘 살기 위해 무엇이 필요한지 알고 있다. 다이어트를 하는 사람에서 나만의 웰니스 보유자로 넘어간 것이다. 이제 내 몸이 하는 말을 듣는 법을 배웠으니, 그 누구보다 내 몸을 잘 아는 사람은 바로 나다.

INTRO.
내게 이로운 음식은 무엇인가?

1. Centers for Disease Control and Prevention, "Chronic Diseases in America" infographic, https://www.cdc.gov/chronicdisease/resources/infographic/chronic-diseases.htm.
2. Centers for Disease Control and Prevention, Division for Heart Disease and Stroke Prevention Heart Disease Fact Sheet, https://www.cdc.gov/dhdsp/data_statistics/fact_sheets/fs_heart_disease.htm.
3. World Health Organization Cancer Fact Sheet, http://www.who.int/news-room/fact-sheets/detail/cancer.
4. American Autoimmune Related Diseases Association Autoimmune Disease Statistics, https://www.aarda.org/news-information/statistics/.
5. Andy Menke et al., "Prevalence of and Trends in Diabetes Among Adults in the United States, 1988–2012," JAMA 314, no.10 (September 2015): 1021–29. https://jamanetwork.com/journals/jama/fullarticle/2434682.
6. National Institute of Mental Health, Mental Health Information Statistics, https://www.nimh.nih.gov/health/statistics/prevalence/any-mental-illness-ami-among- us- adults.shtml.
7. Centers for Disease Control and Prevention Morbidity and Mortality Weekly Report, https://www.cdc.gov/mmwr/volumes/66/wr/mm6630a6.htm.
8. C. Pritchard, A. Mayers, and D. Baldwin, "Changing Patterns of Neurological Mortality in the 10 Major Developed Countries—1979–2010," Public Health 127, no. 4 (April 2013): 357–68; doi: 10.1016/j.puhe.2012.12.018, https://www.ncbi

.nlm.nih.gov/pubmed/23601790.

9. Centers for Disease Control and Prevention Autism Spectrum Disorder Data and Statistics, https://www.cdc.gov/ncbddd/autism/data.html.

10. Irene Papanicolas, Liana R. Woskie, and Ashish K. Jha, "Health Care Spending in the United States and Other High-Income Countries," JAMA 319, no. 10 (March 13, 2018): 1024–39; https://jamanetwork.com/journals/jama/article -abstract/2674671.

11. Lisa Girion, Scott Glover, and Doug Smith, "Drug Deaths Now Outnumber Traffic Fatalities in U.S., Data Show," Los Angeles Times, September 17, 2011; http://articles.latimes.com/2011/sep/17/local/la- me- drugs-epidemic-20110918.

12. Kelly Adams, Martin Kohlmeier, and Steven Zeisel, "Nutrition Education in U.S. Medical Schools: Latest Update of a National Survey," Academic Medicine 85, no. 9 (September 2010): 1537–42; https://www.aamc.org/download/451374 /data/nutriritoneducationinusmedschools.pdf.

13. Kelly M. Adams, W. Scott Butsch, and Martin Kohlmeier, "The State of Nutrition Education at US Medical Schools," Journal of Biomedical Education 2015 (2015), Article ID 357627, 7 pages; http://dx.doi.org/10.1155/2015/357627, https:// www.hindawi.com/journals/jbe/2015/357627/.

14. M. Castillo et al., "Basic Nutrition Knowledge of Recent Medical Graduates Entering a Pediatric Residency Program," International Journal of Adolescent Medicine and Health 28, no. 4 (November 2016): 357–61; doi: 10.1515/ijamh -2015-0019, https://www.ncbi.nlm.nih.gov/pubmed/26234947.

15. Walter C. Willett et al., "Prevention of Chronic Disease by Means of Diet and Lifestyle Changes," in Dean T. Jamision et al., eds., Disease Control Priorities in Developing Countries, 2nd ed. (Washington DC: World Bank Publication, 2006); https://www.ncbi.nlm.nih.gov/books/NBK11795/.

PART 1.
예측_ 내 몸에 맞는 음식은 생물학적 개체성이 결정한다

1. L. Cordain et al., "Origins and Evolution of the Western Diet: Health Implications for the 21st Century," American Journal of Clinical Nutrition 81, no. 2 (February 2005): 341–54; doi: 10.1093/ajcn.81.2.341, https://www.ncbi.nlm.nih.gov/ pubmed/15699220.

2. National Institute of Diabetes and Digestive and Kidney Diseases, Adrenal Insufficiency & Addison's Disease, https://www.niddk.nih.gov /health-information/endocrine-diseases/adrenal-insufficiency–addisons-disease.

3. O. Mocan and D. L. DumitraŞcu, "The Broad Spectrum of Celiac Disease and Gluten Sensitive Enteropathy," Clujul Medical 89, no. 3 (2016): 335 –42; https://www.ncbi.nlm.nih.gov/pubmed/27547052.

4. E. A. Jeong et al., "Ketogenic Diet-Induced Peroxisome Proliferator-Activated Receptor- Y Activation Decreases Neuroinflammation in the Mouse Hippocampus After Kainic Acid-Induced Seizures," Experimental Neurology 232, no. 2 (December 2011): 195 –202; https://www.ncbi.nlm.nih.gov/pubmed/21939657.

5. J. Tam et al., "Role of Adiponectin in the Metabolic Effects of Cannabinoid Type 1 Receptor Blockade in Mice with Diet-Induced Obesity," American Journal of Physiology-Endocrinology and Metabolism 306, no. 4 (February 15, 2014): E457 –68; https://www.ncbi.nlm.nih.gov/pubmed/24381003.

PART 3.
구체화_ 염증 제거 계획과 도구상자

1. Luana Cassandra Breitenbach Barroso Coelho et al. "Lectins, Interconnecting Proteins with Biotechnological/Pharmacological and Therapeutic Applications," Evidence-Based Complementary and Alternative Medicine 2017; doi: 10.1155/2017/1594074;
https://www.hindawi.com/journals/ecam/2017/1594074/.

2. Lloyd A. Horrocks and Young K. Yeo, "Health Benefits of Docosahexaenoic Acid (DHA)," Pharmacological Research 40, no. 3 (September 1999): 211 –25; http://www.sciencedirect.com/science/article/pii/S1043661899904954.

3. Kathleen A. Page et al., "Medium-Chain Fatty Acids Improve Cognitive Function in Intensively Treated Type 1 Diabetic Patients and Support in Vitro Synaptic Transmission During Acute Hypoglycemia," American Diabetes Association 58, no. 5 (May 2009): 1237 –44; http://diabetes.diabetesjournals.org/content/58/5/1237.short.

4. Puei-Lene Lai et al., "Neurotrophic Properties of the Lion's Mane Medicinal Mushroom, Hericium erinaceus (Higher Basidiomycetes) from Malaysia," International Journal of Medicinal Mushrooms 15, no. 6 (2013): 539 –54; http://www.dl.begellhouse.com/journals/708ae68d64b17c52,034eeb045436a171,750a15ad12ae25e9.html.

5. R. Katzenschlager et al., "Mucuna pruriens in Parkinson's Disease: A Double Blind Clinical and Pharmacological Study," Journal of Neurology, Neurosurgery & Psychiatry 75, no. 12 (2004): 1672 –77; http://jnnp.bmj.com/content/75/12/1672.

6. Ghazala Hussian and Bala V. Manyam, "Mucuna pruriens Proves More Effective Than L- DOPA in Parkinson's Disease Animal Model," Phytotherapy

Research 11, no. 6 (September 1997): 419–23; http://onlinelibrary.wiley.com/doi
/10.1002/(SICI)1099-1573(199709)11:6%3C419::AID-PTR120%3E3.0.CO:2- Q/full.

7. Chizuru Konagai et al., "Effects of Krill Oil Containing n-3 Polyunsaturated
Fatty Acids in Phospholipid Form on Human Brain Function: A Randomized
Controlled Trial in Healthy Elderly Volunteers," Clinical Interventions in Aging 8
(September 2013): 1247–57; https://www.ncbi.nlm.nih.gov/pmc/articles
/PMC3789637/.

8. Parris Kidd, "Integrated Brain Restoration After Ischemic Stroke—Medical
Management, Risk Factors, Nutrients, and Other Interventions for Managing
Inflammation and Enhancing Brain Plasticity," Alternative Medicine Review:
A Journal of Clinical Therapeutic 14, no. 1 (April 2009): 14–35; https://www
.researchgate.net/publication/24275478_Integrated_Brain_Restoration_after
_Ischemic_Stroke_-_Medical_Management_Risk_Factors_Nutrients_and_other
_Interventions_for_Managing_Inflammation_and_Enhancing_Brain_Plasticity.

9. Tracy K. McIntosh et al. "Magnesium Protects Against Neurological Deficit
After Brain Injury," Brain Research 482, no. 2 (March 1989): 252–60; http://www
.sciencedirect.com/science/article/pii/0006899389911888.

10. Inna Slutsky et al., "Enhancement of Learning and Memory by Elevating
Brain Magnesium," Neuron 65, no. 2 (January 2010): 165–77; http://www
.sciencedirect.com/science/article/pii/S0896627309010447.

11. Laura D. Baker et al., "Effects of Aerobic Exercise on Mild Cognitive
Impairment: A Controlled Trial," Archives of Neurology 67, no. 1 (January 2010):
71–79; https://jamanetwork.com/journals/jamaneurology/fullarticle/799013.

12. Stanley J. Colcombe et al., "Aerobic Exercise Training Increases Brain Volume
in Aging Humans," The Journals of Gerontology: Series A 61, no. 11 (November
2006): 1166–70; https://academic.oup.com/biomedgerontology/article/61/11
/1166/630432/Aerobic-Exercise-Training-Increases-Brain-Volume.

13. Dietmar Benke et al., "GABAA Receptors as in Vivo Substrate for the Anxiolytic
Action of Valerenic Acid, a Major Constituent of Valerian Root Extracts,"
Neuropharmacology 56, no. 1 (January 2009): 174–81; https://www.sciencedirect
.com/science/article/pii/S0028390808001950.

14. E. J. Huang and L. F. Reichardt, "Neurotrophins: Roles in Neuronal
Development and Function," Annual Review of Neuroscience 24 (March 2001):
677–736; https://www.ncbi.nlm.nih.gov/pubmed/11520916.

15. Karl Obrietan, Xiao-Bing Gao, and Anthony N. van den Pol, "Excitatory
Actions of GABA Increase BDNF Expression via a MAPK-CREB–Dependent
Mechanism—A Positive Feedback Circuit in Developing Neurons," Journal of
Neurophysiology 88, no. 2 (August 2002): 1005–15; https://www.physiology.org/

doi/abs/10.1152/jn.2002.88.2.1005.

16. Pirjo Komulainen et al., "BDNF Is a Novel Marker of Cognitive Function in Ageing Women: The DR's EXTRA Study," Neurobiology of Learning and Memory 90, no. 4 (November 2008): 596–603; https://www.sciencedirect.com/science/article/pii/S1074742708001287.

17. S. Parvez et al., "Probiotics and Their Fermented Food Products Are Beneficial for Health," Journal of Applied Microbiology 100, no. 6 (June 2006): 1171–85; http://onlinelibrary.wiley.com/doi/10.1111/j.1365-2672.2006.02963.x/full.

18. S. Salminen, E. Isolauri, and E. Salminen, "Clinical Uses of Probiotics for Stabilizing the Gut Mucosal Barrier: Successful Strains and Future Challenges," Antonie van Leeuwenhoek 70, no. 2–4 (October 1996): 347–58; https://link.springer.com/article/10.1007%2FBF00395941?LI=true.

19. L. J. Fooks and G. R. Gibson, "Probiotics as Modulators of the Gut Flora," British Journal of Nutrition 88, no. S1 (September 2002): s39–s49; https://www.cambridge.org/core/journals/british-journal-of-nutrition/article/probiotics-as-modulators-of-the-gut-flora/0ECB99C9BCC4A6217AA70A51471E3BBA.

20. P. Newsholme, "Why Is L-Glutamine Metabolism Important to Cells of the Immune System in Health, Postinjury, Surgery or Infection?," The Journal of Nutrition 131, Supp. 9 (September 2001): 2515S–2522S; https://www.ncbi.nlm.nih.gov/pubmed/11533304.

21. Zhao-Lai Dai et al., "L-Glutamine Regulates Amino Acid Utilization by Intestinal Bacteria," Amino Acids 45, no. 3 (September 2013): 501–12; https://link.springer.com/article/10.1007/s00726-012-1264-4.

22. L. Langmead et al., "Antioxidant Effects of Herbal Therapies Used by Patients with Inflammatory Bowel Disease: An in Vitro Study," Alimentary Pharmacology and Therapeutics 16, no. 2 (February 2002): 197–205; http://onlinelibrary.wiley.com/doi/10.1046/j.1365-2036.2002.01157.x/full.

23. Marta González-Castejón, Francesco Visioli, and Arantxa Rodriguez-Casado, "Diverse Biological Activities of Dandelion," Nutrition Reviews 70, no. 9 (September 1, 2012): 534–47; https://academic.oup.com/nutritionreviews/article-abstract/70/9/534/1835513.

24. Marzieh Soheili and Kianoush Khosravi-Darani, "The Potential Health Benefits of Algae and Micro Algae in Medicine: A Review on Spirulina platensis," Current Nutrition and Food Science 7, no. 4 (November 2011): 279–85; http://www.ingentaconnect.com/contentone/ben/cnf/2011/00000007/00000004/art00007.

25. Ludovico Abenavoli et al., "Milk Thistle in Liver Diseases: Past, Present, Future," Phytotherapy Research 24, no. 10 (October 2010): 1423–32; http://

onlinelibrary.wiley.com/doi/10.1002/ptr.3207/full.

26. Janice Post-White, Elena J. Ladas, and Kara M. Kelly, "Advances in the
Use of Milk Thistle (Silybum marianum)," Integrative Cancer Therapies 6, no. 2 (June
2007): 104–109; http://journals.sagepub.com/doi/abs/10.1177
/1534735407301632.

27. P. Ranasinghe et al., "Efficacy and Safety of 'True' Cinnamon (Cinnamomum
zeylanicum) as a Pharmaceutical Agent in Diabetes: A Systematic Review and
Meta-analysis," Diabetic Medicine 29, no. 12 (December 2012): 1480–92; http://
onlinelibrary.wiley.com/doi/10.1111/j.1464-5491.2012.03718.x/full.

28. Haou-Tzong Ma, Jung-Feng Hsieh, and Shui-Tein Chen, "Anti-Diabetic
Effects of Ganoderma lucidum," Phytochemistry 114 (June 2015): 109–13; http://
www.sciencedirect.com/science/article/pii/S0031942215000837.

29. L. Liu et al., "Berberine Suppresses Intestinal Disaccharidases with Beneficial
Metabolic Effects in Diabetic States, Evidences from in Vivo and in Vitro Study,"
Naunyn-Schmiedeberg's Archives of Pharmacology 381, no. 4 (April 2010): 371–81;
https://www.ncbi.nlm.nih.gov/pubmed/20229011.

30. Jun Yin, Huili Xing, and Jianping Ye, "Efficacy of Berberine in Patients with
Type 2 Diabetes," Metabolism 57, no. 5 (May 2008): 712–17; https://www.ncbi
.nlm.nih.gov/pmc/articles/PMC2410097/.

31. Noriko Yamabe et al., "Matcha, a Powdered Green Tea, Ameliorates the
Progression of Renal and Hepatic Damage in Type 2 Diabetic OLETF Rats,"
Journal of Medicinal Food 12, no. 4 (September 2009): 714–21; http://online
.liebertpub.com/doi/abs/10.1089/jmf.2008.1282.

32. J. Larner, "D- Chiro-Inositol—Its Functional Role in Insulin Action and Its
Deficit in Insulin Resistance," International Journal of Experimental Diabetes
Research 3, no. 1 (2002): 47–60; https://www.ncbi.nlm.nih.gov/pubmed/11900279.

33. F. Brighenti et al., "Effect of Neutralized and Native Vinegar on Blood
Glucose and Acetate Responses to a Mixed Meal in Healthy Subjects," European
Journal of Clinical Nutrition 49, no. 4 (April 1995): 242–47; C. S. Johnston, C. M.
Kim, and A. J. Buller, "Vinegar Improves Insulin Sensitivity to a HighCarbohydrate
Meal in Subjects with Insulin Resistance or Type 2 Diabetes,"
Diabetes Care 27, no. 1 (January 2004): 281–82; C. S. Johnston et al., "Examination
of the Antiglycemic Properties of Vinegar in Healthy Adults," Annals of Nutrition
& Metabolism 56, no. 1 (2010): 74–79; H. Liljeberg and I. Björck, "Delayed Gastric
Emptying Rate May Explain Improved Glycaemia in Healthy Subjects to a
Starchy Meal with Added Vinegar," European Journal of Clinical Nutrition 52, no. 5
(May 1998): 368–71; M. Leeman, E. Ostman, and I. Björck, "Vinegar Dressing and
Cold Storage of Potatoes Lowers Postprandial Glycaemic and Insulinaemic

Responses in Healthy Subjects," European Journal of Clinical Nutrition 59, no. 11 (November 2005): 1266–71; Nilgün H. Budak et al., "Functional Properties of Vinegar," Journal of Food Science 79, no. 5 (May 2014): R757–R764.

34. El Petsiou et al., "Effect and Mechanisms of Action of Vinegar on Glucose Metabolism, Lipid Profile and Body Weight," Nutrition Reviews 72, no. 10 (October 2014): 651–61; Brighenti et al., "Effect of Neutralized and Native Vinegar on Blood Glucose and Acetate Responses to a Mixed Meal in Healthy Subjects"; Andrea M. White and Carol S. Johnston, "Vinegar Ingestion at Bedtime Moderates Waking Glucose Concentrations in Adults with Well-Controlled Type 2 Diabetes," Diabetes Care 30, no. 11 (November 2007): 2814–15.

35. T. Wolfram and F. Ismail-Beigi, "Efficacy of High-Fiber Diets in the Management of Type 2 Diabetes Mellitus," Endocrine Practice 17, no. 1 (January–February 2011): 132–42; https://www.ncbi.nlm.nih.gov/pubmed/20713332.

36. C. L. Broadhurst and P. Domenico, "Clinical Studies on Chromium Picolinate Supplementation in Diabetes Mellitus—A Review," Diabetes Technology & Therapeutics 8, no. 6 (December 2006): 677–87; https://www.ncbi.nlm.nih.gov /pubmed/17109600.

37. R. E. Booth, J. P. Johnson, and J. D. Stockand, "Aldosterone," Advanced Physiological Education 26, no. 1–4 (December 2002): 8–20; https://www.ncbi.nlm .nih.gov/pubmed/11850323.

38. Z. Lu et al., "An Evaluation of the Vitamin D_3 Content in Fish: Is the Vitamin D Content Adequate to Satisfy the Dietary Requirement for Vitamin D?," The Journal of Steroid Biochemistry and Molecular Biology 103, no. 3–5 (March 2007): 642–44; http://www.sciencedirect.com/science/article/pii /S0960076006003955.

39. Joseph L. Mayo, "Black Cohosh and Chasteberry: Herbs Valued by Women for Centuries," Clinical Nutrition Insights 6, no. 15 (1998): 1–3; https://pdfs .semanticscholar.org/dcc5/37a8da60cde7b0f5cecb701c2e161b62ac88.pdf.

40. N. Singh et al., "Withania Somnifera (Ashwagandha), a Rejuvenating Herbal Drug Which Enhances Survival During Stress (an Adaptogen)," International Journal of Crude Drug Research 20, no. 1 (1982): 29–35; http://www.tandfonline .com/doi/abs/10.3109/13880208209083282.

41. Lakshmi-Chandra Mishra, Betsy B. Singh, and Simon Dagenais, "Scientific Basis for the Therapeutic Use of Withania somnifera (Ashwagandha): A Review," Alternative Medicine Review 5, no. 4 (2000): 334–46; https://kevaind.org/down load/Withania%20somnifera%20in%20Thyroid.pdf.

42. L. Schäfer and K. Kragballe, "Supplementation with Evening Primrose Oil in Atopic Dermatitis: Effect on Fatty Acids in Neutrophils and Epidermis," Lipids

26, no. 7 (1991): 557–60; https://www.ncbi.nlm.nih.gov/pubmed/1943500.

43. Eric D. Withee et al., "Effects of MSM on Exercise–Induced Muscle and Joint Pain: A Pilot Study," Journal of the International Society of Sports Nutrition 12, Supp. 1 (2015): P8, https://www.ncbi.nlm.nih.gov/pmc/articles/PMC4595302/; P. R. Usha and M. U. Naidu, "Randomised, Double–Blind, Parallel, PlaceboControlled Study of Oral Glucosamine, Methylsulfonylmethane and Their Combination in Osteoarthritis," Clinical Drug Investigation 24, no. 6 (2004): 353–63, https://www.ncbi.nlm.nih.gov/pubmed/17516722; Marie van der Merwe and Richard J. Bloomer, "The Influence of Methylsulfonylmethane on Inflammation–Associated Cytokine Release Before and Following Strenuous Exercise," Journal of Sports Medicine, https://www.ncbi.nlm.nih.gov/pmc/articles/PMC5097813/.

44. G. S. Kelly, "The Role of Glucosamine Sulfate and Chondroitin Sulfates in the Treatment of Degenerative Joint Disease," Alternative Medicine Review: A Journal of Clinical Therapeutic 3, no. 1 (February 1998): 27–39; http://europepmc.org/abstract/med/9600024.

45. Fredrikus G. J. Oosterveld et al., "Infrared Sauna in Patients with Rheumatoid Arthritis and Ankylosing Spondylitis," Clinical Rheumatology 28 (January 2009): 29; https://link.springer.com/article/10.1007/s10067-008-0977- y.

46. Kevin P. Speer, Russell F. Warren, and Lois Horowitz, "The Efficacy of Cryotherapy in the Postoperative Shoulder," Journal of Shoulder and Elbow Surgery 5, no. 1 (January–February 1996): 62–68; http://www.sciencedirect.com/science/article/pii/S1058274696800322.

47. Barrie R. Cassileth and Andrew J. Vickers, "Massage Therapy for Symptom Control: Outcome Study at a Major Cancer Center," Journal of Pain and Symptom Management 28, no. 3 (September 2004): 244–49; http://www.sciencedirect.com/science/article/pii/S0885392404002623.

48. L. Kalichman, "Massage Therapy for Fibromyalgia Symptoms," Rheumatology International 30, no. 9 (July 2010): 1151–57; https://www.ncbi.nlm.nih.gov/pubmed/20306046.

49. J. Manzanares, M. D. Julian, and A. Carrascosa, "Role of the Cannabinoid System in Pain Control and Therapeutic Implications for the Management of Acute and Chronic Pain Episodes," Current Neuropharmacology 4, no. 3 (July 2006): 239–57, https://www.ncbi.nlm.nih.gov/pmc/articles/PMC2430692/; A. Holdcroft et al., "A Multicenter Dose–Escalation Study of the Analgesic and Adverse Effects of an Oral Cannabis Extract (Cannador) for Postoperative Pain Management," Anesthesiology 104, no. 5 (May 2006): 1040–46, https://www.ncbi.nlm.nih.gov/pubmed/16645457.

50. B. Richardson, "DNA Methylation and Autoimmune Disease," Clinical Immunology 109, no. 1 (October 2003): 72–79; https://www.ncbi.nlm.nih.gov/pubmed/14585278.

51. Andrzej Sidor and Anna Gramza-Michalowska, "Advanced Research on the Antioxidant and Health Benefit of Elderberry (Sambucus nigra) in Food—A Review," Journal of Functional Foods 18, Part B (October 2015): 941–58; http://www.sciencedirect.com/science/article/pii/S1756464614002400.

52. Nieken Susanti, "Asthma Clinical Improvement and Reduction in the Number of CD4$^+$CD25$^+$foxp3$^+$ Treg and CD4$^+$IL- 10$^+$ Cells After Administration of Immunotherapy House Dust Mite and Adjuvant Probiotics and/or Nigella Sativa Powder in Mild Asthmatic Children," IOSR Journal of Dental and Medical Sciences 7, no. 3 (May–June 2013): 50–59; http://www.iosrjournals.org/iosr-jdms/papers/Vol7-issue3/J0735059.pdf.

53. B. Wang et al., "Neuroprotective Effects of Pterostilbene Against Oxidative Stress Injury: Involvement of Nuclear Factor Erythroid 2- Related Factor 2 Pathway," Brain Research 1643 (July 15, 2016): 70–79; https://www.ncbi.nlm.nih.gov/pubmed/27107941.

54. T. Furuno and M. Nakanishi, "Kefiran Suppresses Antigen-Induced Mast Cell Activation," Biological and Pharmaceutical Bulletin 35, no. 2 (2012): 178–83; https://www.ncbi.nlm.nih.gov/pubmed/22293347.

55. M. Hatori et al., "Time-Restricted Feeding Without Reducing Caloric Intake Prevents Metabolic Diseases in Mice Fed a High-Fat Diet," Cell Metabolism 15, no. 6 (June 6, 2012): 848–60; https://www.ncbi.nlm.nih.gov/pubmed/22608008.

PART 4.
계획_ 제거 단계로 전환

1. S. Guyenet, "Grains and Human Evolution," Whole Health Source, July 10, 2008; http://wholehealthsource.blogspot.com/2008/07/grains-and-human-evolution.html.

2. Oana Mocan and Dan L. Dumitraşcu, "The Broad Spectrum of Celiac Disease and Gluten Sensitive Enteropathy," Clujul Medical 89, no. 3 (2016): 335–42; https://www.ncbi.nlm.nih.gov/pmc/articles/PMC4990427/.

3. Jessica R. Biesiekierski and Julie Iven, "Non-Coeliac Gluten Sensitivity: Piecing the Puzzle Together," United European Gastroenterology Journal 3, no. 2 (April 2015): 160–65; https://www.ncbi.nlm.nih.gov/pmc/articles/PMC4406911/.

4. Jessica R. Jackson et al., "Neurologic and Psychiatric Manifestations of Celiac Disease and Gluten Sensitivity," Psychiatric Quarterly 83, no. 1 (March 2012): 91–102; https://www.ncbi.nlm.nih.gov/pmc/articles/PMC3641836/.

5. S. Lohi et al., "Increasing Prevalence of Coeliac Disease over Time," Alimentary Pharmacology & Therapeutics 26, no. 9 (November 1, 2007): 1217–25; https://www.ncbi.nlm.nih.gov/pubmed/17944736.

6. David L. J. Freed, "Do Dietary Lectins Cause Disease?," BMJ 318, no. 7190 (April 17, 1999): 1023–24; https://www.ncbi.nlm.nih.gov/pmc/articles/PMC 1115436.

7. Pedro Cuatrecasas and Guy P. E. Tell, "Insulin-Like Activity of Concanavalin A and Wheat Germ Agglutinin—Direct Interactions with Insulin Receptors," Proceedings of the National Academy of Sciences of the USA 70, no. 2 (February 1973): 485–89; https://www.ncbi.nlm.nih.gov/pmc/articles/PMC433288/.

8. Tommy Jönsson et al., "Agrarian Diet and Diseases of Affluence—Do Evolutionary Novel Dietary Lectins Cause Leptin Resistance?," BMC Endocrine Disorders 5 (December 10, 2005): 10; https://bmcendocrdisord.biomedcentral.com/articles/10.1186/1472-6823-5-10.

9. J. L. Greger, "Nondigestible Carbohydrates and Mineral Bioavailability," The Journal of Nutrition 129, no. 7 (July 1999): 1434S–1435S; doi: 10.1093/jn/129.7.1434S.

10. I. T. Johnson et al., "Influence of Saponins on Gut Permeability and Active Nutrient Transport in Vitro," The Journal of Nutrition 116, no. 11 (November 1986): 2270–77; https://www.ncbi.nlm.nih.gov/pubmed/3794833.

11. Albano Beja-Pereira et al., "Gene-Culture Coevolution Between Cattle Milk Protein Genes and Human Lactase Genes," Nature Genetics 35 (November 23, 2003): 311–13; https://www.nature.com/articles/ng1263.

12. S. Pal et al., "Milk Intolerance, Beta-Casein and Lactose," Nutrients 7, no. 9 (August 31, 2015): 7285–97; https://www.ncbi.nlm.nih.gov/pubmed/26404362.

13. "New Studies Show Sugar's Impact on the Brain, and the News Is Not Good," Forbes, November 8, 2016; https://www.forbes.com/sites/quora/2016/11/08/new-studies-show-sugars-impact-on-the-brain-and-the-news-is-not-good/#337151c1652d.

14. "Latest SugarScience Research," SugarScience, University of California, San Francisco; http://sugarscience.ucsf.edu/latest-sugarscience-research.html#WY4UllGGOkw.

15. Julie Corliss, "Eating Too Much Added Sugar Increases the Risk of Dying with Heart Disease," Harvard Health Blog, February 6, 2014; https://www.health

.harvard.edu/blog/eating-too-much-added-sugar-increases-the-risk- of- dying
-with-heart-disease-201402067021.

16. Kelly McCarthy, "Artificial Sweeteners Linked to Weight Gain over Time,
Review of Studies Says," ABC News, July 17, 2017; http://abcnews.go.com/Health
/artificial-sweeteners-weight-gain-time-review-studies/story?id=48676448.

17. "Dietary Guidelines for Americans Shouldn't Place Limits on Total Fats,"
Tufts Now news release, June 23, 2015; https://now.tufts.edu/news
-releases/dietary-guidelines-americans-shouldn- t- place-limits-total-fat.

18. Steven R. Gundry, "Abstract P354: Elevated Adiponectin and Tnf-alpha
Levels Are Markers for Gluten and Lectin Sensitivity," Circulation 129, Supp. 1
(2018): AP354; http://circ.ahajournals.org/content/129/Suppl_1/AP354.

19. T. Erik Mirkov et al., "Evolutionary Relationships Among Proteins in the
Phytohemagglutinin-Arcelin- α- Amylase Inhibitor Family of the Common Bean
and Its Relatives," Plant Molecular Biology 26, no. 4 (November 1994): 1103 –13;
https://link.springer.com/article/10.1007/BF00040692#page- 1.

20. Richard D. Cummings and Marilynn E. Etzler, "Antibodies and Lectins in
Glycan Analysis," in Ajit Varki et al., eds., Essentials of Glycobiology, 2nd ed. (Cold
Spring Harbor, NY: Cold Spring Harbor Laboratory Press, 2009); https://www
.ncbi.nlm.nih.gov/books/NBK1919/.

21. Steven R. Gundry, "Abstract P354: Elevated Adiponectin and Tnf-alpha
Levels Are Markers for Gluten and Lectin Sensitivity," Circulation 129, Supp. 1
(2018): AP354; http://circ.ahajournals.org/content/129/Suppl_1/AP354.

22. Ibid.

PART 5.
준비_염증 완화 및 치유

1. Environmental Working Group Consumer Guides: www.ewg.org/foodnews/.

2. Keith M. Diaz et al., "Patterns of Sedentary Behavior and Mortality in U.S.
Middle-Aged and Older Adults: A National Cohort Study," Annals of Internal
Medicine 167, no. 7 (October 3, 2017): 465 –75; http://annals.org/aim/article
-abstract/2653704/patterns-sedentary-behavior-mortality- u- s- middle-aged-older
-adults.

3. Christina M. Puchalski, "The Role of Spirituality in Health Care," Baylor
University Medical Center Proceedings 14, no. 4 (October 2001): 352 –57; https://
www.ncbi.nlm.nih.gov/pmc/articles/PMC1305900.

4. Ozden Dedeli and Gulten Kaptan, "Spirituality and Religion in Pain and Pain

Management," Health Psychology Research 1, no. 3 (September 2013): e29.

5. Gaétan Chevalier et al., "Earthing: Health Implications of Reconnecting the Human Body to the Earth's Surface Electrons," Journal of Environmental and Public Health (January 12, 2012): 291541; https://www.ncbi.nlm.nih.gov/pmc /articles/PMC3265077/.

6. "The Health Benefits of Volunteering: A Review of Recent Research," Corporation for National and Community Service, 2007; https://www .nationalservice.gov/sites/default/files/documents/07_0506_hbr.pdf.

7. Jacqueline Howard, "Americans Devote More Than 10 Hours a Day to Screen Time, and Growing," CNN, July 29, 2016; https://www.cnn.com/2016/06/30 /health/americans-screen-time-nielsen/index.html.

8. Aviv Malkiel Weinstein, "Computer and Video Game Addiction—A Comparison Between Game Users and Non-Game Users," The American Journal of Drug and Alcohol Abuse 36, no. 5 (June 2010): 268–76; http://www.tandfonline .com/doi/abs/10.3109/00952990.2010.491879.

9. Victoria L. Dunckley, "Gray Matters: Too Much Screen Time Damages the Brain," Psychology Today, February 27, 2014; https://www.psychologytoday.com /blog/mental-wealth/201402/gray-matters-too-much-screen-time-damages-the -brain.

10. "Prolonged Television Viewing Linked to Increased Health Risks," Harvard Gazette, July 6, 2011; http://news.harvard.edu/gazette/story/newsplus /prolonged-television-viewing-linked- to- increased-health-risks/.

11. Julie Taylor, "Are Computer Screens Damaging Your Eyes?," CNN Health, November 12, 2013; http://www.cnn.com/2013/11/12/health/upwave -computer-eyes/index.html.

12. Meg Aldrich, "Too Much Screen Time Is Raising Rate of Childhood Myopia," Keck School of Medicine of USC, January 22, 2019; http://keck.usc.edu/too-much -screen-time- is- raising-rate- of- childhood-myopia/.

13. Joanne Cavanaugh Simpson, "Digital Disabilities—Text Neck, Cellphone Elbow—Are Painful and Growing," The Washington Post Health & Science, June 13, 2016; https://www.washingtonpost.com/national/health-science/digital -disabilities--text-neck-cellphone-elbow--are-painful-and-growing/2016/06 /13/df070c7c-0afd-11e6-a6b6-2e6de3695b0e_story.html?utm_term=fad03116a6af.

14. Nicholas Carr, The Shallows: What the Internet Is Doing to Our Brains (New York: W. W. Norton, 2011).

15. "Body Burden—The Pollution in Newborns: A Benchmark Investigation of Industrial Chemicals, Pollutants, and Pesticides in Human Umbilical Cord Blood," Environmental Working Group, July 2005; https://web.archive.org/web

/20050716022737/http://www.ewg.org:80/reports/bodyburden2/execsumm.php.

16. James W. Daily, Mini Yang, and Sunmin Park, "Efficacy of Turmeric Extracts and Curcumin for Alleviating the Symptoms of Joint Arthritis: A Systematic Review and Meta-Analysis of Randomized Clinical Trials," Journal of Medicinal Food 19, no. 8 (August 2016): 717–29; https://www.ncbi.nlm.nih.gov/pmc /articles/PMC5003001.

17. J. Paul Hamilton et al., "Depressive Rumination, the Default-Mode Network, and the Dark Matter of Clinical Neuroscience," Biological Psychiatry 78, no. 4 (August 15, 2015): 224–30; https://www.ncbi.nlm.nih.gov/pmc/articles /PMC4524294/.

18. Shimon Saphire-Berstein et al., "Oxytocin Receptor Gene (OXTR) Is Related to Psychological Resources," Proceedings of the National Academy of Sciences 108, no. 37 (September 13, 2011): 15118–122; https://www.ncbi.nlm.nih.gov/pm c/articles/PMC3174632/.

19. Lissa Rankin, "Scientific Proof That Negative Beliefs Harm Your Health," MindBodyGreen, May 2013; https://www.mindbodygreen.com/0-9690/scientific -proof-that-negative-beliefs-harm-your-health.html.

20. Quora, "This Is What Negativity Does to Your Immune System, and It's Not Pretty," Forbes, June 24, 2016; https://www.forbes.com/sites/quora/2016/06 /24/this-is-what-negativity-does-to-your-immune-system-and-its-not-pretty /#421d55e9173b.

21. Lisa R. Yanek et al., "Effect of Positive Well-Being on Incidence of Symptomatic Coronary Artery Disease," American Journal of Cardiology 112, no. 8 (October 2013): 1120–25; https://www.ncbi.nlm.nih.gov/pmc/articles/PMC3788860/.

22. Angela K. Troyer, "The Health Benefits of Socializing," Psychology Today, June 30, 2016; https://www.psychologytoday.com/blog/living-mild-cognitive -impairment/201606/the-health-benefits-socializing.

23. Eliene Augenbraun, "How Real a Risk Is Social Media Addiction?," CBS News, August 22, 2014; https://www.cbsnews.com/news/how-real-a-risk -is-social-media-addiction/.

24. Susan Greenfield, Mind Change: How Digital Technologies Are Leaving Their Mark on Our Brains (New York: Random House, 2015).

25. Roxanne Nelson, "Higher Purpose in Life Tied to Better Brain Health," Reuters, April 7, 2015; http://www.reuters.com/article/us-stroke-risk-attitude -idUSKBN0MY25Q20150407.

PART 7.
재도입_ 좋아하는 음식 다시 먹기

1. Isabel J. Skypala et al., "Sensitivity to Food Additives, Vaso-Active Amines and Salicylates: A Review of the Evidence," Clinical and Translational Allergy 5 (2015): 34; https://www.ncbi.nlm.nih.gov/pmc/articles/PMC4604636/.

2. Ibid.

3. Jessica R. Biesiekierski et al., "No Effects of Gluten in Patients with SelfReported Non-Celiac Gluten Sensitivity After Dietary Reduction of Fermentable, Poorly Absorbed, Short-Chain Carbohydrates," Gastroenterology 145, no. 2 (August 2013): 320–28.e3; http://www.gastrojournal.org/article/S0016-5085(13)00702-6/fulltext.

4. M. S. Baggish, E. H. Sze, and R. Johnson, "Urinary Oxalate Excretion and Its Role in Vulvar Pain Syndrome," American Journal of Obstetrics and Gynecology 177, no. 3 (September 1997): 507–11; https://www.ncbi.nlm.nih.gov/pubmed/9322615.

참고문헌

지은이

닥터 윌 콜 Dr. Will Cole

서던 캘리포니아 건강과학대학을 졸업하
고 박사 학위 취득 후 기능의학 및 임상 영
양에 관해 광범위한 교육 및 연수를 거쳤
고 현재 펜실베이니아주 피츠버그에 있는
병원 및 닥터윌콜닷컴drwillcole.com에서 웹
캠을 통해 전 세계의 환자를 치료하는 기
능의학 전문의다.
인기 웹사이트 닥터액스닷컴draxe.com에
서 미국 내 상위 50대 기능의학 및 통합의
학 의사로 선정됐다.

만성질환의 근본적인 원인에 관한 임상 조
사 및 갑상선 문제, 자가면역질환, 호르몬
기능 장애, 소화 장애, 두뇌 문제 등에 대
해 맞춤형 건강 프로그램 제안하고 있다.
약물로 증상을 치료하기보다 근본 원인을
찾기 위해 노력하고 있으며 영양 요법, 허
브, 보충제, 스트레스 관리 기술 및 생활
습관 변화와 같은 자연스럽고 부작용이 없
는 방법을 통해 건강을 증진시키고 최적의
컨디션을 만들기 위해 노력하고 있다.

굽펠라goopfellas 팟캐스트의 공동진행자
이며 버슬, 리더스다이제스트 등에도 칼럼
을 기고한 바 있다.
세계 최대의 웰니스 전문 웹사이트 마인드
바디그린Mindbodygreen의 건강 전문가 및
강사로 수백 개의 칼럼을 기고했다.
저서로 베스트셀러인 《케토채식》이 있다.

• 페이스북   doctorwillcole
• 트위터   drwillcole
• 인스타그램 drwillcole

염증 없는 식사

초판 1쇄 발행 2021년 1월 27일
초판 2쇄 발행 2021년 3월 26일

지은이 닥터 윌 콜
옮긴이 정연주
감수 정양수
편집인 김옥현

디자인 윤종윤 이정민
마케팅 정민호 박보람 김수현
홍보 김희숙 김상만 이소정 이미희 함유지 김현지 박지원
저작권 한문숙 김지영 이영은
제작 강신은 김동욱 임현식
제작처 영신사

펴낸곳 (주)문학동네
펴낸이 염현숙
출판등록 1993년 10월 22일 제406-2003-000045호
임프린트 테이스트북스 taste BOOKS

주소 10881 경기도 파주시 회동길 210
문의전화 031)955-8895(마케팅), 031)955-2693(편집)
팩스 031)955-8855
전자우편 selina@munhak.com

ISBN 978-89-546-7707-3 12590

www.munhak.com